Schriftenreihe

Technische Forschungsergebnisse

Band 7

ISSN 1435-6856

In der Schriftenreihe ***Technische Forschungsergebnisse*** werden neue wissenschaftliche Arbeiten aus dem Bereich der Technik veröffentlicht.

Verlag Dr. Kovač

Ralf Wiesenberg

Erdgas als Treibstoff für den Straßenverkehr als Chance für Energieversorgungsunternehmen

Eine Szenario-Analyse für die swb AG

Verlag Dr. Kovač

VERLAG DR. KOVAČ

Arnoldstraße 49 · 22763 Hamburg · Tel. 040 - 39 88 80-0 · Fax 040 - 39 88 80-55

D 83

Die Deutsche Bibliothek - CIP-Einheitsaufnahme

Wiesenberg, Ralf:
Erdgas als Treibstoff für den Straßenverkehr als Chance für Energieversorgungsunternehmen : eine Szenario-Analyse für die swb AG / Ralf Wiesenberg. – Hamburg : Kovač, 2000
(Schriftenreihe technische Forschungsergebnisse ; Bd. 7)
Zugl.: Berlin, Techn. Univ., Diss., 2000

ISSN 1435-6856
ISBN 3-8300-0205-X

© VERLAG DR. KOVAČ in Hamburg 2000

Printed in Germany
Alle Rechte vorbehalten. Nachdruck, fotomechanische Wiedergabe, Aufnahme in Online-Dienste und Internet sowie Vervielfältigung auf Datenträgern wie CD-ROM etc. nur nach schriftlicher Zustimmung des Verlages.

Gedruckt auf säurefreiem, alterungsbeständigem Recyclingpapier „RecyStar",
(Nordic Environmental Label – Blauer Engel – DIN ISO 9706

Inhaltsverzeichnis

1 Einleitung   1

2 Marktchancen von neuen Treibstoffen – Systemanalyse als Ausgangspunkt   5
    2.1 Antriebssysteme und Betankungsinfrastruktur   5
       2.1.1 Das Erdgasfahrzeug   8
       2.1.2 Fahrzeuge mit benzinbetriebenem Ottomotor   16
       2.1.3 Fahrzeuge mit Dieselmotor   19
       2.1.4 Flüssiggasfahrzeuge   22
       2.1.5 Fahrzeug mit RME-Dieselmotor   24
       2.1.6 Fahrzeuge mit Wasserstoffmotor   26
       2.1.7 Elektrofahrzeuge   28
       2.1.8 Hybridfahrzeuge   36
    2.2 Prozesskettenanalyse der Kraftstoffe   38
       2.2.1 Bereitstellung von Benzin, Diesel und LPG (Liquefied Petroleum Gas)   41
       2.2.2 Bereitstellung von Erdgas   46
       2.2.3 Bereitstellung von Rapsölmethylester (RME)   52
       2.2.4 Bereitstellung von Wasserstoff   53
       2.2.5 Bereitstellung von Methanol   58
       2.2.6 Stromerzeugung   60
       2.2.7 Analyseergebnisse der vorgelagerten Prozessketten   62
    2.3 Fahrzeugvergleich am Beispiel des VW Golf   65
    2.4 Politische und gesellschaftliche Rahmenbedingungen   73
       2.4.1 Verkehrsentwicklung   74
       2.4.2 Abgasgrenzwerte für Kfz   76
       2.4.3 Immissionsgrenzwerte für Luftschadstoffe   78
       2.4.4 Lobbyarbeit der Gaswirtschaft   79
       2.4.5 Förderprogramme   80
       2.4.6 Umsetzung der Ökosteuer   81
       2.4.7 Zahlungsbereitschaft für Umweltschutz   83
       2.4.8 Aktivitäten der swb AG in Bremen   84
    2.5 Ergebnisse der Systemanalyse   84
       2.5.1 Beurteilung der Nutzerinteressen „heutige Antriebe"   85

2.5.2 Beurteilung der umwelt- und gesellschaftlichen Interessen „heutige Antriebe" 87
2.5.3 Beurteilung der Nutzerinteressen „zukünftige Antriebe" 88
2.5.4 Beurteilung der umwelt- und gesellschaftlichen Interessen „zukünftige Antriebe" 89
2.5.5 Konsequenzen der Ergebnisse für die Marktchancen von EVU 90

3 Rahmendaten für die Beurteilung der Marktchancen von EVU am Fallbeispiel der swb AG 91
3.1 Vorgehensweise zur Vorbereitung der Szenarioerstellung 91
3.2 Aufgabenanalyse 91
   3.2.1 Problemstellung und Zielformulierung 91
   3.2.2 Wirtschaftlichkeitsanalyse von Erdgasfahrzeugen 95
   3.2.3 Ergebnisse der Wirtschaftlichkeitsanalyse 98
   3.2.4 Marktbefragung zur Ermittlung der notwendigen Betankungsinfrastruktur 99
   3.2.5 Geographische Verteilung des Marktpotentials 102
   3.2.6 Zusammenfassung 103

4 Methodisches Vorgehen zur Beurteilung der Marktchancen 105
4.1 Entwicklung und Definition von Prognoseverfahren 105
4.2 Eigenschaften von Szenarien 106
   4.2.1 Qualitativer Charakter von Prognosen 106
   4.2.2 Prognosen diskontinuierlicher Entwicklungen 106
   4.2.3 Szenariogüte unter Einbeziehung von Prognoseträgern 106
   4.2.4 Anzahl der Szenarien 109
4.3 Gegenüberstellung der methodischen Ansätze der Szenarioerstellung 109

5 Konkretisierung und Weiterentwicklung eines kombinierten Szenarioansatzes 113
5.1 Modifiziertes Phasenablaufmodell zur Szenarioerstellung 114
5.2 Die Cross-Impact-Analyse 123
   5.2.1 Statische kausale Cross-Impact-Analyse 123
   5.2.2 Dynamische kausale Cross-Impact-Analyse 124
5.3 Darstellung des verwendeten CRIMP-Modells 125
   5.3.1 Trends 126

5.3.2 Events	128
5.3.3 Actions	129
5.3.4 Cross-Impact-Matrix	130
5.4 Abschließende Bemerkung	135
6 Berechnung und Interpretation von Szenarien zur Beurteilung der Marktchancen	**137**
6.1 Einflussanalyse – Ermittlung der Schlüsselfaktoren	138
6.2 Projektionsbündelung mittels Konsistenzanalyse	142
6.3 Formulierung und Quantifizierung der Projektionen	143
6.3.1 Ermittlung der Konsistenzmaße	154
6.3.2 Projektionsbündelreduktion	155
6.3.3 Auswahl der Projektionsbündel für die Erstellung der Rohszenarien	156
6.4 Szenario-Interpretation	159
6.4.1 Beschreibung des Szenarios „Beste Chancen für CNG"	160
6.4.2 Beschreibung des Szenarios „Offener Markt für CNG"	162
6.4.3 Beschreibung des Szenarios „Starker Wettbewerb gegenüber CNG"	164
6.4.4 Quantitative Szenarioentwicklung mittels der Cross-Impact-Analyse	166
6.4.5 Berechnung des Cash-Flows für das Geschäftsfeldes „Erdgas im Verkehr"	170
6.4.5.1 Quantifizierung der exogenen Variablen des Szenarios „Beste Chancen für CNG"	172
6.4.5.2 Quantifizierung der exogenen Variablen des Szenarios „Offener Markt für CNG"	175
6.4.5.3 Quantifizierung der exogenen Variablen des Szenarios „Starker Wettbewerb gegenüber CNG	178
6.5 Störereignisanalyse – Auswirkungen auf das Cash-Flow-Ergebnis	180
6.6 Szenario-Transfer	185
7 Zusammenfassung und Ausblick	**187**
Literaturverzeichnis	193
Anhang A Ergebnisse der Wirtschaftlichkeitsanalyse	209
Anhang B Umfrage über die Marktchancen von Erdgasfahrzeugen	215
Anhang C CRIMP-Analyse - Zeitliche Entwicklung der Einflussgrößen	217

Abbildungsverzeichnis	221
Tabellenverzeichnis	223
Abkürzungsverzeichnis	225

1 Einleitung

Die Liberalisierung des europäischen Strom- und Gasmarktes führt in Deutschland zu erheblichen Veränderungen in der Energielandschaft. Seit 1997 hat sich der Wettbewerb unter den Energieversorgungsunternehmen (EVU) auf dem Strommarkt zunehmend verschärft und neue globale Marktteilnehmer versuchen im deutschen Markt Fuß zu fassen. Zunehmende Sättigungstendenzen auf den konventionellen Absatzmärkten für Strom und Gas tragen darüber hinaus zu einer Verschärfung der wirtschaftlichen Situation vieler EVU bei. Der sich daraus ergebende starke Druck auf die Margen stellt die Überlebensfähigkeit vieler EVU in Frage und führt dementsprechend zu vielfältigen Konzentrationsprozessen und Kooperationen von EVU, um die sogenannte "kritische Größe" zu überwinden.

Eine andere Möglichkeit für EVU, im Wettbewerb zu bestehen, ist die Erschließung neuer Märkte. So bieten viele EVU neben ihrem Stammgeschäft Strom, Gas, Wasser und Wärme neue Dienstleistungen in Bereichen wie Telekommunikation oder Gebäudemanagement an oder sind bestrebt, für ihr Stammgeschäft neue Absatzmärkte zu gewinnen. Eine Option stellt hierbei der Treibstoffmarkt für Erdgas- und Elektrofahrzeuge dar. Besonders Erdgasfahrzeuge, die aufgrund technischer Weiterentwicklungen heute schon in Teilbereichen wirtschaftlich betrieben werden können, bieten EVU die Möglichkeit, ihren Erdgasabsatz in einen neuen Markt hinein auszuweiten. An Aktualität gewinnt das Thema zusätzlich durch die Diskussion um die hohen Umweltbelastungen, die der motorisierte Straßenverkehr verursacht. Der Ruf nach „sauberen Fahrzeugantrieben" nimmt dabei in der Gesellschaft zu. Besonders Erdgas- und Elektrofahrzeuge bieten hier kurz- bis mittelfristig Möglichkeiten, durch ihren Einsatz umweltrelevante Emissionen erheblich zu mindern. EVU haben somit zusätzlich die Chance, einen aktiven Beitrag zum Umweltschutz zu leisten.

Ziel dieser Arbeit ist die Identifizierung und Abschätzung der Marktchancen von EVU in diesem Treibstoffmarkt für Fahrzeugantriebe, um dem Management eine Entscheidungsgrundlage über die Ausgestaltung eines möglichen Markteintritts zu geben. Hierbei stellen sich die Fragen, ob der Markteintritt bei der Bereitstellung der Betankungsinfrastruktur für batteriebetriebene Elektrofahrzeuge oder eher für Erdgasfahrzeuge einen profitablen Cash-Flow für das Unternehmen bieten kann und wie sich dabei das Engagement des Unternehmens ausgestalten muß, um wirtschaftlich erfolgreich zu sein.

Derzeit wird der Treibstoffmarkt für den Straßenverkehr fast ausschließlich mit den Mineralölprodukten Benzin und Diesel versorgt. Von den rund 41 Mio. Pkw auf deutschen Straßen werden nur rund 0,1% mit alternativen Kraftstoffen

1 Einleitung

betrieben. Die Einführung eines neuen Treibstoffes mit den damit verbundenen Investitionen für die Bereitstellung der Betankungsinfrastruktur sowie den Kosten für F&E-Tätigkeiten und der Produktion der Fahrzeugantriebe stellt aufgrund der Marktbeherrschung der konventionellen Kraftstoffe für die Initiatoren ein schwieriges Vorhaben dar. Die Einführung eines neuen Kraftstoffs wird nur dann erfolgreich verlaufen, wenn

- zum einen der Nutzer gegenüber den konventionellen Systemen für sich durch die neue Zweck-Mittel-Kombination einen wirtschaftlichen oder anderweitigen nutzungs-bedingten Vorteil erkennt und

- zum anderen die Hersteller der Fahrzeugsysteme sowie die Anbieter der Betankungsinfrastruktur sich ein gewinnbringendes Geschäftsfeld erhoffen.

Es zeigt sich dabei schon zu Beginn der Untersuchung, dass für batteriebetriebene Elektrofahrzeuge keine relevanten Marktchancen mehr bestehen, da bis heute keine den Kunden zufriedenstellende Fahrzeuge auf dem Markt existieren und die überwiegenden F&E-Tätigkeiten der Fahrzeughersteller in Richtung Brennstoffzellenfahrzeuge gehen.

Da für Erdgasfahrzeuge einsatztaugliche Antriebe auf dem Markt existieren und die Entwicklung von Erdgasfahrzeugen parallel zur Brennstoffzellentechnologie weitergeführt wird, bieten sie aus heutiger Sicht als einzige reale Marktchancen. Die größten Potentiale bieten sich dabei für EVU bei der Bereitstellung von Erdgas als Treibstoff und dem Aufbau der benötigten Betankungsinfrastruktur. Die Marktkenntnisse sind in diesem Feld jedoch noch unvollkommen.

Für EVU und die Mineralölindustrie, die die Infrastruktur für die Erdgasbetankung bereitstellen können, ergeben sich ebenso wie für die Fahrzeughersteller hohe Risiken, da ihre hohen notwendigen Anfangsinvestitionen für die Infrastruktur und die Antriebstechnologie erst langfristig nach einer verlustbringenden Initialphase wirtschaftliche Erfolge erwarten lassen. Für die Beurteilung der Marktchancen von EVU im Treibstoffmarkt ist daher die Einbeziehung von Einflussparametern aus anderen Bereichen wie dem der Mineralölindustrie, der Fahrzeughersteller, der Politik, der Kunden usw. von erheblicher Bedeutung. Erst hierdurch wird eine in sich konsistente und plausible zukünftige Markteinschätzung möglich.

Die Beschreibung der Marktchancen von EVU wird hierbei als Teil eines Gesamtsystems gesehen, für das ausgehend von der Ist-Situation Zukunftsszenarien gebildet werden. Die Darstellung von nur einer verlässlichen Prognose für die Entwicklung der Marktchancen ist kaum möglich. So lassen beispielsweise der Verfall von Energiepreisen, die unterschiedliche Besteuerung

1 Einleitung

von Energieträgern, Forschungsaktivitäten in der Automobilindustrie sowie neue Emissionsgesetzgebungen es als sinnvoll erscheinen, mehrere zukünftige Entwicklungen zu betrachten. Eine multiple Zukunft läßt darüber hinaus die Unternehmensführung zukünftige Chancen und Risiken besser erkennen, wodurch sie sich früher durch Eventualpläne auf bevorstehende Veränderungen einstellen kann.

Ein Grundproblem aller Prognoseverfahren ist dabei die Festlegung der exogenen Variablen. Zum einen stellt sich die Frage, in wieweit die Annahmen und Begründungen für die qualitative Festlegung plausibel sind. Zum zweiten muß bei der mathematischen Umsetzung des Systems darauf geachtet werden, dass zwischen den exogenen Variablen zusätzliche Abhängigkeiten bestehen, die bei Nichtbeachtung Konsistenzprobleme erzeugen.

Der gedankliche Ansatz der multiplen Zukunft und die besondere Problematik hinsichtlich exogener Systemvariablen führt zu einem neuen Lösungsansatz. So werden in der vorliegenden Arbeit anstelle einer rein mathematischen Prognosemethode zusätzlich qualitative Instrumente der Szenarioerstellung verwendet. Durch die Verknüpfung eines konjekturalen Szenarioverfahrens mit einem mathematischen Simulationsmodell wird es möglich, Vorteile der qualitativen als auch quantitativen Betrachtungsweise für die Prognoseerstellung zu nutzen.

Speziell für diese Arbeit wird zur Ermittlung exogener Systemvariablen das sogenannte „Phasenablaufmodell" von Geschka und v. Reibnitz als konjekturale Szenariomethode verwendet und durch die Cross-Impact-Analyse zur Erstellung konsistenter Szenarien und zur Störereignissimulation ergänzt. In einem zweiten Prognoseschritt gehen die ermittelten exogenen Variablen in die Berechnungen des sich aus dem Erdgasverkauf ergebenen Cash-Flows ein. Der Cash-Flow dient dabei für das EVU als Entscheidungsgröße für den Eintritt oder Nichteintritt in den Treibstoffmarkt für Erdgas.

Der Aufbau der Arbeit gestaltet sich dabei so, dass in den Kapiteln 2 und 3 eine umfassende System- sowie Aufgabenanalyse mit den sich aus der Szenarioerstellung ergebenden relevanten Einflussgrößen durchgeführt wird, wodurch dem Leser ein schneller inhaltlicher Eintritt in die Materie ermöglicht werden soll.

In Kapitel 4 werden die unterschiedlichen Prognoseansätze mit ihren Vor- und Nachteilen für langfristige Planungsentscheidungen vorgestellt, bevor sie dann in Kapitel 5 zu einem kombinierten Lösungsansatz für die Szenarioerstellung weiterentwickelt werden.

1 Einleitung

In Kapitel 6 wird darauffolgend das entwickelte Verfahren zur Beurteilung der Marktchancen von EVU im Treibstoffmarkt angewendet und mögliche strategische Optionen, die sich aufgrund der Szenarioergebnisse für EVU ergeben, aufgezeigt.

Eine Zusammenfassung der Ergebnisse sowie einen Ausblick auf weitere Entwicklungen sollen im Kapitel 7 die Arbeit beschließen.

Die oben beschriebene Thematik wird dabei am Fallbeispiel der swb AG, Bremen durchgeführt. Die swb AG ist ein EVU, dass in den vergangenen Jahren mehrere Kooperationen im norddeutschen Raum geschlossen und zu ihrem Stammgeschäft Strom, Gas, Wasser und Wärme ihr Dienstleistungsangebot auf die Bereiche Telekommunikation, Abwasser, Gebäudemanagement sowie der Bereitstellung der Betankungsinfrastruktur für Erdgasfahrzeuge ausgeweitet hat. Im Unternehmen wurde hierfür im Jahr 1996 mit der Errichtung einer öffentlichen Erdgasbetankungsanlage der Grundstein für die Erschließung des Treibstoffmarktes als neuen Absatzmarkt für Erdgas gelegt.

Inhaltlich wird untersucht, unter welchen Bedingungen die swb AG ihren Erdgasabsatz im neuen Markt „Innerstädtischer Straßenverkehr" mittels Förderung und Investitionen in die benötigte Betankungsinfrastruktur ausweiten kann. Das sich aus dem Fallbeispiel ergebende Szenarioergebnis wird abschließend bewertet und auf die bundesdeutsche Situation übertragen.

2 Marktchancen von neuen Treibstoffen – Systemanalyse als Ausgangspunkt

Wie in Kapitel 1 ausgeführt, wird zum besseren Einstieg in das Untersuchungsfeld eine Systemanalyse vorgenommen. Grundlage der Systemanalyse sind die sich in der Szenarioentwicklung ergebenden relevanten Einflußfaktoren (siehe Kapitel 6). Die Systemanalyse wird dabei so durchgeführt, dass die technischen Antriebssysteme mit ihren Randbedingungen analysiert und abschließend als Gesamtsystem hinsichtlich nutzer- und gesellschaftsrelevanter Kriterien bewertet werden. Die Systemanalyse wird nach folgender Systematik vorgenommen:

- Antriebssysteme und Betankungsinfrastruktur

- Prozesskettenanalyse der Kraftstoffe
  - Vorgelagerte Prozesskettenanalyse zur Kraftstoffbereitstellung
  - Vollständige Prozesskettenanalyse am Beispiel des VW Golf

- Politische und gesellschaftliche Rahmenbedingungen

Der hohe gesellschaftliche Stellenwert ökologischer Fragen wie Immissionsgesetzgebung, Abgasgrenzwerte für Kfz und Umsetzung der Ökosteuer machen es notwendig, eine umfassende Prozesskettenanalyse der Kraftstoffe durchzuführen, um neben den Fahrzeugemissionen auch die Emissionen bei der Bereitstellung der Treibstoffe mit bewerten zu können.

Absehbare oder mit sehr hoher Wahrscheinlichkeit eintretende kurz- bis mittelfristige Entwicklungen werden bei der Darstellung des Systems mit berücksichtigt und dienen als Datengrundlage für die anschließende Formulierung der zukünftigen Szenarien.

2.1 Antriebssysteme und Betankungsinfrastruktur

Um die Wettbewerbsstellung von Erdgasfahrzeugen zu analysieren, wird ein umfangreicher Vergleich konventioneller und alternativer Antriebe nach folgenden Unterkriterien durchgeführt:

- Fahrzeug- und Motortechnik
- Fahrzeugangebot und Fahrzeugkosten
- Kraftstoffverfügbarkeit und Kraftstoffpreise
- Betankungsinfrastruktur

In den Vergleich werden möglichst alle relevanten Antriebssysteme einbezogen, die heute oder in naher Zukunft dem Nutzer zur Verfügung stehen.

- Fahrzeuge mit Verbrennungsmotoren unterteilt nach Art des Treibstoffs:
  - Erdgas
  - Benzin
  - Diesel
  - Flüssiggas
  - RME (Rapsölmethylester)
  - Wasserstoff

- Fahrzeuge mit Elektromotor
  - Batterieelektrisch
  - Brennstoffzelle mit Wasserstoff- oder Methanolbetrieb

- Hybridfahrzeuge

Das Fahrzeugkonzept mit Methanolverbrennungsmotor wurde im Gegensatz zu älteren Studien nicht mehr berücksichtigt [Birnbreier, 1992], [Höhlein, 1993]. Nach Rücksprache mit dem Umweltbundesamt und der Auswertung des Fahrzeugangebotes zeigte sich, dass kein Markt für Methanolmotoren in Deutschland besteht und keine weiteren Forschungsvorhaben in dieser Richtung geplant sind [Kolke, 1996]. Durch Reformulierung von Benzin und Diesel werden nach Angaben des Umweltbundesamtes die Vorteile von Methanol bei den Ozonvorläufersubstanzen so gering, dass keine weiteren Investitionen in das Konzept des Methanolmotors getätigt werden. Eine Ausnahme machen hier VW und Mercedes Benz, die speziell für den nordamerikanischen Markt (USA und Kanada) ihr „Multi Fuel Konzept" entwickelten. Mit diesem Fahrzeugtyp ist es möglich, beliebige Mischungen von Benzin und Methanol zu tanken [VW, 1995], [Hüttebräucker, 1992]. Da Methanol als Speichermedium und als Treibstoff für Fahrzeuge mit Brennstoffzellenantrieb dienen kann, ist die Prozesskette zur Herstellung von Methanol dennoch aufgenommen worden.

Als Ausgangspunkt werden die derzeitig am Markt befindlichen Antriebskonzepte in der Betrachtung *„heutige Antriebe"* beschrieben. In der Betrachtung *„zukünftige Antriebe"* werden die Weiterentwicklungen heutiger Antriebe sowie Neuentwicklungen bewertet.

Die Stoffdaten der einzelnen Kraftstoffe werden auf der nächsten Seite in tabellarischer Form wiedergegeben [Bosch, 1995], [DVGW, 1996], [Jaescke, 1996].

2 Marktchancen von neuen Treibstoffen – Systemanalyse als Ausgangspunkt

		Benzin	Diesel	CNG H-Gas	CNG L-Gas	LNG Methan	LPG Propan	RME	Methanol	H_2	LH_2
Aggregatzustand bei Speicherung		flüssig	flüssig	gasförmig (20°C, 200 bar)	gasförmig (20°C, 200 bar)	flüssig (-162°C, 2 bar)	flüssig (4 bar)	flüssig	flüssig	gasförmig (20°C, 300 bar)	flüssig (-252°C, 4 bar)
Hauptbestandteile	Gewichts-%	86 C, 14 H	86 C, 13 H	70 C, 24 H, 6 N	67 C, 22 H, 11 N	75 C, 25 H	82 C, 18 H	77 C, 12 H, 11 O	38 C, 12 H, 50 O	100 H	100 H
Dichte	kg/l	0,74000	0,83500	0,00079	0,00082	0,00072	0,00200	0,88000	0,79000	0,00009	0,00009
Speicherdichte	kg/l$_{Speich.}$	0,740	0,835	0,182	0,187	0,420	0,510	0,880	0,790	0,022	0,071
Heizwert H_u	MJ/kg	42,70	42,50	42,79	39,46	50,01	46,30	37,01	19,70	120,00	120,00
	MJ/l$_{Speich.}$	31,60	35,49	7,79	7,38	21,00	23,61	32,57	15,56	2,64	8,51
	kWh/kg	11,86	11,81	11,89	10,96	13,89	12,86	10,28	5,47	33,33	33,33
	kWh/l$_{Speich.}$	8,78	9,86	2,16	2,05	5,83	6,56	9,05	4,32	0,73	2,36
CO_2-Faktor	g/MJ	73,71	74,06	55,65	55,65	54,96	64,75	0	69,75	0	0
	kg/kWh	0,265	0,267	0,200	0,200	0,198	0,233	0,000	0,251	0,000	0,000
Oktanzahl	ROZ	91-98		> 100	> 100	120	105		110		
Cetanzahl			49					52-56			
Zündtemperatur	°C	≈300-400	≈250	≈640	≈640	≈650	≈470	≈250	450	560	560
theor. Luftbedarf	kg/kg	14,7-14,8	14,6	16,2	13,2	17,2	15,6	12,5	6,4	34	34
Zündgrenze untere	Vol.-%Gas	≈0,6	≈0,6	≈4	≈5	≈5	≈1,9	k.A	≈5,5	≈4	≈4
obere	in Luft	≈8	≈7,5	≈6	≈15	≈15	≈9,5	k.A	≈26	≈77	≈77
Benzol, max.	Vol.-%	5									
Blei, max.	mg/l	13									
Schwefel, max.	Vol.-%	0,05	0,05					<= 0,006			

Tab. 2.1 Stoffdaten der Kraftstoffe

2.1.1 Das Erdgasfahrzeug

Erdgas ist im Vergleich zu anderen fossilen Brennstoffen der umweltfreundlichste und emissionsärmste Brennstoff. Weltweit gibt es mehr als 1 Mio. erdgasbetriebene Kraftfahrzeuge, wovon alleine 315.000 auf Russland fallen [EID, 1996 a].

Aufgrund des gasförmigen Zustandes kommt es im Motorraum zu einer sehr guten homogenen Durchmischung mit der Verbrennungsluft, wodurch die Bildung von Ruß nahezu verhindert wird. Auch bei der Emission ozonbildener Vorläufersubstanzen hat der Erdgasmotor erhebliche Vorteile gegenüber konventionellen Verbrennungsmotoren. Dies liegt daran, dass die emittierten unverbrannten Kohlenwasserstoffe beim Erdgasmotor hauptsächlich aus Methan bestehen und sein Ozonbildungspotential gegenüber anderen Kohlenwasserstoffen ca. 80 % niedriger ist [Elstner, 1994]. Darüber hinaus kommt es bei den nicht limitierten Schadstoffen polyzyklische aromatische Kohlenwasserstoffe (PAH), Benzene-Toluene-Xylene (BTX) und den Aldehyden zu erheblichen Gesamtverminderungen im Vergleich zu Benzin und Diesel [IAV, 1996].

Ein weiteres Plus des Erdgasmotors sind seine geringeren Geräuschemissionen aufgrund einer „weicheren Verbrennung", die gerade bei schweren Nutzfahrzeugen zu einer erheblichen Lärmminderung von etwa 2 dB(A) führen können [Drewitz, 1994], [Portnov, 1992].

Da für schwere Nutzfahrzeuge und Busse keine Ottomotoren angeboten werden, ist man dazu übergegangen, Dieselmotoren für den monovalenten Erdgasbetrieb umzubauen. Auch hier arbeiten die Erdgasmotoren nach dem Ottoprinzip und verfügen generell über eine $\lambda=1$-Regelung und einen Dreiwege-Katalysator. Für den Umbau des Motors auf Erdgasbetrieb ist es notwendig, eine Zündquelle für die Fremdzündung des Erdgases einzubauen. Wesentliche Nachteile des Erdgaseinsatzes im Lkw- und Busbereich sind die höheren Anschaffungskosten von bis zu 20 % und der höhere Verbrauch von rund 25 % gegenüber Dieselfahrzeugen, die eine wirtschaftliche Nutzung in der Regel nicht zulassen.

Die meisten heute betriebenen Erdgasmotoren im Bereich von Pkw und leichten Nutzfahrzeugen sind umgerüstete Benzin-Ottomotoren. Diese Fahrzeuge werden bivalent betrieben, d. h. die Fahrzeuge können sowohl mit Erdgas als auch mit Benzin fahren. Am Motor selbst werden keine Veränderungen vorgenommen. Es sind nur eine zusätzliche Einspritzanlage für Erdgas und einige Veränderungen an der Motorsteuerung notwendig. Als einzige deutsche Automobilhersteller bieten Mercedes Benz und BMW bivalente Fahrzeuge in Serienproduktion an. Alle

2 Marktchancen von neuen Treibstoffen – Systemanalyse als Ausgangspunkt

weiteren auf dem Markt angebotenen Fahrzeuge werden erst nachträglich durch spezialisierte Werkstätten umgerüstet. Im Mittel kann für den Erdgasbetrieb bei einer Leistungsminderung von ca. 10 % mit 10 % Mehrverbrauch im Vergleich zum Benzin gerechnet werden.

Auf dem deutschen Markt haben sich mehrere ausländische Anbieter für Erdgasumrüstsätze etabliert. Das Grundprinzip für den Erdgasbetrieb ist bei allen Systemen gleich. Beispielhaft soll dies für das GFI II-System (Gaseous Fuel Injektion) dargestellt werden (siehe Abb. 2.1.).

Der GFI-II-Umrüstsatz ist ein mikroprozessorgesteuertes Motormanagement-System mit zentraler Kraftstoffeinführung, das speziell für Ottomotoren mit 4 bis 8 Zylindern und einem Hubraum von bis zu 8 l entwickelt worden ist [Bohn, 1996].

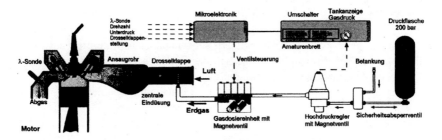

Abb. 2.1 GFI-II-CNG-Umrüstsystem

Das Betriebssystem kann wie folgt beschrieben werden:

Das Erdgas strömt von den Druckflaschen (200 bar) durch einen Hochdruckregler. Dieser Regler mit integriertem Magnetventil sorgt für den konstanten Betriebsdruck des Gases von 7 bar. Aufgrund des Joule-Thompson-Effektes kühlt sich das Gas dabei stark ab. Daher wird der Hochdruckregler zum Vorwärmen des Gases mit dem Kühlwasserkreislauf des Motors verbunden.

Das Gas wird dann der Compuvalve-Einheit zugeführt. Diese computergesteuerte Magnetventileinheit, die elektronisch den Gasbedarf misst und die Zündanlage kontrolliert, ermöglicht eine optimale Gasdosierung und somit niedrige Abgaswerte bei Erdgasbetrieb. Das Compuvalve-System hat den Vorteil, dass es mit der elektronischen Motorsteuerung des Fahrzeugs kommunizieren kann, wodurch eine dynamische Überwachung und Abstimmung von Motor und Einspritzsystem möglich ist.

Zur Berechnung des Kraftstoff-Luft-Gemisches werden vor jeder Zündung die Geschwindigkeiten von Gas und Luft gemessen und ausgewertet. Das Gas wird dann über Einblasdüsen zentral dem Ansaugluftsystem zugeführt.

Ein weiteres Beispiel ist das Mega-III-Erdgassystem von Necam. Dieses unterscheidet sich vom GFI-System hauptsächlich durch den Ort und die Art der Erdgaseinspritzung. Beim Mega-III-System wird das Erdgas nicht zentral vor der Drosselklappe eingespritzt, sondern über einen Gasverteiler den einzelnen Zylindern dosiert zugeführt (Multi-Point). Durch diese Maßnahme befindet sich im Einlasszweigrohr kein brennbares Gemisch, wodurch keine Gefahr des „backfiring", d. h. der Rückschlagzündung, besteht. Als Regelgröße dienen die Luftzahl, die Drosselklappenstellung sowie Drehzahl und Ansaugdruck des Motors [Necam, 1996].

Ein Weiterentwicklung des Multi-Point-Prinzips gibt es bei Mercedes Benz. Hierbei wird ähnlich wie bei gruppenselektiver Einspritzung beim Benzinmotor das Erdgas nicht kontinuierlich, sondern sequentiell in den Verbrennungsraum eingeblasen. Das System wird hierbei durch das Motronic-Steuergerät des Motors gesteuert. Mercedes gibt an, mit dieser Technik im Erdgasbetrieb auf den Verbrauch eines vergleichbaren Dieselfahrzeugs zu kommen [MB, 1996].

Zum Teil sind auch schon monovalente Fahrzeuge auf dem Markt, die nur mit Erdgas betrieben werden. Dieses Konzept hat den Vorteil, dass der Motor für den Erdgasbetrieb angepasst und die Oktanzahl von Erdgas (> 110 ROZ) für eine höhere Verdichtung ausgenutzt werden kann [Ruhrgas, 1994].

Zukunftsweisende Entwicklungen
Die modernsten Erdgasfahrzeuge, die ab 1999 auf dem deutschen Markt erhältlich sind, gehören zu den weltweit saubersten Autos mit Verbrennungsmotor.

Im Pkw-Bereich bringen Honda Ende des Jahres 1999 und Volvo Anfang des Jahres 2000 zwei zukunftsweisende Fahrzeuge auf den deutschen Markt. Honda setzt hierbei auf ihr Modell Honda Civic GX, das als optimiertes monovalentes Erdgasfahrzeug mit einer Reichweite von mindestens 350 km entwickelt wurde und sogar die strengste kalifornische Abgasnorm ULEV (Ultra Low Emission Vehicle) in Kalifornien um mehr als 90 % unterschreitet. Volvo bietet dagegen den Volvo S 80 als bivalentes Fahrzeug an, das durch ein optimiertes Motorsystem sehr geringe Verbrauchswerte aufweist und durch eine verteilte und integrierte Anordnung der Erdgasspeicherflaschen sowie eines verkleinerten Benzintanks zu keinen Platzeinbußen im Fahrzeug führt.

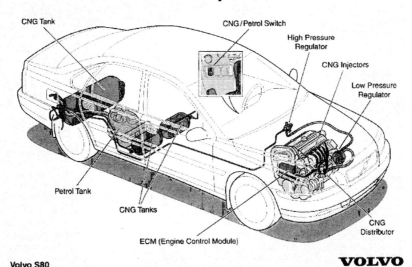

Abb. 2.2 Bi-Fuel System Volvo S 80

Eine weiterführende Entwicklung bei der Betankung geht weg von CNG (Compressed Natural Gas) hin zu LCNG- oder LNG-Systemen. Unter LCNG versteht man die Bereitstellung von Flüssigerdgas (LNG = Liquefied Natural Gas) an der Tankstelle. Erst beim Tanken wird aus dem Flüssigerdgas nach Passieren eines Luftverdampfers und der resultierenden Erwärmung gasförmiges Erdgas [MG 1996]. Die Vorteile sind in der Beschaffenheit von LNG begründet. LNG enthält quasi kein Wasser oder andere nennenswerte Mengen von Verunreinigungen, wodurch eine Trocknungsanlage an der Tankstelle entfällt. Des Weiteren hat LNG eine hohe Oktanzahl von bis zu 120 ROZ und eine konstante Zusammensetzung, wodurch die Bereitstellung als standardisierter Kraftstoff vereinfacht wird.

Beim LNG-System wird das Flüssigerdgas im Fahrzeug in hochisolierten Kryogentanks gespeichert, wodurch die Speicherdichte erheblich erhöht wird. Vor dem Einlass in den Motor wird das LNG in einem speziellen Wärmetauscher verdampft und erwärmt [Kesten, 1995]. Für das gasförmige Erdgas kommt im Motorbereich die gleiche Technik wie für CNG-Fahrzeuge zum Tragen. In Deutschland ist die Fa. Messer Griesheim führend in der Entwicklungsarbeit.

Eine neuere Studie bezieht sich auf das sogenannte „Gas-to-Liquid" Verfahren, beim dem Erdgas in flüssige Kohlenwasserstoffe umgewandelt wird. Der Umwandlungsprozess soll hierbei wirtschaftlicher als die Verflüssigung von Erdgas zu LNG sein. Des Weiteren ist der entstehende Kraftstoff aus Sicht des Umweltschutzes als sehr „sauber" zu betrachten. [EID, 1998].

Abgasnachbehandlung bei Erdgasbetrieb

Die umgerüsteten oder umgebauten Motoren arbeiten fast ausschließlich mit stöchiometrischer Verbrennung ($\lambda = 1$). Somit kommt auch der Dreiwege-Katalysator im Erdgasbetrieb zur Anwendung. Um die Methanemissionen im Erdgasbetrieb zu reduzieren, muss aber zusätzlich ein spezieller Methan-Katalysator eingebaut werden. Der Methan-Kat wird erst vereinzelt für Erdgasfahrzeuge angeboten.

Beim Erdgasbetrieb im Lkw- und Omnibusbereich kommt der Vorteil hinzu, dass im Vergleich zum Dieselmotor die Entstehung von Rußpartikeln vernachlässigbar klein ist und somit keine Rußfilteranlage eingebaut werden muss.

Angebot an Erdgasfahrzeugen

Erdgasfahrzeuge werden als Pkw, Transporter, Lkw und Bus auf dem deutschen Markt angeboten. Zum Großteil handelt es sich hierbei um nachgerüstete bivalente Fahrzeuge. Ende des Jahres 1997 fuhren rund 3.300 Pkw und Transporter und rund 200 Busse in Deutschland [BGW, 1998]. Im Bus- und Lastfahrzeugsektor werden ausschließlich umgebaute Dieselbusmotoren monovalent betrieben. In der folgenden Tabelle ist das Gesamtfahrzeugangebot für die einzelnen Anwendungsgebiete nach Auswertung eigener Recherchen aufgelistet.

	Pkw	leichte Nfz	Busse
bivalent	ca. 60	10	0
monovalent	10	4	15

Tab. 2.2 Angebot an Erdgasfahrzeugen in Deutschland, Stand: 5/99

Für Pkw und leichte Nutzfahrzeuge ist das Werkstattnetz für Reparatur- und Wartungsarbeiten in Abhängigkeit vom Fahrzeugtyp nicht flächendeckend. Dies liegt daran, dass die meisten Pkw in Spezialwerkstätten umgerüstet werden und ortsansässige Werkstätten mit der neuen Erdgastechnologie nicht vertraut sind. Um diesen Nachteil auszugleichen, sind führende Automobilhersteller Kooperationen mit Umrüstsatzherstellern eingegangen. So arbeitet z. B. VW eng mit der IAV in Berlin und Ford mit der Firma GFI, in Deutschland vertreten durch die Stadtwerke Mainz, zusammen. Daneben haben Mercedes Benz und BMW einen anderen Weg eingeschlagen und bieten mehrere Modelle als Serienfahrzeuge an. Die Umrüstung der Fahrzeuge kostet heute je nach Modell ca. 6.000 bis 14.000 DM. Die Mehrkosten der Serienfahrzeuge liegen bei Pkw etwa zwischen 3.000 und 7.000 DM. Im Bereich der schweren Nutzfahrzeuge und Busse werden die Dieselmotoren durch die Hersteller (Ikarus, IVECO, MAN, Mercedes Benz und Volvo) selbst umgebaut, so dass sich hier keine Zuständigkeitsprobleme bei Garantiefragen ergeben. Der Umbau schlägt mit 30.000 DM - 100.000 DM je nach Fahrzeuganbieter zu Buche.

LNG-Fahrzeuge werden in den USA im Schwerlastverkehr eingesetzt [Szeremet, 1996]. In Deutschland wurden erste Pkw (VW Golf und BMW 316g) von Messer Griesheim getestet [Kost (1996)]. Da sich die Wirtschaftlichkeit von LNG für Pkw nicht darstellen ließ, testete Messer Griesheim den Einsatz von LNG für Kühltransporter, da hier LNG neben dem Einsatz als Kraftstoff auch als Kühlmittel verwendet werden kann. Durch diese Doppelnutzung konnte der wirtschaftliche Betrieb von LNG-Fahrzeugen wesentlich verbessert werden [Kesten, 1998].

Öffentliche Erdgastankstellen für CNG

Für den Betrieb von öffentlichen Erdgastankstellen eignen sich für CNG generell nur Schnellbetankungsanlagen, an denen die Erdgasfahrzeuge in gewohnter Zeit betankt werden können. Die ersten Betankungseinrichtungen wurden noch auf Betriebshöfen oder als Stand-Alone-Ausführung errichtet. Um eine große Anzahl Kunden zu erreichen, werden sie vermehrt in bestehende öffentliche Tankstellen der Mineralölfirmen integriert. Die Verteilung der öffentlichen Tankstellen in Deutschland ist in Abb. 2.3 wiedergegeben. Bis Ende 1998 sind rund 100 Tankstellen fertiggestellt worden.

2 Marktchancen von neuen Treibstoffen – Systemanalyse als Ausgangspunkt

Abb. 2.3 Schnellbetankungsanlagen für komprimiertes Erdgas [BGW, 1998]

Der Preisspiegel für Erdgas ist in Deutschland sehr weit gespreizt (siehe Abb. 2.4). Nach einer Umfrage ergaben sich Preise von 0,72 DM/kg bis 1,37 DM/kg [SWB, 1998]. Die niedrigen Preise entstehen aufgrund der Tatsache, dass der Abgabepreis von CNG bei einigen Unternehmen als Marketinginstrument für die Einführung von Erdgasfahrzeugen benutzt wird. Auf einen hohen Gewinn durch den Verkauf von Erdgas wird in dieser Phase bewusst verzichtet. Auf der anderen Seite ergibt sich eine Häufung der Preise bei 1,20 DM/kg Erdgas. Es ist anzunehmen, dass diese Unternehmen heute schon versuchen, die getätigten Investitionen für die Betankungsanlage über eine Hochpreispolitik möglichst schnell zurückzuerhalten. Eine weitere Unschärfe entsteht dadurch, dass Erdgas in Deutschland keine einheitliche Beschaffenheit besitzt.

2 Marktchancen von neuen Treibstoffen – Systemanalyse als Ausgangspunkt

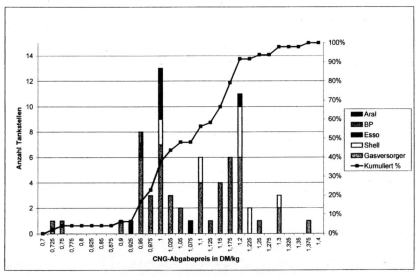

Abb. 2.4 Preisspiegel von Erdgas als Kraftstoff, Stand 9/98 [SWB, 1998]

Um die Preise für Erdgas mit Diesel oder Benzin vergleichbar zu machen, wird der Erdgaspreis in ein sogenanntes Diesel- oder Benzinäquivalent umgerechnet. Das Rechenschema ist am Beispiel des Erdgaspreises für Bremen umgerechnet auf das Dieseläquivalent dargestellt:

$$P_{Dieseläqui} = H_{uDiesel} \cdot \frac{P_{Erdgas}}{H_{uErdgas}} \tag{2.1}$$

mit

$P_{Dieseläqui.}$ [DM/ l$_{Dieseläqui}$]   Preis Erdgas (Dieseläquivalent)
P_{Erdgas} [DM/ kg]   Preis Erdgas
$H_{u\,Erdgas}$ [kWh/kg] Heizwert Erdgas
$H_{u\,Diesel}$ [kWh/l]   Heizwert Diesel

Beispiel:
$P_{Dieseläqui.}$ = X DM/ l$_{Dieseläqui}$
P_{Erdgas} = 1,19 DM/ kg
$H_{u\,L-Erdgas}$ = 11,3 kWh/kg
$H_{u\,Diesel}$ = 9,86 kWh/l

$$P_{Dieseläqui} = 9,86 kWh/l \cdot \frac{1,19 DM/kg}{11,3 kWh/kg} = \underline{\underline{1,04 DM/l_{Dieseläqui}}} \tag{2.2}$$

2.1.2 Fahrzeuge mit benzinbetriebenem Ottomotor

Der Ottomotor wird hauptsächlich mit Benzin als Kraftstoff betrieben. Der effektive Wirkungsgrad beim Pkw-Ottomotor liegt je nach Ausführung zwischen $\eta_e = 0{,}26$ und $0{,}34$ [Beitz, 1990].

Zukunftsweisende Entwicklungen
In Japan haben z. B. Toyota und Mitsubishi unabhängig voneinander die Benzin-Direkteinspritzung weiterentwickelt. Durch besondere Einspritzdüsen ist es möglich geworden, den Kraftstoff fein zu dosieren und dispers in den Brennraum zu sprühen. Durch die bessere Dosierung kommt es beim Motor im Teillastbereich zu erheblichen Kraftstoffeinsparungen. Die disperse Verteilung des Kraftstoffes führt zu einer besseren Verbrennung und vermindert so die HC-Emissionen [Mitsubishi, 1996], [Toyota, 1994].

Eine weitere Neuerung wurde bei VW verwirklicht, wo ein leichterer Aluminiummotor mit einer Leistungserhöhung von 10 % bei einer gleichzeitigen Verbrauchssenkung von 10 % entwickelt wurde [AP/ddp/ADN, 1996]. Zukünftig sind weitere Gewichtseinsparungen von 30% gegenüber Aluminium durch die Verwendung von Magnesiumlegierungen im Motorbereich möglich [VDI nachrichten, 1997].

Für das Jahr 2000 wird für alle Verbrennungsmotoren eine gesetzliche EU-Vorschrift zur Einführung von On-Board-Diagnosesystemen (OBD) erwartet, wodurch eine Überwachung aller abgasrelevanter Bauteile gewährleistet wird [Zimmermann, 1997].

Abgasnachbehandlung für den Ottomotor

Abgasrückführung
Um die Stickoxidemissionen zu senken, hat sich die Abgasrückführung als wirkungsvolles Mittel bewährt. Durch die Zumischung von bereits verbranntem Abgas zum Luft-Kraftstoff-Gemisch wird die Spitzentemperatur der Verbrennung gesenkt und somit die temperaturabhängige Stickoxidemission reduziert. Die Abgasrückführung hat ihre größte Wirkung im Teillastbereich, wobei die Grenzen der Abgasrückführung durch eine begleitende Zunahme der HC-Emissionen (Kohlenwasserstoffe) und des Kraftstoffverbrauches bestimmt sind.

Der 3-Wege-Katalysator
Um die europäischen Schadstoffgrenzwerte einzuhalten, werden heute alle Neufahrzeuge mit Ottomotoren mit einem Dreiwege-Katalysator ausgestattet. Die Bezeichnung „*Der 3-Wege*" bezieht sich hierbei auf die drei limitierten Schadstoffe CO, HC und NO_x, die im Katalysator umgesetzt werden. Die heute

eingesetzten Katalysatoren werden in wabenförmigen Keramik- oder Metallmonolithformen hergestellt. Diese Form zeichnet sich durch sehr gute Ausnutzung der Katalysatoroberfläche, Dauerhaltbarkeit bei hoher mechanischer Festigkeit, geringer Wärmekapazität und kleinem Abgasgegendruck aus. Als Katalysatorsubstanzen kommen heute hauptsächlich Platin und Rhodium zum Einsatz, die auf einem sogenannten Wash-coat aus Aluminiumoxid (Al_2O_3) aufgebracht sind [Baumbach, 1994)]. Der optimale Arbeitsbereich liegt etwa zwischen 350 und 800 °C. Schon ab 1000 °C kann es zur Zerstörung des Katalysators kommen. Am Platin laufen bevorzugt die katalytischen Oxidationsreaktionen ab, während die Reduktion der Stickoxide durch die katalytische Reaktion am Rhodium stattfindet.

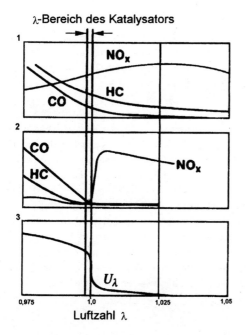

1 Abgasemissionen vor 3-Wegekatalysator
2 Abgasemissionen nach 3-Wegekatalysator
3 elektronisches Signal der λ-Sonde, U_λ = Sondenspannung

Abb. 2.5 Katalysatorwirkung in Abhängigkeit von der Luftzahl λ [Bosch, 1995]

Die gleichzeitige Reduktion und Oxidation der genannten Schadstoffe im Katalysator hängt stark vom Sauerstoffgehalt der Abgase ab. Als am effizientesten hat sich die Regelung der Luftzahl auf einen Wert von λ =1 ergeben, die durch eine vor den Katalysator geschaltete Lambda-Sonde

2 Marktchancen von neuen Treibstoffen – Systemanalyse als Ausgangspunkt

vorgenommen wird. In dem schmalen „Fenster" um $\lambda = 1$ ist die beste Umsatzrate von rund 90% für alle Schadstoffe gegeben [UBA, 1995].

Zukunftsweisende Entwicklungen
Der Großteil an Emissionen, der durch den Dreiwege-Kat nicht umgesetzt wird, entsteht hauptsächlich in der Kaltstartphase des Motors, wenn der Katalysator noch nicht seine Arbeitstemperatur erreicht hat. Um diese Emissionen zu verringern, haben sich verschiedene technische Lösungskonzepte ausgebildet. Zu nennen sind hier der elektrisch beheizte oder der brennerbeheizte Zusatzkat, ein latentwärmespeicherndes Katalysatorsystem oder die Speicherung der Abgase zur späteren Rückführung und Nachverbrennung im Motor [Hanel, 1996], [Heilbronner, 1996], [NREL, 1996], [Öser, 1994], [Pfalzgraf, 1995].

Mit den aufgeführten Verfahren, die bis auf den elektrisch beheizten Zusatzkat noch keine Marktreife erreicht haben, wird es in den meisten Fällen möglich sein, die zukünftigen Grenzwerte „Euro IV" zu unterschreiten.

<u>Speicherung von Benzin</u>
Benzin wird bei Umgebungsdruck und Umgebungstemperatur in korrosionsfesten Kraftstoffbehältern gespeichert. Um die Entstehung hoher Drücke zu vermeiden, ist das Kraftstoffsystem gegen die Atmosphäre geöffnet. Aufgrund des relativ hohen Anteils an leichtflüchtigen Bestandteilen im Ottokraftstoff kommt es schon im Kraftstoffzuleitungssystem in Folge von Verdunstungen zu Emissionen von Kohlenwasserstoffen. Bei heutigen Fahrzeugen wird in Europa der SHED-Test zur Ermittlung der Verdampfungsverluste verwendet [Bosch, 1995]. Um Verdunstungsverluste möglichst gering zu halten, wird ein Aktivkohlebehälter eingebaut, über den der Kraftstoffbehälter belüftet wird. Aufgrund der begrenzten Aufnahmekapazität des Filters wird zu seiner Regeneration im Fahrbetrieb Luft über den Aktivkohlefilter zum Motor angesaugt. Trotz der Verwendung des Filters entstehen im Stand und im Betrieb Kohlenwasserstoffemissionen. [Heine, 1993], [May, 1993] [Kolke, 1995].

<u>Angebot an Benzinfahrzeugen</u>
Benzinfahrzeuge sind mit 34,9 Millionen von ca. 40,4 Millionen aller bis Ende 1995 zugelassenen Pkw die am meisten gefahrenen Fahrzeuge in der BRD [BVM, 1995]. Darüber hinaus werden auch leichte Nutzfahrzeuge, besonders Transporter, als Benzinfahrzeuge angeboten. Benzinbetriebene Ottomotoren für Busse und schwere Nutzfahrzeuge gibt es nicht.
Die Infrastruktur von Werkstätten für Wartungs- und Reparaturarbeiten ist bei den Benzinfahrzeugen über die Grenzen von Deutschland hinaus für fast alle Fahrzeugmarken als gut bis sehr gut einzustufen.

Öffentliche Tankstellen für Diesel und Benzin

Am 1.1.1998 gab es rund 16.740 öffentliche Tankstellen, die fast ausschließlich mit Selbstbedienung arbeiteten [EID, 1998]. Im Vergleich dazu gab es 1970 noch ca. 43.000 Tankstellen. [Esso, 1995 a]. Der Trend zur Abnahme der Tankstellenzahl und die resultierende Konzentration an Standorten mit hoher Betankungsfrequenz wird sich nach Angaben der Veba Oel AG weiter fortsetzen und dazu führen, dass im Jahr 2010 nur noch ca. 10.000 Tankstellen übrig bleiben [EID, 1996].

Neben den öffentlichen Tankstellen haben sehr viele Unternehmen und ÖPNV-Betriebe mit eigenem Fuhrpark Betriebstankstellen auf ihrem Gelände, an denen hauptsächlich Dieselkraftstoff vertrieben wird. Der Kraftstoffpreis ist bei Betriebstankstellen geringer. Dieser Kostenvorteil kann aber unter Umständen durch die betriebsgebundenen Kosten (Personal, Wartung) wieder aufgehoben werden.

2.1.3 Fahrzeuge mit Dieselmotor

Der Dieselmotor ist ein Hubkolbenmotor mit innerer und somit heterogener Gemischbildung und Selbstzündung. Die technische Lösung der Gemischbildung wird bei Dieselmotoren in unterschiedlicher Weise ausgeführt. Man unterscheidet dabei zwei Hauptverfahren: die Nebenkammer-Verbrennung und die Direkteinspritzung.

Das *Nebenkammerverfahren* eignet sich für kleine, schnelllaufende Pkw-Dieselmotoren. Das Verfahren zeichnet sich durch hohe Gemischbildungsgeschwindigkeiten und gute Luftausnutzung aus. Nebenkammerverfahren beruhen auf dem Prinzip des geteilten Brennraumes. Hierbei wird der Kraftstoff in einer Nebenkammer eingespritzt und wird mit der dort vorhandenen Verbrennungsluft verdampft, vorgemischt und entflammt. Darauf strömt das Gemisch in den Hauptbrennraum und wird dort verbrannt.

Durch die Wärme- und Strömungsverluste des Verbrennungsgases auf dem Weg von der Vorkammer zum Hauptbrennraum kommt es zu Wirkungsgradeinbußen. Andererseits ermöglicht die unterteilte Verbrennung mit sehr fettem Gemisch in der Nebenkammer und relativ magerer Verbrennung im Hauptraum sehr niedrige Stickoxid- und Kohlenwasserstoffemissionen.

Bei der *Direkteinspritzung* wird auf eine Unterteilung des Brennraumes verzichtet und der Kraftstoff direkt in den Verbrennungsraum eingespritzt. Die erste Verbrennungsphase ist durch eine schlagartige Verbrennung des während des Zündverzugs eingespritzen Kraftstoffs gekennzeichnet. In der zweiten Phase erfolgt eine Verbrennung mit Diffusionsflamme, in der eine intensive Gemischbildung mit raschem Brennende erwünscht ist. Zur Homogenisierung des Kraftstoff-Luftgemisches wird die Energie des Einspritzstrahles und meist ein im Einlasskanal erzeugter Drall ausgenutzt. Dabei wird der Kraftstoff gegenüber dem Nebenkammerverfahren besser ausgenutzt, wobei aber die zusätzlichen Kosten der Einspritzanlage berücksichtigt werden müssen. Die Technik der Direkteinspritzung wird heute für langsamlaufende Lkw-Motoren und im verstärktem Maße auch für Pkw-Motoren angewendet [Bosch, 1995].

Motoraufladung
Bei der Motoraufladung wird zur Verbrennung benötigte Luft vorverdichtet, wodurch sich die Leistungsdichte des Motors aufgrund des höheren Luftdurchsatzes bei gleichbleibendem Hubraum und gleichbleibender Motordrehzahl verbessert. Mit dem Prinzip der Motoraufladung kann die geringere Hubraumleistung des Diesels gegenüber dem Ottomotor kompensiert werden. Es besteht somit auch die Möglichkeit, bei einer bestimmten Leistungsanforderung an den Diesel, einen kleineren und verbrauchsgünstigeren Motor zu verwenden.

Zukunftsweisende Entwicklungen
Im Pkw-Bereich setzt sich immer weiter das technische Konzept des Turbodieseldirekteinspritzers (TDI) durch. Opel und VW zeigen auf, dass durch Verbesserungen des Gesamtsystems Kraftstoffeinsparungen von 15 bis 17 % gegenüber den Kammermotoren zu erzielen sind [Dahlern, 1996], [Bartsch, 1996]. Als erstes Serienfahrzeug, das als Pumpen-Düse-Direkteinspritzer ca. drei Liter Diesel auf 100 km verbraucht, wurde 1998 der Kleinwagen Lupo von VW vorgestellt [VDI Nachrichten, 1998].

Abgasnachbehandlung für den Dieselmotor
Neben der Abgasrückführung, die schon beim Ottomotor dargestellt worden ist, werden beim Dieselmotor HC- und CO-Emissionen in einem nachgeschalteten Oxidationskatalysator behandelt. Unter Optimalbedingungen kann von einer Reduktionsrate von 50 bis 70 % ausgegangen werden. Heute sind fast alle Neuwagen mit Oxidationskatalysatoren ausgerüstet [Rodt, 1995].

Ein weiterer Schwerpunkt in der Emissionsverminderung liegt bei den Rußpartikeln. Sie stehen im Verdacht, krebserregend zu sein. Zur Verminderung kommen regenerative Partikelfilter zum Einsatz, die in einem Feldversuch für Schwerlastkraftfahrzeuge in Deutschland getestet wurden [Becker, 1994]. Die Effektivität der Filter liegt bei 70 bis 90 %. Allerdings mussten 25 % der Fahrzeuge in der zweijährigen Erprobungsphase repariert werden.

2 Marktchancen von neuen Treibstoffen – Systemanalyse als Ausgangspunkt

Eine Aussage über die mögliche Einführung von Partikelfiltern in Kombination mit Oxidationskatalysatoren (CRT = Continuous Regenerating Trap) ist bis heute noch nicht abschließend möglich, da dieses System als Einsatzvoraussetzung Dieselkraftstoff mit nicht mehr als 0,001 Gew.-% Schwefel benötigt und das System nur unter bestimmten Rahmenbedingungen zufriedenstellend arbeitet [Troge, 1995].

Eine NO_x-Reduzierung mit Katalysatoren, die beim Otto-Motor zum Einsatz kommen, ist bei einem Diesel nicht möglich, da der Katalysator bei Sauerstoffmangel oder stöchiometrischen Verhältnissen arbeitet, und der Dieselmotor dagegen mit Sauerstoffüberschuss betrieben wird. Es gibt mehrere Untersuchungen, die über die katalytische NO_x-Umsetzung bei Dieselmotoren berichten. Die Enwicklungen befinden sich aber zum großen Teil noch in der Laborphase [Kharas, 1995], [Tabata, 1994], [Deeba, 1995].

Zukunftsweisende Entwicklungen
Zur NO_x-Verminderung wird große Hoffnung in den $SiNO_x$-Katalysator von Siemens gesteckt. Der Katalysator besteht aus verschiedenen, wabenförmigen Metalloxiden, deren Oberfläche für eine bessere Reaktion mit der Flüssigkeit Harnstoff (Kohlensäurediamid) benetzt wird. Der Harnstoff reagiert dabei mit dem NO_x zu Wasserdampf und atomarem Stickstoff. Für die Speicherung des Harnstoffes ist ein zusätzlicher Tank notwendig. Mit dem oben beschriebenen Verfahren werden die NO_x-Emissionen um zwei Drittel gesenkt. Außerdem reduziert der $SiNO_x$-Katalysator Ruß und Kohlenwasserstoffe im Abgas. Mit einer Serienproduktion wird ab dem Jahr 2000 gerechnet. Der Kat wird dann voraussichtlich aber erst nur für den Lkw-Bereich zum Einsatz kommen und rund 10.000 DM in der Anschaffung kosten [Eberl, 1996].

<u>Speicherung von Diesel</u>
Diesel wird wie Benzin bei Umgebungsdruck und Umgebungstemperatur in korrosionsfesten Kraftstoffbehältern gespeichert. Aufgrund seines niedrigen Dampfdruckes kann man die geringen Verdampfungsverluste vernachlässigen.

<u>Fahrzeugangebot an Dieselfahrzeugen</u>
Das Angebot an Dieselmotoren erstreckt sich über alle Fahrzeugtypen. In den Bereichen der Nutzfahrzeuge und Busse sind Dieselfahrzeuge deutlicher Marktführer. Der Marktanteil von Dieselfahrzeugen beträgt bei den Pkw mit 5 Millionen Stück etwa 14 %. Durch die Einführung der sehr sparsamen Turbodiesel-Direkteinspritzer mit hohen Leistungen ist aber mit einer Zunahme an Diesel-Pkw zu rechnen. Im Lkw-Bereich (inklusive Transporter und Pkw, die als Lkw angemeldet sind) mit 2,1 Millionen und dem Busbereich mit 90.000

Fahrzeugen kann man davon ausgehen, dass fast alle Fahrzeuge mit Dieselkraftstoff betrieben werden [KBA, 1997].

Die Infrastruktur von Werkstätten für Wartungs- und Reparaturarbeiten ist wie bei den Benzinfahrzeugen über die Grenzen von Deutschland hinaus mit Ausnahme der Schweiz für fast alle Fahrzeugmarken als gut bis sehr gut einzustufen.

2.1.4 Flüssiggasfahrzeuge

Flüssiggasbetriebene Ottomotoren haben in den letzten zwanzig Jahren einen starke Entwicklungssprung durchlaufen. Die anfänglich gebauten rein mechanisch geregelten und gesteuerten Motoren (I. Generation) entwickelten sich hin zu analog oder digital elektronischen Motorsteuersystemen (II. Generation). Diese Entwicklung wurde notwendig, um die strenger gewordenen Emissionsgrenzwerte einzuhalten.

Flüssiggasmotoren können wie Erdgasmotoren bivalent oder monovalent betrieben werden und arbeiten nach dem Ottosystem hauptsächlich im stöchiometrischen Bereich. Im Normalfall werden die Fahrzeuge nachträglich für LPG-Betrieb umgerüstet und erhalten dann eine allgemeine Betriebserlaubnis (ABE) für den Flüssiggasbetrieb. Unter den europäischen Kfz-Herstellern ist nach Angaben des Deutschen Verbands Flüssiggas der Automobilhersteller Renault sehr engagiert und bietet diesen Service ab Werk an [Gspandl, 1996].

Im Vergleich zu Benzin und Diesel verursacht Flüssiggas bei der Verbrennung weniger lokale Emissionen. Besonders die sehr guten Kaltstarteigenschaften aufgrund seiner hohen Verdampfungsrate bei tiefen Temperaturen vergrößern den Vorteil gegenüber Benzin. Wie bei Erdgas ist der Kraftstoffverbrauch gegenüber Benzin ca. 10 % höher. Im Vergleich zum Diesel kommt es zu einem Mehrverbrauch von 20 - 30 %.

Flüssiggasmotoren der III. Generation unterscheiden sich prinzipiell dadurch, dass Flüssiggas in gasförmiger oder flüssiger Form in den Motor eingespritzt wird. Bei der Einspritzung des Flüssiggases im gasförmigen Zustand kommt das MEGA-III-System von Necam, das schon bei den Erdgasmotoren vorgestellt worden ist, zum Einsatz.

Einen anderen Entwicklungsansatz stellt die Einspritzung als Flüssigphase (Lpi = Liquid Propane Injektion) dar, der von Gentec und Vialle entwickelt worden ist. Das System hat den Vorteil, dass es Parameter der eingebauten Motorsteuerung für die Steuerung der Flüssiggaseinspritzung mit verwendet. Auch bei diesem

2 Marktchancen von neuen Treibstoffen – Systemanalyse als Ausgangspunkt

System kommt die „Multi-Point-Injektion" Technik zur Anwendung, um das „backfiring" zu verhindern.

Eine weitere Variante ist der Zweistoffbetrieb beim Dieselmotor. Hierfür wird ein zusätzliches LPG-Kraftstoffsystem eingebaut. Der Motor braucht hierfür nicht angepasst zu werden. Das Prinzip der Selbstzündung wird dadurch beibehalten. LPG wird bei diesem Prinzip der Verbrennungsluft zudosiert und verbrennt nach der Selbstzündung des Diesels im Zylinderraum. Die Stadt Wien hat ausführliche Erfahrungen mit Diesel-LPG-Bussen. Durch den Zweistoffbetrieb konnten rund 25 % an Dieselkraftstoff eingespart werden.

Wie beim Erdgasmotor werden für den Bus- und Schwerlastverkehr Dieselmotoren zu flüssiggasbetriebenen Ottomotoren umgebaut. Das System Tecjet der Fa. Deltec Fuel Systems wurde hierfür speziell für Schwerlastkraftwagen entwickelt. Bei diesem System wird das Flüssiggas gasförmig mit Single-Point-Injektion in den Vergaser eingebracht. Das Tecjet-System arbeitet wie das Lpi-System eng mit der Motorsteuerung zusammen [Novem, 1996], [DVFG, 1996].

Abgasnachbehandlung bei Flüssiggasbetrieb
Die Abgase der Flüssiggasmotoren werden ebenfalls durch einen Dreiwege-Katalysator gereinigt. Da LPG praktisch rußfrei verbrennt, ist keine Filteranlage erforderlich.

Speicherung von Flüssiggas
Flüssiggas wird mit einem Druck von ca. 5 in Druckgasbehältern gespeichert. Dies bedeutet, dass das Tanksystem den Anforderungen der Druckbehälterverordnung gerecht werden muss. Für den Gastank gelten die „Technischen Regeln Druckgase", die TRG 380. Um kritische Zustände bei Erwärmung des Tanks zu vermeiden, dürfen die Kraftstofftanks nur zu 80 % gefüllt werden [Krause, 1991].

Angebot an LPG-Fahrzeugen
Im Pkw- und Transporterbereich beschränkt sich das Angebot für LPG-Fahrzeuge in Deutschland auf den Einbau von Umrüstsätzen, die, wie bei Erdgasfahrzeugen, hauptsächlich im bivalenten Betrieb laufen. Das Angebot und die Umrüstkosten sind um rund 50 % niedriger als bei Erdgasfahrzeugen, da bei LPG keine Gashochdruckanlage (Speicherflasche, Leitungen und Ventile) eingebaut werden muss[IAV (1996 a)]. Nach einer Hochrechnung des DVFG gab es im Herbst 1996 rund 3.500 Flüssiggasfahrzeuge, wobei es sich überwiegend um Pkw handelte [Gspandl, 1997].

Der LPG-Motor hat sich in Deutschland nicht durchgesetzt. In den 80er Jahren waren die Fahrzeugzahlen mit rund 25.000 angemeldeten Fahrzeugen verhältnismäßig groß und das Tankstellennetz mit rund 700 zufriedenstellend ausgebaut. Durch die Einführung und steuerliche Bevorzugung von bleifreiem Benzin wurde diese Entwicklung aber gestoppt [EID (1996 b)]. Die Reduzierung der Mineralölsteuer im Oktober 1995 für LPG und Erdgas wurde von der Mineralölindustrie bis heute nicht dazu genutzt, den Straßenverkehr als Absatzmarkt für LPG im großen Maße neu zu erschließen.

Ein weiterer hinderlicher Punkt ist die erhöhte Explosionsgefahr von LPG bei Leckagen. In Werkstätten müssten z. B. Ventilatoren installiert werden, damit ausströmendes LPG, welches schwerer als Luft ist, sich nicht in Arbeitsgruben und der Kanalisation sammelt. Dies ist auch der Grund, warum für Flüssiggasfahrzeuge ein Parkverbot in Tiefgaragen existiert.

LPG-Tankstellen

Ende 1996 gab es in Deutschland nur noch 76 öffentliche Flüssiggastankstellen, die von Flüssiggasvertriebsfirmen, Autohäusern oder Mineralöltankstellen betrieben werden [DVFG, 1996 a]. Der Rückgang der Tankstellenzahl wurde aber anscheinend gestoppt, da nach einer neueren Umfrage des DVFG die Tankstellenzahl auf 93 wieder angestiegen ist [Gspandl, 1997]. Nach einer Befragung von 20 Tankstellen ergab sich Mitte 1998 ein gemittelter Preis von 0,96 DM/l.

2.1.5 Fahrzeug mit RME-Dieselmotor

Ein wesentlicher Vorteil von Rapsölmethylester (RME) gegenüber Diesel ist seine bessere biologische Abbaubarkeit und sein CO_2-Minderungspotential aufgrund seiner überwiegend pflanzlichen Produktionsherkunft als nachwachsender Rohstoff. Außerdem enthält RME nahezu keinen Schwefel (<= 0,006 Gew.%), so dass die SO_2-Emissionen vernachlässigbar sind.

Bei den nicht limitierten Schadstoffen zeichnet es sich gegenüber Diesel dahingehend aus , dass der Ausstoß krebserregender PAH (Polyzyklischer Aromatischer Kohlenwasserstoffe) um bis zu 50 % gesenkt werden kann.

Rapsölmethylester lässt sich aufgrund der dieselähnlichen Stoffeigenschaften ohne nennenswerte Anpassungen in Dieselmotoren einsetzen [Vellguth, 1994], [Heinrich, 1990]. Infolge seines hohen Sauerstoffgehaltes wirkt RME aber stark korrosiv gegenüber Elastomeren und Lacken, so dass im Bereich der Einspritzpumpe, Kraftstofffilter, Kraftstoffschläuchen und Tankgeber andere Materialien wie z. B. Fluorkautschuk verwendet werden müssen [Nallinger, 1995], [Weidmann, 1989]. Ebenso wie bei Dieselkraftstoff muss bei RME die

Fliessfähigkeit bei tiefen Temperaturen durch Additivierung sichergestellt werden.

Bedingt durch einen etwas niedrigeren Heizwert kommt es zu einer geringen Reduzierung der Leistung und des Wirkungsgrades, die durch die etwas höhere Dichte von RME zum Teil wieder ausgeglichen wird [Weidmann, 1992]. Eine positive Auswirkung des Einsatzes RME auf die Umwelt ist noch strittig. So vertritt das Umweltbundesamt die Meinung, dass durch den vermehrten Anbau von Raps die negativen Effekte durch Überdüngung und große Monokulturen die Vorteile von RME als Dieselersatz kompensieren [Wid/mg, 1995], [Jandel, 1996].

Speicherung von RME
Die Speicherung von RME erfolgt in den konventionellen Dieseltanks. Wie oben angeführt ist, müssen aber aufgrund der zersetzenden Eigenschaft von RME gegenüber Elastomeren Teile des Kraftstoffsystems durch korrosionsbeständige Materialien ersetzt werden.

Fahrzeugangebot an Dieselmotoren für RME-Betrieb
Neue Dieselmotoren sind wie beschrieben in der Regel nach dem Auswechseln von Kraftstoffsystemkomponenten für den RME-Betrieb geeignet. Wichtig bei dem Betrieb mit RME ist, dass die Fahrzeughersteller eine Freigabe und somit auch eine Garantie für die Motoren geben. Diese Freigabe wird von einigen Herstellern erst auf eine Einzelanfrage hin gegeben. Grundsätzlich kann man sagen, dass es keine nennenswerten Einschränkungen bei der Wahl der Dieselfahrzeuge für den RME-Betrieb mehr gibt [UFOP, 1996 b]. Die Umrüstung eines Omnibusses für den Biodiesel-Einsatz und die Ausrüstung des Fahrzeugs mit einem Oxidationskatalysator kosten bei Neufahrzeugen unter 5.000 DM [UFOP, 1999].

Öffentliche Tankstellen für RME
RME ist von der Mineralölsteuer befreit und wird im Durchschnitt zu gleichen Preisen wie Diesel angeboten. Da zum Oktober 1996 der verbleite Ottokraftstoff aus dem Markt genommen wurde, standen an Deutschlands Tankstellen eine kostengünstige Lagermöglichkeit zur Verfügung. Die UFOP (Union zur Förderung von Oel- und Proteinpflanzen e.V.) startete daraufhin eine Informationskampagne in Richtung Tankstellenbetreiber mit dem Thema: "Biodiesel statt Super verbleit", die sich in Zusammenarbeit mit den Biodieselherstellern und -zentralvermarktern vor allem auf die Mitgliedsunternehmen des Bundesverbandes Freier Tankstellen (bft) sowie Stationsbetreiber kleinerer Tankstellenketten, wie z. B. Q8/Markant konzentrierte.

2 Marktchancen von neuen Treibstoffen – Systemanalyse als Ausgangspunkt

Die gute Zusammenarbeit mit dem bft führte zu einem sprunghaften Anstieg um ca. 300 Biodieseltankstellen. Ende 1998 gab es rund 800 öffentliche Biodieseltankstellen in Deutschland. Mit einer vermarkteten Menge von ca. 100.000 t Biodiesel wurde 1997 und 1998 die in Deutschland verfügbare Produktionskapazität ausgeschöpft, so dass die Realisierung von weiteren Ölmühlen notwendig ist. Die jährliche Erzeugungsobergrenze für RME in Deutschland beläuft sich auf etwa eine Mio. t RME. Dies entspräche einem Dieselkraftstoffabsatz von bis zu 5 % [UFOP, 1999].

2.1.6 Fahrzeuge mit Wasserstoffmotor

Der Betrieb von Wasserstoffmotoren zeichnet sich dadurch aus, dass der Wasserstoff im Betrieb mit dem Luftsauerstoff fast schadstofffrei zu Wasserdampf verbrennt und somit kein CO_2 entsteht. Es entstehen lediglich geringe Mengen an CO und unverbrannte Kohlenwasserstoffe durch die Verbrennung des Motoröls. Des Weiteren werden wie bei jeder Verbrennung mit Luft Stickoxide gebildet, die durch motortechnische Maßnahmen begrenzt werden können. Für die Beurteilung der Gesamtemissionen kommt es daher größtenteils auf das Herstellungsverfahren des Wasserstoffs an.

Bisherige Wasserstoffmotoren arbeiten nach dem Ottoprinzip. Der gasförmige Wasserstoff wird hierbei in das Saugrohr eingeblasen. Die äußere Gemischbildung erfolgt derzeit durch eine kontinuierliche Einblasung. Der Vorteil liegt im einfachen konstruktivem Aufbau und einem geringen erforderlichen Wasserstoffdruck. Aufgrund der sehr geringen Dichte nimmt der Wasserstoff im Saugrohr ein großes Volumen ein, wodurch rund 30 % der angesaugten Luftmenge verdrängt werden. Als Folge davon nimmt die Leistung des Motors ab und es kommt zu einem unregelmäßigen Verbrennungsablauf.

Darüber hinaus liegt die Oktanzahl von Wasserstoff deutlich unter der von Benzin. Um eine klopfende Verbrennung zu vermeiden sind Maßnahmen wie das Absenken des Verdichtungsverhältnisses oder eine Kühlung des angesaugten Gemisches notwendig.

Die notwendige Zündenergie von Wasserstoff beträgt nur etwa 1/10 derjenigen von Benzin. Um Selbstentzündungen an heißen Stellen oder Ölpartikeln zu vermeiden, muss ein erhöhter konstruktiver Aufwand im Motorraum getätigt werden. Wasserstoffmotoren können mit sehr magerem Gemisch betrieben werden, wodurch der Verbrauch vermindert werden kann. Um das Problem des Backfiring (Rückfeuerung in den Vergaser hinein) zu beherrschen, hat sich im Volllastbetrieb eine zusätzliche Direkteinspritzung von Wasser als vorteilhaft erwiesen. Gleichzeitig wird damit die Stickoxidbildung reduziert und eine klopfende Verbrennung weitgehend vermieden [TÜV Rheinland, 1989], [Kukkonen, 1994].

Speicherung von Wasserstoff im Fahrzeug
Wasserstoff wird im Fahrzeug entweder im gasförmigen oder im flüssigen Zustand gespeichert. Für den gasförmigen Zustand bieten sich zwei Speichermöglichkeiten an [DaimlerBenz, 1992]. Die eine ist die Speicherung in *Metallhydriden*. Der gasförmige Wasserstoff wird hierbei durch in Rohren befindliches Metallpulver absorbiert, wodurch das sogenannte Hydrid entsteht. Durch den Speichervorgang wird Wärme frei, die beim Betankungsvorgang abgegeben werden muss. Aus diesem Grund sind die Speicherbehälter als Rohrwärmetauscher mit Wasserkühlung ausgeführt. Eine weitere Form Wasserstoff gasförmig zu speichern, ist die *Speicherung unter hohem Druck* (300 bar) in Druckbehältern. Da Wasserstoff durch seinen Molekülaufbau leicht durch Materialien hindurch diffundiert, sind besondere Anforderung an die Innenbehälter der Druckflaschen zu stellen.

Neben der gasförmigen Speicherung wird Wasserstoff auch tiefkalt (-253 °C) flüssig in Fahrzeugen gespeichert. Trotz einer Vakuumisolation der Tanks muss mit Abdampfverlusten von 1-2 % pro Tag gerechnet werden. Für die Versorgung des Motors mit Wasserstoff muss in den meisten Fällen eine zusätzliche Flüssigwasserstoffpumpe in das Fahrzeug eingebaut werden. Die Sicherheit der Flüssiggasbehälter wurde von BMW im Rahmen des Euro-Quebec Projektes (EQHHPP) getestet und bei Einhaltung der Sicherheitsvorschriften als gegeben angesehen [Pehr, 1995].

Angebot an Fahrzeugen mit Wasserstoffverbrennungsmotor
Es sind keine Fahrzeuge auf dem Markt erhältlich. BMW hat mit ihrer 7er Serie wie Mercedes-Benz mit ihren 230 E und T 310 Prototypen entwickelt, die in ihrer Alltagstauglichkeit getestet werden [BMW, 1993], [DaimlerBenz, 1992]. In den Jahre von 1984 bis 1988 gab es darüber hinaus einen dreistufigen Praxistest mit Wasserstofffahrzeugen, der Hinweise für die heutigen Entwicklungen gegeben hat [BMFT, 1984]. Im Jahr 1996 hat Mazda einen nach dem Wankelprinzip arbeitenden Wasserstoffmotor vorgestellt.

Betankungsanlagen für Wasserstoff
Zur Zeit ist keine Infrastruktur für die Betankung von Wasserstofffahrzeugen vorhanden. Eine erste öffentliche Versuchsanlage mit einem automatischen Roboterarm hat die Mineralölgesellschaft ARAL auf dem Münchener Flughafen errichtet [Aral, 1998 a] Eine zweite Tankstelle wurde in Hamburg im Jahr 1999 eröffnet [Shell, 1999].

2.1.7 Elektrofahrzeuge

Elektrische Straßenfahrzeuge sind seit über 100 Jahren bekannt. Das erste mit einer Batterie betriebene elektrische Auto wurde 1886 in London vorgestellt [Skudelny, 1993]. Um die Jahrhundertwende gab es in den USA mehr Elektrofahrzeuge als Fahrzeuge mit Verbrennungsmotoren [Schaket, 1979]. Diese Entwicklung wendete sich, als 1915 der elektrische Anlasser erfunden und somit der Betrieb von Verbrennungsmotoren sicherer und komfortabler wurde.

Elektrofahrzeuge wurden als alternatives Antriebskonzept erst in den 70er Jahren aufgrund der Ölkrise wieder interessant. Neben dem damaligen Bestreben, die Abhängigkeit von Mineralölprodukten zu verringern, sind heute umweltrelevante Gesichtspunkte wie Lärmminderung und Emissionsfreiheit während des Betriebs von Elektrofahrzeugen hinzugekommen [Naunin, 1994]. Politische Unterstützung haben Elektrofahrzeuge durch den „Clean Air Act" in den USA (seit 1.1.1990 in Kraft) bekommen. Aufgrund des Clean Air Act wurde in Kalifornien das Low Emission Vehicle Program eingeführt. Es schreibt vor, dass im Jahre 2003 schon 10 % der Fahrzeuge als sogenannte „Zero Emission Vehicles (ZEV)" angeboten werden müssen. Als ZEV kommen heute nur Elektrofahrzeuge in Frage.

Die begrenzenden Faktoren für die mangelnde Verbreitung von Elektrofahrzeugen sind heute die hohen Produktionskosten für die Fahrzeuge in Kleinserien und für die nicht ausreichend optimierte Batterie, die die elektrische Energie im Fahrzeug speichert. Durch die hohen Anschaffungskosten, das hohe Gewicht und die niedrige Speicherkapazität der Batterie wird der Einsatz von E-Fahrzeugen (Wirtschaftlichkeit, Reichweiten von 50 - 150 km , Zuladung) eingeschränkt. Aus diesem Grund werden gerade auf dem Gebiet der Speicherung große Anstrengungen unternommen, diese Nachteile zu minimieren. In Amerika haben sich z. B. das United States Advanced Battery Consortium (USABC) und das Advanced Lead-Acid Battery Consortium (ALABC) gebildet, um diesen Zielen näher zu kommen [Warthmann, 1995].

Auf der anderen Seite fallen die oben genannten Einschränkungen bei der Benutzung des Elektrofahrzeuges als Stadtfahrzeug oder als Zweitwagen im Kurzstreckenbetrieb weniger ins Gewicht. In diesen Bereichen spielen Höchstgeschwindigkeiten und geringe Reichweite keine Rolle. Zudem kann im Stadtbetrieb bei Elektrofahrzeugen durch die vielen Bremsvorgänge Energie durch Rekuperation vermehrt wiedergewonnen werden [Dustmann, 1996].

Der elektrische Antrieb
Die Antriebsmotoren von Elektrofahrzeugen weisen eine vom Verbrennungsmotor abweichende Drehmoment-Drehzahlcharakteristik auf. Im Gegensatz zum Verbrennungsmotor kann der Elektromotor aus dem Stillstand ein maximales Drehmoment entwickeln, wodurch die Kupplung beim Elektromotor wegfallen kann. Gegenüber dem Verbrennungsmotor hat der Elektroantrieb den Vorteil, dass man einen großen Teil der Bremsenergie des Fahrzeuges in elektrische Energie zurückgewinnen kann. Der Motor arbeitet hierbei als Generator und der erzeugte elektrische Strom wird in die Antriebsbatterie zurückgespeist. Dieser Vorgang wird als Rekuperation bezeichnet.

Da der elektrische Antrieb nicht genug Abwärme erzeugt, um das Fahrzeug zu beheizen, muss, wenn das Fahrzeug keine Hochtemperaturbatterie besitzt, eine Zusatzheizung im Elektrofahrzeug installiert werden. In den meisten Fällen arbeitet die Heizung mit Benzin oder Diesel als Brennstoff. Allgemeingültige Aussagen über den Verbrauch und die Emissionen der Heizung sind sehr schwierig, da die klimatischen Verhältnisse hierbei eine große Rolle spielen. In der Literatur werden nach Kolke für PKW-Benzinheizungen Verbräuche von 0,3 bis 0,7 l/100 km angegeben, die sich an einer Jahresfahrleistung von rund 13.000 km/a orientieren [Kolke 1995]. Für zukünftige Elektrofahrzeuge wurde eine spezielle Wärmepumpe entwickelt, die zur Klimatisierung des Fahrzeugs eine maximale elektrische Leistungsaufnahme von 1 kW benötigt [Suzuki, 1996].

Energiebereitstellung und Speicherung im Elektrofahrzeug
Zur Bewegung eines E-Fahrzeugs ist elektrische Energie notwendig, die im Fahrzeug gespeichert werden muss. Für die Bereitstellung und Speicherung der elektrischen Energie sind unterschiedliche technische Systeme geeignet. Die gängige Speicherform für Elektrofahrzeuge ist die wiederaufladbare *Sekundärbatterie (Akkumulator)*, die nach dem Prinzip jeder Autobatterie arbeiten. Als neue Systeme sind das *Zink-Luft-System* als *Primärbatterie (Einwegbatterie)* und die *Brennstoffzelle* mit Methanol oder Wasserstofftank in die Testphase getreten. Die Einführung von Elektrofahrzeugen hängt nicht unerheblich von der Entwicklung und Forschung dieser Sektoren ab.

Sekundärbatterie
Die Anforderungen an den Einsatz von Traktionsbatterien in Fahrzeugen sind vielfältig. Zum einen sollen sie eine hohe Energiedichte besitzen, d. h. bei hohem Energieinhalt möglichst wenig wiegen und wenig Raum einnehmen. Sie sollen ein gutes Leistungsvermögen für Beschleunigungs- und Bremsvorgänge (Rekuperation) besitzen und eine hohe Lebensdauer in Bezug auf Ladezyklenzahl und Dauerhaltbarkeit haben. Dass diesen Anforderungen durch die chemische

Physik Grenzen gesetzt sind, zeigt sich, wenn man die theoretisch erreichbaren Speicherdichten von Batterien mit der von Benzin vergleicht (siehe Tab. 2.3).

PbO_2/Pb	167 Wh/kg
Ni/Fe	260 Wh/kg
Ni/Zn	333 Wh/kg
Cl_2/Zn	833 Wh/kg
FeS/LiAl	450 Wh/kg
S/Na	795 Wh/kg
Normalbenzin	11.860 Wh/kg

Tab. 2.3 Theoretische Energiedichte einiger Batterien [Kiehme, 1994]

Das Speicherprinzip der Sekundärbatterie beruht auf einer chemisch reversiblen Reaktion, d. h. die entzogene elektrische Energie kann durch Aufladung der Batterie wieder zugeführt werden.

Der praktisch erreichbare Wert für die Energiedichte weicht von den theoretischen Werten aufgrund mehrere Einflüsse erheblich ab. Bei einem Blei-Akkumulator stehen in der Praxis nur 18% seiner theoretischen Energiedichte für Traktionszwecke zur Verfügung [Kiehme, 1994]. Wenn man sich zusätzlich die übertragene Nutzenergie moderner Elektrofahrzeuge in der folgenden Übertragungskette mit ihren Wirkungsgraden ansieht, wird deutlich, wie wichtig die Weiterentwicklung von Batteriesystemen ist.

Abb. 2.6 Übertragene Nutzenergie moderner Elektrofahrzeuge

Primärbatterie - Das Zink/Luft-System

Das Zink/Luft-Batteriesystem ist ein Metall/Luftsystem, das dadurch gekennzeichnet ist, dass nur das metallische Aktivmaterial Zink der negativen Elektrode in der Batterie gespeichert und verbraucht wird. Der Reaktand der positiven Elektrode ist Sauerstoff und wird aus der Umgebungsluft für den Entladungsvorgang entnommen. Als Elektrolyt wird bei der Zink/Luft-Batterie der Fa. ElectricFuel Kalilauge verwendet. Durch dieses Funktionsprinzip lassen sich hohe Leistungsdichten von bis zu 100 W/kg und Energiedichten von über 200 Wh/kg erreichen, wodurch sich dieser Batterietyp gut für Elektrostraßenfahrzeuge eignet [EFL, 1995] So ergaben sich bei Testfahrten Reichweiten über 400 km [DP, 1995]. Die Gesamtreaktion, die bei der Entladung der Batterie abläuft, ist im folgenden dargestellt:

$$2Zn + O_2 \xrightleftharpoons{} 2ZnO \qquad (2.3)$$

mit
Zn Zink (negative Elektrode),
O_2 Luftsauerstoff (positive Elektrode),
ZnO Zinkoxid.

Die *direkte elektrische Wiederaufladbarkeit* der Zink/Luft-Batterie ist mit Schwierigkeiten verbunden. Die Probleme entstehen daraus, dass es bei wiederholten Lade- und Entladeprozessen zu Struktur- und Formänderungen der Zinkelektrode kommen kann und dass noch keine langlebige Sauerstoffelektrode für die Ladevorgänge entwickelt wurde [Wiesener, 1995].

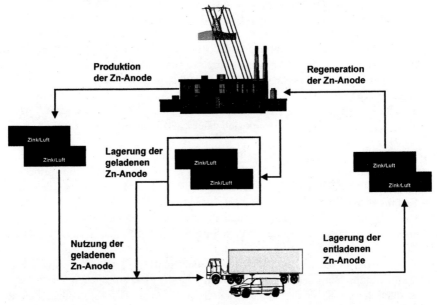

Abb. 2.7 Das Zink/Luft-Energiesystem [DP, 1995]

Bei der *mechanischen Wiederaufladung*, wie sie bei dem Zink/Luft-System der Fa. ElectricFuel verwendet wird, bestehen diese Probleme nicht. Bei diesem Verfahren wird die Batterie im entladenen Zustand durch eine Wechselanlage innerhalb von Minuten dem Fahrzeug entnommen und einer Regenerationsanlage zugeführt. Solch eine Regenerationsanlage ist im Rahmen des Flächentests der Post in Bremen errichtet worden und ging im Herbst'96 in den Probebetrieb über.

Die Anlage ist so konzipiert, dass über 60 Fahrzeuge mit Batteriesätzen ausgerüstet werden können [DP, 1995 a].

Systemwirkungsgrade, Umweltauswirkung und betriebswirtschaftliche Fragen sollen in dieser Erprobungsphase analysiert werden. Da es sich um eine Versuchsanlage handelt, sind die bis heute vorliegenden Ergebnisse des Systems als vorläufig anzusehen.

In der Regenerationsanlage werden die Batterien geöffnet und die Anoden mit Zinkoxid und Resten des nicht umgesetzten Zinks entnommen. Zinkoxid und Zink werden im nächsten Schritt von der Anode getrennt und in Kalilauge (KOH) bei 70 °C gelöst. In einem Regenerationsbehälter wird das Zinkoxid durch einen elektrolytischen Prozess zu metallischem Zink reduziert. Durch die Art der Prozessführung wird gewährleistet, dass die Zinkpartikel, die die Form von Farnblättern haben, eine hochporöse Reaktionsoberfläche erhalten. Die poröse Struktur und die sich daraus ergebende große Oberfläche sind der Garant für das gleichbleibende Reaktionsvermögen des Zinks während der Entladung. Für die Berechnung des Gesamtwirkungsgrads des Systems muss in den Bilanzierungsraum neben der eigentlichen Batterie auch die Regenerierungsanlage aufgenommen werden. Als Eingangsgröße wird der Anschluss zum öffentlichen Stromnetz gleich 100 % gesetzt. Der Gesamtsystemwirkungsgrad ergibt sich dann zu 50 % [Koretz, 1995].

<u>Elektrofahrzeuge mit Brennstoffzelle</u>
Neben der Speicherung elektrischer Energie in sekundären und primären Batterien bietet die Brennstoffzelle neue Möglichkeiten die Einsatzpotentiale von Elektrofahrzeugen zu vergrößern. Das Brennstoffzellensystem hat den Vorteil, dass es den Energiewandler räumlich von der Energiespeicherung trennt, wodurch gegenüber der Batterie höhere Energiespeicherdichten erreicht werden.

Die Brennstoffzelle ist ein Energieumwandler, der mit Hilfe von Gasdiffusionselektroden durch Oxidation eines wasserstoffreichen Gases und Reduktion von Sauerstoff elektrischen Strom erzeugt. Brennstoffzellen liefern unter Betriebsbedingungen eine Gleichspannung von 0,6 bis 1 V bei Stromdichten, die je nach Ausführung 0,15 bis 1 A/cm^2 betragen. Brennstoffzellen werden gemäß ihrer Arbeitstemperatur in Niedrig- und Hochtemperaturzellen unterschieden. Für die stationären z. T. mit Kraft-Wärme-Kopplung (KWK) betriebenen Zellen haben sich mehrere Systeme wie die oxidkeramische Zelle (SOFC = Solid Oxide Fuel Cell, $T_{Betrieb}$ = 900 °C), die Karbonatschmelzzelle (MCFC = Molten Carbonate Fuel Cell, $T_{Betrieb}$ = 700 °C) und die phosphorsaure Zelle (PAFC = Phosporic Acid Fuel Cell, $T_{Betrieb}$ = 200

°C) etabliert. Der theoretische Wirkungsgrad von Brennstoffzellen liegt über 90 %.

Für den Einsatz von Brennstoffzellen im Traktionsbereich bietet sich die Protonenaustauschmembranzelle (PEMFC = Proton Exchange Membrane Fuel Cell, $T_{Betrieb}$ = 80 °C) an. Aufbau und Funktion der PEM-Brennstoffzelle sollen in Anlehnung an die technische Ausführungen der Brennstoffzelle im Fahrzeug NECAR II von Mercedes Benz näher dargestellt werden [DaimlerBenz, 1996 a], [DaimlerBenz, 1996 b]. Die PEM-Zelle ist eine Niedrigtemperaturzelle mit einem festen Elektrolyt, die in den heutigen Ausführungen Wasserstoff und Luftsauerstoff als Feedgase benötigt.

$$2H^+ + 1/2O_2 + 2e^- \rightarrow H_2O \qquad (2.4)$$

Der Wasserstoff tritt hierbei durch Kanäle in die bipolare Anode ein und gibt unter Einwirkung eines Platinkatalysators zwei Elektronen in den Stromkreis ab. Die Wasserstoffprotonen treten durch eine protonenleitende Folie zur Kathode über, wo sie mit dem Luftsauerstoff und durch den kathodenseitigen Katalysator angeregten Elektronen zu dampfförmigen Wasser reagieren.

Um die Umsatzrate zu erhöhen, wird die Luft, bevor sie durch die Kanäle in die Zelle eintritt, verdichtet [Howard, 1996]. Die einzelnen Brennstoffzellenelemente werden als sogenannte Stacks (Stapel) ausgeführt, d. h. die bipolaren Elektroden fungieren auf ihrer einen Seite als Anode und auf ihrer anderen Seite als Kathode.

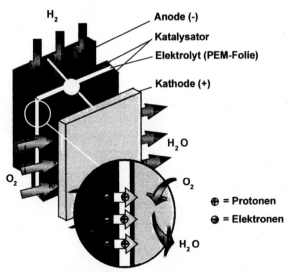

Abb. 2.8 Aufbau- und Funktionsschema der PEM-Brennstoffzelle [nach DaimlerBenz]

Für die Energiebereitstellung im Fahrzeug wird Wasserstoff oder Methanol mitgeführt. Methanol hat eine etwa doppelt so hohe volumenbezogene Speicherdichte wie Flüssigwasserstoff, kann aber heute noch nicht direkt in der PEM-Brennstoffzelle verwendet werden. Zur Nutzung des Methanols wird es durch ein im Fahrzeug installierten Reformer in Wasserstoff umgewandelt [Ganser, 1992]. Es wird hierbei mit dem Abdampf aus der Brennstoffzelle gemischt, verdampft, überhitzt und bei etwa 250 °C im Reformer katalytisch zu Wasserstoff umgesetzt. Es ist sicherzustellen, dass die Konzentration des gleichzeitig entstehenden Kohlenmonoxids im Synthesegas nicht über 10 ppmv liegt, um eine Vergiftung der Katalysatoren zu verhindern. Bei neuen Katalysatoren der Fa. Degussa lagen die Toleranzgrenzen in Versuchen schon bei 80 ppm CO [Isenberg, 1995].

Methanol bietet gegenüber flüssigem Wasserstoff den Vorteil, dass die Betankung und die Speicherung im Fahrzeug problemloser umzusetzen ist.

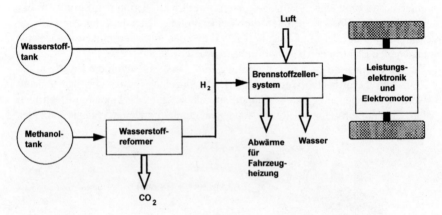

Abb. 2.9 Arbeitsschema eines Brennstoffzellenfahrzeugs im Wasserstoff- oder Methanolbetrieb

Als weitere Variante hat der Automobilhersteller Chrysler die Möglichkeit eines Brennstoffzellenfahrzeugs vorgestellt, das mit herkömmlichen Benzin betankt werden kann. Das Benzin wird über einen Teilverbrennungsreaktor und einem nachgeschalteten Kupfer- und Zinkkatalysator in Wasserstoff und Kohlendioxid gespalten. Die Kosten dieser Antriebsvariante liegen heute etwa 10mal höher als bei einem vergleichbaren Benzinfahrzeug [Der Spiegel, 1997].

Angebot an Elektrofahrzeugen

Elektrofahrzeuge mit Sekundärbatterien
Elektrofahrzeuge werden heute hauptsächlich als Klein-Pkw angeboten, die bedingt durch ihre kurze Reichweite als Nahverkehrs- oder Stadtfahrzeuge eingesetzt werden. Hierunter fallen auch die Elektroleichtmobile, die in Leichtbauweise und oft in ein- oder zweisitziger Ausführung gebaut werden.

Fahrzeugart	Anzahl der Modelle	Fahrzeuggesamtzahl
Kleinfahrzeug/Pkw	23	2285
Transporter (Lkw)	10	1554
Bus	3	147
Summe	**36**	**3986**

Tab. 2.4 Anzahl der in Deutschland zugelassenen elektrischen Straßenfahrzeuge [KBA, 1997]

Die Anschaffungskosten für die Elektrofahrzeuge unterscheiden sich in Abhängigkeit vom Hersteller und von dem verwendeten Batterietyp sehr. Man kann aber sagen, dass die Anschaffungskosten eines Elektrofahrzeugs rund doppelt so hoch sind wie die eines vergleichbaren Benzinfahrzeugs.

Fahrzeuge mit Zink/Luft-Batterie
In einem Feldtest der Deutschen Post AG wurden bis Anfang 1998 20 Mercedes Benz MB410 Transporter und fünf Opel Corsa Combo mit der Zink/Luft-Batterie ausgestattet und sind bei der Deutschen Post, der deutschen Telekom und bei der schwedischen Post in Vattenfall als ausländischem Kooperationspartner zum Einsatz kommen.

Brennstoffzellenfahrzeuge
Neben Mercedes Benz, die ihr Brennstoffzellenfahrzeug NECAR III im Jahr 1998 vorgestellt haben, arbeiten weltweit weitere Firmen (Siemens (D), Ballard (CAN), PSA (F), Chrysler (USA)) an der Weiterentwicklung der Brennstoffzellen und an Fahrzeugprototypen. Als mögliche Anwendungsfelder werden Pkw, Transporter und Busse angesehen. Mit einer Markteinführung von Fahrzeugen in Kleinserie kann nach Herstellerangaben ab dem Jahr 2004 gerechnet werden.

Die Kosten der Brennstoffzelle lagen nach Angaben von Mercedes Benz im Jahr 1996 noch bei DM 80.000 bis 100.000/kW. Für das Jahr 2010 wird mit Kosten von 200 bis 400 DM/kW gerechnet [Noreikat, 1996].

Ladestationen und Betankungsanlagen für Elektrofahrzeuge

Wiederaufladbare Batterien
Die Batterieladung erfolgt entweder durch eine Normalladung oder eine Schnellladung. Von Schnellladung spricht man, wenn die Anschlussleistung über 3,6 KW liegt. Der Ladevorgang kann konduktiv (mit Kabel) oder induktiv vorgenommen werden. Beim konduktiven System kann sich das Ladegerät im Fahrzeug (on-board) oder extern an der Ladestation befinden. Beim induktiven Ladesystem wird das Fahrzeug dagegen berührungslos über Induktionsspulen geladen, die ähnlich dem Transformatorprinzip arbeiten.

Zur Zeit gibt es in Deutschland kein normiertes Ladesystem, wodurch an öffentlichen Betankungsstationen mehrere Steckverbindungen angeboten werden müssen. Ende 1998 gab es weniger als 150 öffentliche Stromtankstellen im gesamten Bundesgebiet. Das Fehlen einer öffentlichen Infrastruktur kommt bei E-Fahrzeugen aber kaum zum Tragen, da die Fahrzeuge in vielen Fällen problemlos in Garagen oder auf privaten Stellplätzen an normalen Steckdosen wieder aufgeladen werden können.

Wechselstationen für das Zink/Luft-System
Angedacht wird die Einrichtung von dezentralen Wechselstationen, an denen die Batteriesätze ausgetauscht werden können. Wenn genügend verbrauchte Batterieblöcke gesammelt wurden, sollen sie per Lkw in die Regenerationsanlage zurückgebracht werden.

Tankstellen für Brennstoffzellenfahrzeuge
Bis auf wenige Versuchsbetankungsanlagen am Flughafen München und in Hamburg ist ein Netz von Methanol- oder Wasserstofftankstellen in Deutschland derzeit nicht vorhanden. Erste öffentliche Wasserstofftankstellen gab es im Rahmen des Wasserstofffeldversuches in den 80-er Jahren in Berlin.

2.1.8 Hybridfahrzeuge

Hybridfahrzeuge, die Elektroantrieb und Verbrennungsmotor kombinieren, bieten die Möglichkeit, Vorteile beider Antriebe zu nutzen. So gewährleistet der konventionelle Antrieb eine große Reichweite und der Elektroantrieb niedrige Geräuschemissionen und keine Abgasemissionen z. B. im innerstädtischen Betrieb. Aus Umweltgesichtspunkten können neben Benzin und Diesel auch alternative Kraftstoffe wie z. B. Erdgas oder Flüssiggas für den Verbrennungsmotor Verwendung finden. Die Ausführungsvarianten von Hybridfahrzeugen sind vielfältig. Im Allgemeinen unterscheidet man aber in

Serienhybride und Parallelhybride, wobei der Antrieb beim Parallelhybrid in unterschiedlicher Weise ausgeführt werden kann.

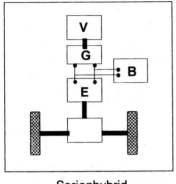
Serienhybrid

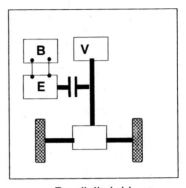
Parallelhybrid

V = Verbrennungsmotor   G = Generator
E = Elektromotor   B = Batterie

Abb. 2.10 Ausführungen von Hybridfahrzeugen [Kalberlah, 1994]

Serienhybrid
Serienhybride werden ausschließlich durch den Elektromotor angetrieben. Die benötigte elektrische Energie wird entweder von der Batterie oder vom Verbrennungsmotor über einen Generator direkt an den E-Motor geliefert. Bei Bedarf kann darüber hinaus die Batterie während der Fahrt durch den Verbrennungsmotor nachgeladen werden.

Der Hauptvorteil des Serienhybrids besteht darin, dass es möglich ist, den Verbrennungsmotor stationär in einem festen Betriebspunkt mit möglichst hohem Wirkungsgrad zu betreiben. Der Gesamtwirkungsgrad des Serienhybrid ist dagegen nicht befriedigend. Wie in Abb. 2.10 zu sehen ist, wird die mechanische Arbeit des Verbrennungsmotors durch einen Generator in elektrische Energie umgewandelt, um im Elektromotor wieder mechanische Arbeit zu erzeugen. Wenn für die Umwandlungskette noch der Umweg über die Batterie mit einbezogen wird, wird deutlich, dass die Kette mit erheblichen Umwandlungsverlusten behaftet ist.

Ein weiterer Nachteil des Serienhybrids ist sein hohes Gewicht, großer Platzbedarf und hohe Kosten. Dies liegt darin begründet, dass der Elektromotor so zu dimensionieren ist, dass er die gesamte Maximalleistung des Antriebes aufbringen kann. Aufgrund der Umwandlungsverluste sind der Generator und der Verbrennungsmotor sogar noch für weit höhere Leistungen auszulegen.

Parallelhybrid

Beim Parallelhybrid sind der Elektromotor und der Verbrennungsmotor bei Betrachtung ihres Leistungsflusses parallel geschaltet, wodurch die abgegebenen Leistungen der Antriebe addiert werden können. Beim Parallelhybrid kann auf einen zusätzlichen Generator verzichtet werden. Dennoch ist es möglich, die Batterie durch Ausnutzung der Rekuperation oder der mechanischen Arbeit des Verbrennungsmotors zu laden, da der Elektromotor auch als Generator betrieben werden kann.

Der Wirkungsgrad des Parallelhybrid ist deshalb besser und die Kosten, das Gewicht und die Platzeinbußen durch die kleinere Dimensionierung geringer. Daraus resultierend laufen die meisten Entwicklungen der Pkw-Fahrzeughersteller in Richtung Parallelhybrid [Jaggi, 1996].

Angebot an Hybridfahrzeugen

Fast alle europäischen Automobilhersteller sind an der Entwicklung von Parallelhybridfahrzeugen beteiligt. Als Beispiel seien hier der Golf-Hybrid von VW (Erprobung), der Audi duo von Audi (Serienfertig ab Herbst 1997, Preis DM 60.000,-), der UNI 1 von Sachsenring (Serienfertigung in Planung), der Next von Renault (Erprobung) und der Peugeot 405 Hybrid von PSA (Erprobung) genannt. Nach Auskunft des VW-Audi Konzerns ist an keine Serienfertigung des Golf-Hybrid gedacht [Lück, 1996].

Als erstes japanisches Serienfahrzeug ist 1998 der Toyota Prius auf den Markt gekommen. Bis Ende 1999 wurde in Japan 30.000 Fahrzeuge dieses Typs verkauft [Toyota, 1999].

2.2 Prozesskettenanalyse der Kraftstoffe

Für eine möglichst genaue Analyse umweltrelevanter Emissionen und Energieverbräuche der Antriebskonzepte wird auf Grundlage heutiger und zukunftsnaher Entwicklungen eine Prozesskettenanalyse durchgeführt werden. Bei der Bereitstellung von Kraftstoffen werden schon durch die vorgelagerten Energieumwandlungsketten zum Teil erhebliche Mengen an Schadstoffen in die Umwelt abgegeben. Die hierfür verantwortlichen Prozessschritte der Förderung, des Transports und der Umwandlung von Energieträgern und der anschließende Transport der Kraftstoffe zum Verbraucher werden analysiert, und die sich ergebenden Emissionen und Energieverbräuche berechnet und mit den Emissionen der Fahrzeugnutzungsphase verknüpft.

2 Marktchancen von neuen Treibstoffen – Systemanalyse als Ausgangspunkt

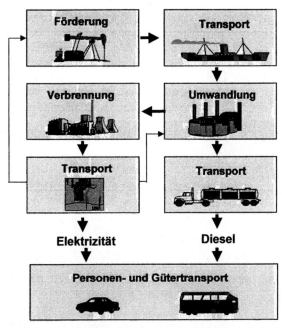

Abb. 2.11 Vereinfachtes Schema einer Prozesskette

Zur Ermittlung aussagekräftiger Ergebnisse hat sich das EDV-Programm GEMIS 2.1 (Gesamt-Emissionsmodell Integrierter Systeme) als bewährtes Werkzeug erwiesen [Fritsche, 1994]. Auf der Grundlage von Brenn- und Treibstoffdaten sowie transport- und anlagenspezifischen Daten berechnet GEMIS Emissions- und Energieverbräuche von Prozessketten von Energieträgern und Materialien.

Bei der Beurteilung der Emissionen werden folgende Schadstoffe berücksichtigt: CO_2, CO, NO_x, CH_4 (Methan), NMHC (Nicht-Methan-Kohlenwasserstoffe), SO_2 und Partikel. Wenn sich bei einem der Kraftstoffe signifikante Mengen weiterer Schadstoffe ergeben, werden diese zusätzlich aufgeführt.

Das Treibhauspotential der emittierten Gase wird relativ zum massenbezogenen CO_2-Treibhauspotential angegeben. Man unterscheidet hierbei in direkte und indirekte Treibhauspotentiale der Schadgase. Das direkte Treibhauspotential gibt das Maß an, inwieweit das Gas selber durch Abschirmung der von der Erde kommenden Wärmestrahlung mitverantwortlich für die Erwärmung der Atmosphäre ist.

Die indirekte Wirkung ergibt sich dadurch, dass Gase wie z. B. Methan in den chemischen Prozess des Auf- oder Abbaus anderer Treibhausgase eingreift. Über den qualitativen Anteil des indirekten Potentials herrscht in der Fachwelt keine einheitliche Meinung. Als Konsequenz daraus wurde z. B. das indirekte Treibhauspotential im Endbericht der Enquete-Komission zum „Schutz der Erdatmosphäre" im Gegensatz zum dritten Zwischenbericht nicht mehr mit Zahlenwerten in Tabellen aufgenommen [Deutscher Bundestag, 1990], [ENQUETE-KOMISSION, 1995]. Das indirekte Treibhauspotential der Gase wird aus diesem Grund in dieser Arbeit nicht berücksichtigt. Als Betrachtungszeitraum wird der Zeithorizont von 100 Jahren verwendet.

Treibhausgase	Direktes massenbezogenes Treibhauspotential relativ zu CO_2 für den Zeithorizont		
	20 Jahre	100 Jahre	500 Jahre
CO_2	1	1	1
CH_4	35	11	4
N_2O	260	270	170

Tab. 2.5 Direktes Treibhauspotential einiger treibhausrelevanter Gase [ENQUETE, 1995]

Die spezifischen CO_2-Emissionen der Kraftstoffe, die bei vollständiger Verbrennung entstehen, werden für feste und flüssige Brennstoffe nach Birnbaum (1992) und für gasförmiger Brennstoffe nach einer Näherungsformel von Baehr (1992) berechnet.

CO_2-Emissionen fester und flüssiger Brennstoffe

$$CO_{2A} = \frac{C_B \cdot 3{,}66}{H_u} \tag{2.5}$$

mit
CO_{2A} CO_2-Emissionen im Abgas [kg/MJ],
C_B Kohlenstoffanteil im Brennstoff [kg/kg],
3,66   Molmassenverhältnis von Kohlendioxid zu Kohlenstoff (44 : 12),
H_u Heizwert des Brennstoffes [MJ/kg].

CO_2-Emissionen gasförmiger Brennstoffe

$$CO_{2A} = 0{,}0644 - \frac{0{,}2821}{H_u}, \quad 30 \text{ MJ/m}^3 < H_u < 45 \text{ MJ/m}^3 \tag{2.6}$$

mit
CO_{2A} CO_2-Emissionen im Abgas [kg/MJ],
H_u Heizwert des Brenngases [MJ/m^3].

2 Marktchancen von neuen Treibstoffen – Systemanalyse als Ausgangspunkt

2.2.1 Bereitstellung von Benzin, Diesel und LPG (Liquefied Petroleum Gas)

Benzin, Diesel und LPG werden aus Rohöl durch Umwandlungsprozesse in einer Raffinerie hergestellt. Aus diesem Grund werden sie zusammen in diesem Abschnitt behandelt.

LPG wird zusätzlich als Nebenprodukt bei der Erdölförderung freigesetzt und kann durch geeignete Maßnahmen aufgefangen und gesammelt werden. Im Jahr 1995 betrug das Gesamtaufkommen an Flüssiggas in Deutschland rund 4 Mio. t, von denen 3 Mio. t aus heimischen Raffinerien stammten. Die restlichen 1 Mio. t stammten hauptsächlich aus den Erdgas- und Erdölfeldern der Nordsee [DVFG, 1995].

Eigenschaften von Benzin, Diesel und LPG

Benzin
Für Benzin werden durch verschiedene nationale und internationale Normen die Mindestanforderungen festgelegt. In Deutschland werden drei verschiedene unverbleite Benzinkraftstoffe angeboten, die sich durch ihre Klopffestigkeit [ROZ] unterscheiden: Normalbenzin 91 ROZ, Superbenzin 95 ROZ und Super Plus mit 98 ROZ. Der Bleigehalt der drei Kraftstoffe ist auf 13 mg/l begrenzt. Um dennoch hohe Klopffestigkeiten, eine gute Schmierung und saubere Ventilköpfe zu gewähren, sind die Kraftstoffe mit Additiven versetzt.

Diesel
Dieselkraftstoff setzt sich aus einer Vielzahl von Kohlenwasserstoffen zusammen, die etwa zwischen 180 °C und 370 °C sieden. In Europa gilt für Dieselkraftstoff die Norm EN 590. Da der Diesel ohne Fremdzündung arbeitet, muss der Kraftstoff nach der Einspritzung in den Brennraum nach einer möglichst kurzen Zeit von selbst zünden. Diese Zündwilligkeit des Kraftstoffes wird durch seine Cetanzahl (CZ) ausgedrückt. Je höher die Cetanzahl ist, desto leichter entzündet sich der Kraftstoff selber. Für einen optimalen Betrieb des Motors sollte sie über 50 liegen.

Diesel hat die Eigenschaft, schon ab Temperaturen von 0 °C Paraffinkristalle auszuscheiden, die die Kraftstoffleitungen verstopfen können. Aus diesem Grund werden „Fließverbesserer" zugesetzt, die das Kristallwachstum einschränken.

Eine negative Eigenschaft des Diesels war sein relativ hoher Schwefelgehalt, der bei der Verbrennung zu SO_2 oxidierte. Ab dem Jahr 2000 wird hier vom Gesetzgeber Abhilfe geschaffen und der Schwefelgehalt auf 350 ppm beschränkt.

LPG (Liquefied Petroleum Gas)

LPG ist ein Gasgemisch aus C3- und C4-Kohlenwasserstoffen, überwiegend Propan und Butan. Das Gasgemisch verflüssigt sich schon unter geringem Druck von ca. 5 bar und kann somit problemlos in flüssiger Form in Druckflaschen gespeichert werden. In Deutschland besteht LPG überwiegend aus Propan [BP, 1991]. LPG ist ein Kuppelprodukt in Raffinerien und fällt zusätzlich bei der Erdöl und Erdgasförderung als Nebenprodukt an. Früher wurde LPG in Erdöl- und Erdgasfeldern üblicherweise abgefackelt. Dies ist in den letzten Jahren stark zurückgegangen, da LPG verstärkt als Produkt verwertet wird.

Bedingt durch die hohe Oktanzahl von LPG (> 100 ROZ) und seiner umweltfreundlichen Verbrennungseigenschaften eignet es sich sehr gut als Kraftstoff. Als Nachteil ist anzusehen, dass LPG durch die Kopplung an andere Mineralölprodukte nur im begrenzten Maße zur Verfügung steht.

Erdölexploration

Für die Erkundung und Erschließung des Erdölfeldes wird in GEMIS nach Auswertung mehrerer Studien ein Energieverbrauch von weniger als 0,1 % des geförderten Ölheizwertes angenommen. Somit wird dieser Teil der Prozesskette als vernachlässigbar angesehen.

Rohölförderung

Zur *primären* Ölgewinnung ist, abhängig von der Fördertiefe, dem Reservoirdruck der Förderquelle und der Viskosität des Rohöls Pumpenarbeit notwendig. Es werden für die Pumpenarbeit 0,1 % Strom bezogen auf den Heizwert des Rohöls angenommen.

Neben der *primären* Fördertechnik, die im Mittel nur 30 % der Öllagerstätte ausbeuten kann, sind *sekundäre* Ölfördertechniken entwickelt worden. Hierbei wird z. B. Wasser in die Förderstellen injiziert, um weiteres Rohöl herauszupressen. Bei dieser Fördertechnik ist ein zusätzlicher Energiebedarf notwendig, der sich verbunden mit der *primären* Fördertechnik zu 0,3 % Strom bezogen auf den Heizwert des Rohöls ergibt.

Zum Teil werden in Deutschland auch *tertiäre* Fördertechniken verwendet. Eine Möglichkeit ist hierbei, eine Dampfinjektion anstelle von Wasser in die Lagerstätte zu leiten, um die Viskosität des Erdöls zu erhöhen (Thermally Enhanced Oil Recovery = THEOR). Hierbei werden ca. 30% des Energieinhalts des geförderten tertiären Öles verbraucht [EPA, 1979], [EPA, 1976] . Eine weitere Möglichkeit der *tertiären* Förderung ist eine CO_2-Injektion, um den Reservoirdruck zu erhöhen.

2 Marktchancen von neuen Treibstoffen – Systemanalyse als Ausgangspunkt

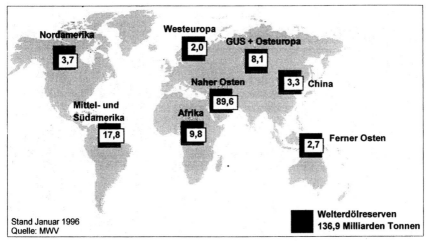

Abb. 2.12 Gewinnbare Welterdölreserven

Rohölaufbereitung
Das geförderte Rohöl wird normalerweise noch im Erdölfördergebiet in der Weise nachbehandelt, dass Rohöl, Gas, z. B. Methan und Propan, und Salzwasser voneinander getrennt werden. Für die Aufbereitung wird gemäß einer WEC-Studie ein Öleinsatz von 0,2 % der produzierten Menge verbraucht [WEC, 1988].

Rohölimporte und Eigenproduktion
Die Rohölversorgung der Bundesrepublik betrug im Jahre 1995 $103{,}562 \cdot 10^6$ t und wurde zu 97 % aus Rohölimporten bestritten. Als Berechnungsgrundlage zur Prozesskettenanalyse wird die Versorgungsstruktur für das Jahr 1995 aus der Veröffentlichung des Mineralölwirtschaftsverbandes herangezogen. Für den Transport von Nordseeöl und GUS-Erdöl nach Deutschland wird ein Pipelinenetz verwendet. Überseeöltransporte erfolgen mit großen dieselbetriebenen Tankern. Als Treibstoff für die Dieselmaschinen wird vorwiegend schweres Rückstandsöl verwendet, das meistens stark schwefelhaltig ist. So sind Schiffsdiesel für 7 % der weltweiten Schwefelemissionen verantwortlich und emittieren aufgrund fehlender Grenzwerte auch andere Schadstoffe in erheblichem Umfang in die Atmosphäre [Die Woche, 1996].

Raffination von Erdöl
Eine Raffinerie setzt sich aus den drei Hauptprozessgruppen *Trennung*, *Umwandlung* und *Nachbehandlung* zusammen. Bei der *Trennung* wird das Rohöl durch Destillation in Produkte mit verschiedenen Siedebereichen und damit unterschiedlichen Molekülgrößen aufgeteilt. Im Prozessschritt der *Umwandlung*

wird die Struktur und die Größe der einzelnen Moleküle verändert. Bei der *Nachbehandlung* werden unerwünschte Produktbestandteile, z. B. Schwefel, entfernt und Eigenschaften der Produkte verbessert.

Die sinkende Nachfrage nach Schwerprodukten (schweres Heizöl) und die steigende Nachfrage nach Leichtprodukten (Diesel, Benzin oder leichtes Heizöl) machen es heute unumgänglich, dass nach der Destillation Konversionsanlagen eingesetzt werden. In diesen Anlagen werden die langkettigen Kohlenwasserstoffmoleküle in kleinere Moleküle gespalten (gecrackt). Man unterscheidet grundsätzlich drei Verfahrensarten beim Cracken: *Thermisches Cracken, katalytisches Cracken* und *Hydrocracken* mit Wasserstoff. Die optimale Auswahl der Verfahren richtet sich nach den Eigenschaften des Rohöls und der gewünschten Aufteilung der Endprodukte.

Beim *thermisches Crackverfahren* werden die eingesetzten Rückstände durch kurzes Überhitzen unter Druck gespalten. Die Moleküle werden hierbei durch hohe Temperaturen in Schwingungen gebracht, so dass sie ab 360 °C zerbrechen. Neben dem klassischen Verfahren wird das *Visbreaken* (eine milde Form des thermischen Spaltens) und das *Coken* (eine scharfe Form des thermischen Spaltens) eingesetzt.

Ein wesentlich höheres Umwandlungsergebnis als beim thermischen Cracken erreicht man mit dem *katalytischen Cracken* bei Temperaturen um 500 °C. Beim *katalytischen Cracken* verwendet man meist staubförmige Katalysatoren wie z. B. synthetische Aluminiumsilikate, die sich im Flüssig-Dampf-Strom wie Flüssigkeiten verhalten. Bei diesem Verfahren entsteht ein größerer Anteil an leichten Fraktionen als beim thermischen Crackverfahren. Darüber hinaus wird den Produkten ein erheblicher Teil des Schwefels entzogen.

Die technisch beste und flexibelste, aber auch teuerste Lösung ist das Hydrocracken. Hydrocracken ist ebenfalls ein katalytisches Spaltverfahren, das aber in Gegenwart von Wasserstoff bei einem Druck von 100 bis 150 bar abläuft. Man kann bei diesem Verfahren die Produktaufteilung in weiten Bereichen variieren und somit fast ausschließlich Benzin herstellen. Die Versorgung des Hydrocrackers mit Wasserstoff erfordert den Bau einer eigenen Wasserstoffproduktionsanlage.

<u>Veredelung und Nachbehandlung</u>
Bei vielen Rohölsorten ist es aufgrund ihres hohen Schwefelgehaltes notwendig, die Produkte wie z. B. Benzin oder Diesel nachzubehandeln. Dies geschieht im Hydrofiner, in dem der Schwefel bei einer katalytischen Reaktion zwischen 300 °C und 400 °C unter Teilnahme von Wasserstoff in Schwefelwasserstoff

2 Marktchancen von neuen Treibstoffen – Systemanalyse als Ausgangspunkt

umgewandelt wird. Der Schwefelwasserstoff wird in einem nachgeschalteten Prozess, der Clausanlage, zu elementarem Schwefel umgesetzt.

In einem weiteren Prozess, dem katalytischen Reformieren, wird die Oktanzahl des Rohbenzins durch Veränderungen der Molekülstruktur auf 95 bis 100 erhöht. Am Ende der Prozessketten für Heizöle, Benzin- und Dieselkraftstoffe werden die Vorprodukte so gemischt, dass sie den technischen Anforderungen und gesetzlichen Auflagen entsprechen.

In einer Raffinerie sind große Wärmemengen zum Aufheizen der Einsatzstoffe und zur Erzeugung von Prozessdampf erforderlich. Der benötigte Strom für die Raffinerie wird zum Teil in Kraft-Wärme-Kopplungs-Anlagen (KWK) selber produziert oder dem öffentlichen Netz entnommen. Nach einer Studie von Jess, der mit Hilfe eines Simulationsprogramms den Energiebedarf zur Herstellung von Mineralölprodukten berechnete, ergeben sich folgende Werte:

Produkt	kWh/kWh	Faktor
Dieselkraftstoff	0,057	1 (gesetzt)
Benzin	0,102	1,8
Propan/Butan	0,076	1,5

Tab. 2.6 Energieverbrauch zur Herstellung von Mineralölprodukten in deutschen Raffinerien [Jess, 1996]

Zur Deckung des Eigenbedarfs an Prozesswärme erfolgt in der Raffinerie die Feuerung von Gas und schwerem Heizöl. Für die 90er Jahre wird von einem Gasanteil von 80 % ausgegangen. Aufgrund der Tatsache, dass der Schwefelgehalt von Dieselkraftstoff dem Jahr 2000 bei 350 ppm liegt, wird in Anlehnung an eine Shell-Studie mit einem zusätzlichen CO_2-Ausstoß der Raffinerien von 13,5 kg je Tonnen Diesel gerechnet [Shell, 1996].

<u>Transport von Benzin, Diesel und LPG zur Tankstelle</u>
Für den Transport der Produkte wird ein Lkw mit einer Fahrstrecke von 100 km angenommen. Bei Benzin ergeben sich zusätzliche Kohlenwasserstoffemissionen bei der Verteilung (Tanklager, Zapfsäule). Es wird angenommen dass in Zukunft mehr LPG direkt aus den Erdöl- und Erdgasfeldern gewonnen wird und LPG somit jeweils zur Hälfte aus der Raffinerie und aus den Erdöl- und Erdgasfeldern stammt.

2.2.2 Bereitstellung von Erdgas

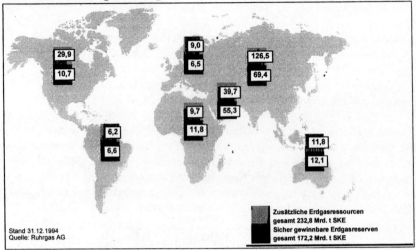

Abb. 2.13 Erdgasvorräte der Welt

Erdgas dient für viele Prozessketten als Einsatzstoff. So ist Erdgas ein Rohstoff bei der Methanol- und Wasserstoffsynthese und geht als Brennstoff in die Kraftwerksprozesse ein. Nicht zuletzt ist es ein Kraftstoff für die Erdgasfahrzeuge. Die statische Reichweite von Erdgas beträgt ca. 60 Jahre (Stand 1998), wobei die zusätzlichen Ressourcen noch nicht mitberücksichtigt sind [Ruhrgas, 1999].

Eigenschaften des Einsatzstoffes Erdgas
Der Hauptbestandteil von Erdgas ist Methan, dessen Anteil zwischen 70 % und 99 % je nach Fördergebiet schwanken kann. Daneben sind Ethan, Propan, Butan und weitere Kohlenwasserstoffverbindungen, aber auch Wasser, Schwefel, Stickstoff und Kohlendioxid enthalten. Erdgas wird in die Gruppen L-Gas (Low Caloric) und H-Gas (High Caloric) eingeteilt. Die beiden Gasgruppen unterscheiden sich in ihrer Gasqualität, die durch den oberen und unteren Wobbeindex ausgedrückt wird [DVGW 1983]. Als Unterscheidungsmerkmal kann vereinfacht auch der Heizwert herangezogen werden, da der Heizwert von H-Gas mit H_o = 11-13 kWh/m^3 höher ist als der von L-Gas mit H_o = 9-10 kWh/m^3.

Exploration von Erdgas

Die Erdgasexploration ist der von Erdöl sehr ähnlich und oft mit ihr verbunden. Der Energieaufwand zur Exploration wird in GEMIS mit 0,0002 % des Heizwerts der Gesamtförderung angegeben und ist somit vernachlässigbar.

Gasförderung und -aufbereitung

Erdgas wird im Onshore- sowie im Offshore-Betrieb gefördert und fällt oft als Kuppelprodukt bei der Erdölförderung an. Der Energieaufwand liegt, abhängig vom Grad der Aufbereitung, in dem Bereich von 0,1 % bis 0,2 % bezogen auf den Heizwert des Gases. Zudem treten hauptsächlich bei der Förderung Methanemissionen auf, die nicht zu vernachlässigen sind. Für die Offshore-Förderung wurden nach GEMIS Verluste in Höhe von 0,2 % und im Onshore-Bereich 0,1 % ermittelt. Aufgrund des schlechten Zustandes der russischen Produktionsanlagen ergaben sich gemäß einer Auftragsstudie der Ruhrgas AG für GUS-Gas höhere Werte von 0,5 % [LBS, 1997].

Für den Systemvergleich wird immer mit den Werten der unteren Schranke gerechnet, da für die russischen Erdgaswirtschaft von einer fortschreitenden Modernisierung der Anlagen ab Ende der 90er Jahre ausgegangen wird.

Gasversorgung in Deutschland

Das gereinigte Erdgas aus den Fördergebieten wird fast ausschließlich durch Pipelines nach Deutschland geliefert und weiterverteilt. Die einzige Ausnahme bildet Algerien, das mit Tankern flüssiges Erdgas (LNG) nach Europa transportiert, wo es im gasförmigen Zustand in das Verbundnetz eingespeist wird. Bei Pipelinetransporten muss das Erdgas alle 100-150 km zwischenverdichtet werden, um den Druckabfall auszugleichen. In GEMIS ergibt sich ein Brennstoffbedarf von 0,07 MJ/t·km für die Verdichtungsarbeit und ein Methanverlust von 0,006 % je 1000 km. Für die GUS-Staaten ergibt sich aufgrund des schlechteren Nutzungsgrades von 24 % der Gasverdichter ein Brennstoffbedarf von 0,3 MJ/t·km. Bei den Methanemissionen ergeben sich wie bei der Förderung für die GUS höhere Werte von 1,37 % [LBS, 1997]. Das Erdgasaufkommen in Deutschland betrug 1994 etwa 85,1 Mrd m^3 Erdgas, von dem 78 % importiert wurde.

Herkunftsland	Prozentualer Anteil
GUS	36
Niederlande	26
heimische Förderung	22
Norwegen	14
Dänemark/Sonstige	2

Tab. 2.7 Erdgasaufkommen in Deutschland 1994, [Ruhrgas, 1995]

Herstellung von komprimiertem Erdgas (CNG)

Komprimiertes Erdgas wird im Fahrzeug in Druckbehältern bei 200 bar gespeichert. In den Netzen der öffentlichen Gasversorgung stehen diese Drücke für die Betankung der Erdgasfahrzeuge nicht zur Verfügung. Der Ferntransport erfolgt in den Gasnetzen mit einem Überdruck von 80 - 100 bar. In den Versorgungsgebieten wird der Druck zur großflächigen Versorgung auf 16 bis 4 bar reduziert. Zur direkten Versorgung der Kunden wird das Erdgas weiter auf Mitteldruck (100 mbar - 1 bar) oder auf Niederdruck (bis 100 mbar) abgesenkt. Für die Erhöhung des Gasnetzdrucks auf den Speicherdruck sind deshalb Gaskompressoren notwendig. Für diesen Zweck werden je nach Bedarfsfall *Langzeit-Betankungsanlagen* (slow-fill) und *Schnell-Betankungsanlagen* (fast-fill, bzw. quick-fill) eingesetzt.

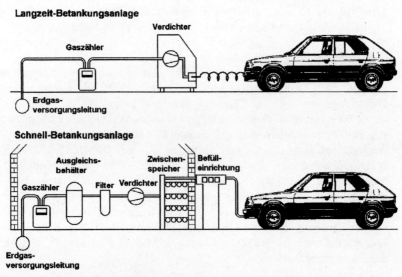

Abb. 2.14 Langsam- und Schnellbetankungseinrichtung für CNG [ASUE, 1994]

Bei der Langzeitbetankung werden die Erdgasfahrzeuge direkt über einen Kompressor, der das Gas auf 200 bar komprimiert, aus dem Gasnetz versorgt. Die Betankungsdauer ist hierbei abhängig von der Leistung des Kolbenkompressors, Anzahl der Zapfstellen und Anzahl gleichzeitig zu betankender Fahrzeuge. Das slow-fill-Verfahren bietet sich für Fahrzeuge und

Fahrzeugflotten an, die pro Tag mit einer Speicherfüllung auskommen und somit über Nacht wieder betankt werden können. Für die Schnell-Betankungsanlage wird das Erdgas aus dem Netz entnommen, auf 250 bar Überdruck verdichtet und in einem stationären Druckgasspeichersystem, das überwiegend als „3-Bank-System" ausgelegt ist, zwischengelagert. Durch Umschalten zwischen den drei Bänken ist gewährleistet, dass der Fahrzeugtank immer mit einer hohen Druckdifferenz betankt werden kann. Erdgasfahrzeuge können hierdurch an Schnell-Betankungsanlagen ebenso zügig mit Erdgas betankt werden wie man es von flüssigen Kraftstoffen gewohnt ist.

Soweit es die Bedarfsstruktur zulässt, werden auch kombinierte Schnell- und Langzeitbetankungsanlagen eingesetzt, um hohe Betriebszeiten und dadurch kurze Amortisationszeiten für die Betankungsanlagen zu erhalten.

Die Leistung und somit der Energieverbrauch des Kolbenkompressors hängt stark vom saugseitigem Gasnetzdruck ab. Wird die Erdgastankstelle statt an das Niederdrucknetz (bis 100 mbar Überdruck) an das Hochdrucknetz (bis PN 16) angeschlossen, so lässt sich zum Beispiel bei einem Anschlußdruck von 12 bar Überdruck und einem Speicherdruck von 250 bar Überdruck der Energieaufwand für die Erdgasverdichtung um die Hälfte senken. Die Abhängigkeit ist in Abb. 2.15 an ausgeführten Erdgasbetankungsanlagen der Fa. Sulzer Burckhardt und der Fa. Bauer dargestellt [Sulzer, 1995], [Bauer, 1996].

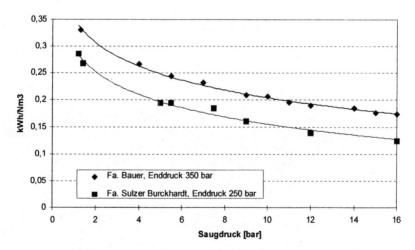

Abb. 2.15 Spez. Arbeitsaufnahme von Erdgaskompressoren in Abhängigkeit vom Saugdruck

Um Hydratbildung und Spannungsrisskorrosion durch H_2S und H_2O in der Anlage und den Speichern zu verhindern, muss in vielen Fällen ein Gastrockner vor dem Kompressor installiert werden. Durch die Trocknung wird gewährleistet, dass der Taupunkt des Erdgases auf -20°C herabgesetzt wird [Sulzer, 1996].

In Bremen wurde im Oktober 1996 von der Deutschen Shell AG und der swb AG eine öffentliche Schnelltankstelle für Erdgas in Betrieb genommen. Die spezifische Arbeit beträgt für die projektierte Anlage bei einem Saugdruck von 7,5 bar und einem Saugvolumen von 171 Nm^3/h rund 0,185 kWh/Nm^3. Kolbenkompressoren von Erdgasbetankungsanlagen werden durch Asynchronmotoren mit einem Wirkungsgrad von 95 - 98 % angetrieben. Der für die vorliegenden Berechnungen angenommene Wirkungsgrad wird mit 97 % angegeben. Die elektrische Leistungsaufnahme aus dem Netz ergibt sich dadurch zu 0,191 kWh/Nm^3. Für den anstehenden Systemvergleich wird die Anlage in Bremen zugrunde gelegt.

Zukunftsweisende Entwicklung
Eine neue Generation von Erdgastankstellen mit Hydraulikverdichtern anstelle von Kolbenverdichtern wurde 1996 von Mannesmann Demag auf dem Markt gebracht. Sie zeichnen sich durch niedrigere Lärmemissionen und verschleißsicherer Bauweise aus. Hinzu kommt, dass die Anlage im Gegensatz zu Kolbenverdichtern ohne Druckreduzierer an Erdgashochdruckleitungen über 16 bar angeschlossen werden können, wodurch sich der Energieverbrauch vermindert [MANNESMANN, 1996].

Verflüssigung von Erdgas (LNG)
Um die Speicherdichte zu erhöhen, bietet sich flüssiges Erdgas gegenüber verdichtetem Erdgas als Speichermedium in Fahrzeugen bevorzugt an. Im verflüssigten Zustand nimmt Erdgas bei einer Temperatur von -161,5°C nur 1/587 des Normalvolumens des gasförmigen Zustands ein. Die höhere Speicherdichte wird aber mit einer gleichzeitigen Erhöhung des Energieverbrauchs für die Verflüssigung von Erdgas im Vergleich zur Erzeugung von CNG erkauft. Für die Verflüssigung wird das ankommende Erdgas zur Verhinderung von Verstopfungen durch Hydratbildung praktisch vollständig von Wasserdampf, Kohlendioxid und gegebenenfalls von Schwefelverbindungen gereinigt. Höhere Anteile an Ethan, Propan und Butan werden ebenfalls abgetrennt. Die Verflüssigung von Erdgas erfolgt durch stufenweise Abkühlung mit Hilfe eines oder mehrerer Kältemittelkreisläufe. Das Prinzipschema einer Verflüssigungsanlage des am meisten verbreiteten MCR-Verfahrens (Multi-Component-Refrigerant) ist in Abb. 2.16 dargestellt.

Der Energiebedarf für die Verflüssigung wird im Mittel mit 0,5 kWh_{el}/Nm^3 angegeben [Burckhardt, 1986]. In den vorliegenden Untersuchungen wird angenommen, dass die elektrische Energie aus dem öffentlichen Netz bezogen wird.

Nach Aussagen der Fa. Messer Griesheim wird von den Nutzern LNG-betriebener Fahrzeugflotten in den USA ein Methangehalt > 96% eingefordert, um eine annähernd gleichbleibende Gasqualität für die Motoren zu erhalten [Kesten, 1996]. Ohne einen großen Fehler zu machen, kann deshalb aus Vereinfachungsgründen von LNG mit einem Methangehalt von 100 % ausgegangen werden, da somit alle Stoffdaten von Methan für die Berechnungen zur Verfügung stehen.

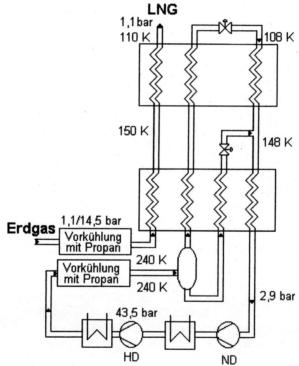

Abb. 2.16 Verflüssigung nach MCR-Verfahren, (Plzak, 1994)

2 Marktchancen von neuen Treibstoffen – Systemanalyse als Ausgangspunkt

Transport von LNG zur Tankstelle
Für den Transport des LNG werden LKW mit hochisolierten Kryo-Speichertanks verwendet. Die Transportstrecke beträgt 100 km. Für die Verteilung, Übergabe und Betankung werden Verlustraten von 1 % in Anlehnung an die Transportverluste von Flüssigwasserstoff abgeschätzt.

2.2.3 Bereitstellung von Rapsölmethylester (RME)

In Brasilien wird in großen Mengen Ethanol, das hauptsächlich aus Zuckerrohr gewonnen wird, als Automobilkraftstoff verwendet. Die Bestrebungen, aus nachwachsenden Rohstoffen Kraftstoffe herzustellen, hat auch in Europa dazu geführt, solche Pflanzen anzubauen. In Europa war der „Motor" für den Anbau nachwachsender Rohstoffe eher die Reduzierung klimarelevanter Treibhausgase als das Streben nach größerer Unabhängigkeit von einzuführenden Mineralölprodukten wie in Brasilien. Für den Kraftstoffersatz in Dieselmotoren hat sich der Anbau von Raps großräumig etabliert. Rapsöl zeichnet sich gegenüber Diesel vor allen Dingen durch eine bessere biologische Abbaubarkeit aus.

In den ersten Jahren wurde das gewonnene Rapsöl direkt oder mit Diesel vermischt als Kraftstoff angeboten. Es zeigte sich aber, dass es hierbei durch Verschleimung und Bildung von Fetten zu Verstopfungen des Kraftstoffversorgungssystems gekommen ist. Außerdem kam es zu einer Erhöhung der Abgasemissionen und es bildeten sich vermehrt Pilzkolonien im Tank [Weidmann, 1995].

Aus diesen Gründen ist man dazu übergegangen, Rapsöl mittels eines chemischen Prozesses durch Zugabe von Methanol zu verestern. Das Produkt wird als Rapsölmethylester (RME) oder mit der Bezeichnung *Biodiesel* an Tankstellen angeboten. Die für die landwirtschaftliche Produktion von Raps benötigten Hilfsenergien und Hilfsstoffe (Saatgut, Düngemittel, Fungizide/Pestizide) werden bei der Darstellung der Prozesskette berücksichtigt. Gemäß dem deutschen Durchschnitt wird ein Ertrag von 3,1 t/(ha•a) an Rapskörnern angenommen.

Bei der Erzeugung des Öls aus Raps beträgt die aufgewandte Energie rund 10 % der im Öl enthaltenen Energie. Der Prozessenergieaufwand bei der folgenden Veresterung zu RME beläuft sich auf 2,5 % des Heizwertes von RME (H_u = 9,046 kWh/l). Für die Veresterung werden rund 92 l Methanol je 1000 l RME benötigt.

Im Datensatz von GEMIS wird RME als „Biogener Kraftstoff" bewertet, d. h. dass für den Kraftstoff keine direkten CO_2-Emissionen angesetzt werden. Weil jedoch Methanol großtechnisch aus Kohlenwasserstoffen hergestellt wird und im Kraftstoff enthalten ist, ergeben sich dennoch direkte CO_2-Emissionen von RME, die beim Betrieb des Fahrzeuges zum Tragen kommen und deshalb in dieser Arbeit berücksichtigt werden.

Da bei der Rapsölherstellung Pressrückstände („Rapskuchen") anfallen, die an Vieh verfüttert werden können, wird hierfür eine Gutschrift angenommen. In dieser Arbeit wird für diese Betrachtung eine Gutschrift für die Substitution von Sojaschrot-Importen durch „Rapskuchen" angegeben, wodurch sich die Energie- und Emissionsmengen, die dem Rapsöl zugerechnet werden können, vermindern.

Als weitere Kuppelprodukte ergeben sich Rapsstroh und Glycerin. Da Rapsstroh zur Zeit nicht im großen Umfang weiterverwertet wird und man es statt dessen wieder in die Anbaufläche unterpflügt, wird in den Berechnungen keine Gutschrift angegeben [Culshaw, 1992].
Glycerin entsteht bei der Veresterung des Rapsöls zu RME. Der Energieertrag an Glycerin beträgt hierbei 4,2 % gegenüber 95,8 % RME [GET, 1995]. Nach einer Studie des Umweltbundesamtes kann für das Koppelprodukt Glycerin nur eine thermische Verwertung als gesichert angenommen werden, wofür eine Gutschrift für die Substitution von leichtem Heizöl angegeben wird [Friedrich, 1992]. Glycerin aus der RME-Produktion kann auch hochreines synthetisches Glycerin aus der chemischen Industrie ersetzen [UFOP, 1996]. Das Datenmaterial zur Darstellung dieser Prozesskette ist aber noch zu ungenau, um es in die Untersuchung einzubeziehen. In weitergehenden Untersuchungen wird angeregt, Glycerin in Glycerintertiärbutylether (GTBE) umzuwandeln [Wessendorf, 1995]. Dieser Ether könnte ähnlich wie Methyltertiärbutylether (MTBE) als Kraftstoffadditiv eingesetzt werden. Die Forschung steht in diesem Bereich aber noch am Anfang.

Transport von RME zur Tankstelle
Für den Transport des RME wird ein Lkw mit einer Wegstrecke von 200 km angenommen. Der Fahrweg ist im Gegensatz zu den anderen Transportstrecken länger, da es 1996 in Deutschland nur drei Produktionsstätten für RME gab [UFOP, 1996 a].

2.2.4 Bereitstellung von Wasserstoff

Für die Wasserstoff-Speicherung in Fahrzeugen eignen sich hauptsächlich drei Methoden:
- Gasförmige Speicherung in Druckbehältern,
- Flüssige Speicherung in Kryotanks,

- Feste Speicherung als chemische Bindung in Metallhydriden.

Um an öffentlichen Tankstellen allen drei Speichermöglichkeiten im Fahrzeug gerecht zu werden, ist es zweckmäßig, dass der Wasserstoff an der Tankstelle in flüssiger Form gespeichert wird. Bis heute wird Wasserstoff in Europa zum größten Teil gasförmig in Druckgasbehältern transportiert, so dass beide Prozessketten, Bereitstellung von Flüssigwasserstoff und gasförmigen Druckwasserstoff frei Tankstelle, in diese Arbeit aufgenommen werden.

Wasserstoff kann auf Basis drei verschiedener Methoden aus fossilen Brennstoffen oder Wasser produziert werden [Tamme, 1995]:
- kohlechemische Prozesse,
- elektrochemische Prozesse,
- petrochemische Prozesse.

Unter *kohlechemischen Prozessen* versteht man die Verfahren, bei der eine Vergasung von Steinkohle und Braunkohle durchgeführt wird. Sie spielen bei der Wasserstoffproduktion eine eher untergeordnete Rolle, obwohl die Kohlevergasung von Braunkohle und die anschließende Konvertierung vielversprechend weiterentwickelt wird [Wendt, 1994].

Die *elektrochemischen Prozesse* beruhen auf der elektrochemischen Zersetzung von Wasser, HCl oder HF, z. B. die Chlor-Alkali-Elektrolyse. Der Anteil an der Gesamtproduktion von Wasserstoff mit diesen Prozessen ist gering und meistens ist Wasserstoff bei den bestehenden Anlagen ein Nebenprodukt. Bei dem elektrochemischen Prozess der elektrolytischen Zersetzung von Wasser ist im verstärkten Maße Wasserstoff das gewünschte Endprodukt. Neben der konventionellen Wasserelektrolyse hat man bisher zwei fortschrittliche Elektrolyseverfahren entwickelt (Membran-Wasserelektrolyse und die Hochtemperatur-Dampfelektrolyse), wobei die Hochtemperatur-Dampfelektrolyse bis heute noch relativ weit von einer großtechnischen Realisierung entfernt ist [Wendt, 1994]. Wasserstoff wird heute großtechnisch hauptsächlich durch *petrochemische Prozesse* hergestellt. Er fällt hierbei in großen Mengen als Kuppelprodukt in Raffinerien und der weiterverarbeitenden Petrochemie an. In der folgenden dargestellten Erzeugungsstruktur ist zu erkennen, das Wasserstoff hauptsächlich aus Erdgas hergestellt wird.

2 Marktchancen von neuen Treibstoffen – Systemanalyse als Ausgangspunkt

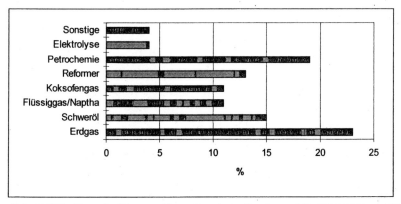

Abb. 2.17 Verfahren der Wasserstoffherstellung in der Bundesrepublik (1984) [Winter; 1989]

Erdgas ist als einziger fossiler Energieträger ungekoppelt und in ausreichender Mengen zur Herstellung von Wasserstoff erhältlich. Erdgas wird deshalb als einer der möglichen Erzeugungspfade für Wasserstoff näher untersucht.

<u>Wasserstofferzeugung durch Steamreforming von Erdgas</u>
Wasserstoff wird aus entschwefeltem Erdgas durch Dampfreformierung erzeugt. Bei diesem Prozess wird das Erdgas durch Dampf alotherm gespalten. Der Vorgang ist am Beispiel des Methans dargestellt.

$$CH_4 + H_2O \leftrightarrow CO + 3H_2 \qquad ; \Delta H° = + 205 \text{ kJ/mol} \qquad (2.7)$$

$$CH_4 + 2H_2O \leftrightarrow CO + 4H_2 \qquad ; \Delta H° = + 164 \text{ kJ/mol} \qquad (2.8)$$

Die Produktausbeute bei Gleichgewichtsreaktionen der Dampfspaltung wird durch Temperaturerhöhung und Druckerniedrigung verbessert. Der Prozess der Spaltung ist alotherm, d. h. von außen beheizt, und wird in senkrechten mit Nickelkatalysatoren gefüllten Rohren bei ca. 1100 K durchgeführt. Der Prozess wird mit Wasserdampfüberschuss geführt, um Rußabscheidungen im Prozessraum zu vermeiden. Nach Abschluss des Prozessschrittes sind noch Mengen von CO und CH_4 im Synthesegas vorhanden. Sie werden in einem nachgeschalteten Konvertierungsprozess weiter in CO_2 und Wasserstoff umgesetzt.

$$CO + H_2O \leftrightarrow H_2 + CO_2 \qquad ; \Delta H° = - 41 \text{ kJ/mol} \qquad (2.9)$$

Als Konvertierungsverfahren stehen hierfür die Tieftemperatur-Konvertierung mit Kupfer-Katalysatoren bei 210 °C bis 270 °C und die Hochtemperatur-

Konvertierung mit Eisenoxid-Katalysatoren bei 360 °C bis 530 °C zur Verfügung. Als letzte Prozessstufe wird der Wasserstoff durch Druckwäsche oder Adsorptionsverfahren vom Kohlendioxid gereinigt.

Als Referenz wird eine Anlage der Fa. Uhde vom Prozesstyp HYCOR® zugrunde gelegt [Uhde; 1994]. Hierbei ist das Konvertierungsverfahren für CO und CH_4 dem Steamreformer nicht nachgeschaltet, sondern wird parallel dazu betrieben. Ein Teil des Feedgases gelangt direkt in den Konvertierer und mischt sich am Boden der Anlage mit dem heißen Gas aus dem Steamreformer, wodurch die notwendige Energie für die endotherme Reaktion im Konverter bereitgestellt wird. Der Energieeinsatz wird hierdurch um bis zu 18% vermindert. Die zugrunde gelegte Anlage wird ohne Dampfexport betrieben. Für die Erzeugung von 1.000 kg Wasserstoff benötigt man bei dieser Anlagenführung 143,5 GJ Erdgas (Feedgas und Brennstoff) und 200 kWh_{el} Strom. Der energetische Wirkungsgrad des Gesamtprozesses ergibt sich daraus zu 83,2 %.

Komprimierung von Wasserstoff
Für die Komprimierung von Wasserstoff finden dieselben Kompressoren wie bei der Erdgasverdichtung Anwendung. Wasserstoff wird bei 300 bar im Fahrzeug gespeichert, so dass die Kompressoren den Wasserstoff auf 350 bar vorverdichten müssen, um einen ausreichenden Überdruck für die Betankung zu gewähren. Bei der Kompression von Wasserstoff muss nach Angaben der Fa. Sulzer Burckhardt im Vergleich zu Erdgas mit einer Erhöhung der spezifischen Verdichtungsarbeit [$kWh/Nm3$] von 15 % gerechnet werden [Hansen, 1996].

Transport von komprimiertem Wasserstoff zu den Tankstellen
Als Transportfahrzeuge für größere Mengen von komprimiertem Wasserstoff werden heute Sattelschlepper mit Flaschenbündel-Sattelaufliegern oder Druckgas-Flaschenwagen verwendet. An der Tankstelle wird der mobile Speicher abgesetzt oder der Wasserstoff wird unter Umständen noch durch Überströmen in einen stationären Tank gefüllt. Für den Transport wird einer Fahrstrecke von 100 km angenommen.

Verflüssigung von Wasserstoff
Die Verflüssigung von Wasserstoff ist ein sehr energieintensiver Verfahrensschritt. Dies ist hauptsächlich durch seinen niedrigen Kondensationspunkt von 20,3 K und den damit verbundenen geringen Wirkungsgrad der Kältemaschine begründet.

Beim molekularen Wasserstoff treten die Formen des ortho-Wasserstoffs (parallel orientierter Kernspin) und des para-Wasserstoffs (antiparalleler Kernspin) auf. Beide Formen stehen im thermischen Gleichgewicht. Para-Wasserstoff ist bei tiefen Temperaturen die stabilere Form. Aus diesem Grund wandelt sich der ortho-Wasserstoff im flüssigen Zustand in para-Wasserstoff um. Hierbei entstehen hohe Abdampfverluste an Wasserstoff. Um dies zu verhindern, wird der ortho-Wasserstoff vor der Verflüssigung durch Katalysatoren unter Tieftemperaturen in den para-Wasserstoff-Zustand überführt. Der Anteil an para-Wasserstoff beträgt nach der Umwandlung mehr als 95% [Bracha; 1992]. Dieser Prozessschritt verbraucht ebenfalls erhebliche Mengen an Energie. Für die Wasserstoffverflüssigung sind mehrere Verfahren bekannt. Bei großtechnischen Anlagen ist häufig das Claude-Verfahren anzutreffen, welches für diese Arbeit herangezogen wird. Der Prozess unterteilt sich in vier größere Einheiten (siehe Abb. 2.18):

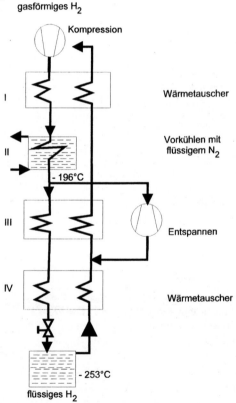

Abb. 2.18 Wasserstoffverflüssigung mit dem Claude-Verfahren [Messer Griesheim, 1989]

I. Verdichtung des Wasserstoffgases. Abführung der Verdichtungswärme über einen Wärmetauscher.

II. Vorkühlung des Wasserstoffes mit flüssigem Stickstoff auf ca. 80 K.

III. Aufteilung des Massenstroms in zwei Teilströme. Entspannung und Abkühlung eines der Teilströme in einer Expansionsmaschine, wodurch die Restmenge des anderen Teilstromes über einen Wärmetauscher weiter vorgekühlt wird.

IV. Entspannung der Restmenge in einem Joule-Thomson-Ventil, wodurch das Gas bis zur Verflüssigung abkühlt und kondensiert.

Bei heutigen Anlagen wird nach GEMIS für die Verflüssigung Strom in der Höhe von 13 kWh_{el}/kg LH_2 verbraucht. Großanlagen in den USA verbrauchen nach anderen Angaben im Mittel nur 9,7 kWh_{el}/kg LH_2 [Hoffmann, 1994]. Als Arbeitsgrundlage wird der Mittelwert von 11,35 kWh_{el}/kg LH_2 gebildet. Das entspricht einem Gesamtwirkungsgrad von 66 % bezogen auf den Heizwert von Flüssigwasserstoff. An stofflichen Verlusten bei der Verflüssigung durch Verdampfen und Leckagen wird mit einer mittleren Verlustrate von 0,5 % gerechnet.

<u>Transport von Flüssigwasserstoff zu den Tankstellen</u>

Für den Transport werden Lkw mit Kryo-Speichern und eine Transportlänge von 100 km angenommen. Die Verdampfungsverluste beim Transport von LH_2 sind nach Angaben von Messer Griesheim auf unter 0,5 % pro Tag gesenkt worden [MG, 1989 a]. Für die Verteilung, Übergabe und Betankung werden insgesamt Verluste von 1 % abgeschätzt.

2.2.5 Bereitstellung von Methanol

Methanol wird weltweit fast ausschließlich aus Synthesegas hergestellt, das aus Braun- oder Steinkohle und Erdgas gewonnen wird [BMFT, 1983]. Wichtigster Rohstoff für die Methanolsynthese ist heute Erdgas [Winter, 1989]. Etwa 4 % der weltweiten Jahresproduktion von 23-25 Millionen Tonnen werden direkt als Kraftstoff eingesetzt [Uhde, 1996].

$$CO + 2H_2 \rightarrow CH_3OH + 90,84 \text{ kJ/mol}, \qquad (2.10)$$

$$CO_2 + 3H_2 \rightarrow CH_3OH + H_2O + 49,57 \text{ kJ/mol}. \qquad (2.11)$$

Aufgrund des normalerweise hohen CO-Gehaltes im Synthesegas und der geringeren Reaktionsgeschwindigkeit von CO_2 mit H_2 spielt die Reaktion (2.11) bei der Methanolherstellung eine untergeordnete Rolle. Die Methanolausbeute wird durch eine Prozessführung mit hohen Drücken und niedrigen Temperaturen verbessert. Moderne Niederdruckverfahren, die mit CuO/ZnO-Katalysatoren arbeiten, erreichen einen CO-Umsatz von ca. 50 % bei 250 °C und 50 bis 100 bar. Nicht umgesetzte Synthesegase werden im Prozess wieder zurückgeführt.

Beim konventionellen Steamreforming von Erdgas sind größere Mengen an Wasserstoff im Synthesegas vorhanden, die abgezogen werden und dem Prozess als Heizgas zur Verfügung stehen. Eine anschließende Destillation des Rohmethanols ist notwendig, um gelöste Gase zu entfernen und den Wassergehalt von rund 1000 ppm auf 500 ppm zu senken, so dass das Methanol als Kraftstoff in Fahrzeugen eingesetzt werden kann.

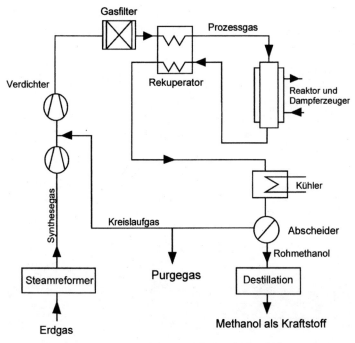

Abb. 2.19 Prinzipskizze der Methanolsynthese aus Erdgas [Uhde, 1994]

Die Angaben über den Energieinput zur Erzeugung von 1000 kg Methanol sind in der Literatur sehr unterschiedlich. Für die Berechnungen wurden die in Tabelle 2.8 genannten Studien als Grundlage verwendet (Angaben bezogen auf Heizwert H_u).

Literaturquelle	Erdgasverbrauch [Nm³]	Elektrische Hilfsenergie [kWh$_{el}$]	energetischer Wirkungsgrad η
Kolke (1993)	858	61,1	67,42
Decken (1987)	941	keine Angaben	61,95

(Heizwert von Erdgas H_u = 42,79 MJ/kg = 33,8 MJ/m³; Heizwert von Methanol H_u = 19,7 MJ/kg)
* keine Angaben über Heizwert von Erdgas

Tab. 2.8 Energieverbrauch und Wirkungsgrade der Synthese von 1 t Methanol aus Erdgas

Als gemittelte Werte werden für diese Arbeit 900 Nm³ Erdgas und ein elektrischer Energiebedarf von 61,1 kWh$_{el}$ verwendet. Hieraus ergibt sich ein energetischer Wirkungsgrad von η = 65 %.

Transport von Methanol zur Tankstelle

Für den Transport des Methanols wird ein Lkw mit einer Fahrstrecke von 100 km angenommen. Als Speicher dienen handelsübliche Chemietanks.

2.2.6 Stromerzeugung

Betrachtung „heutige Antriebe"

Für den Strommix der öffentlichen Versorgung des Jahres 1995 werden Daten des Bundesministeriums für Wirtschaft und der Vereinigung Deutscher Elektrizitätswerke herangezogen.

Energieträger	Mrd. kWh	%
Kernenergie	154,1	29,03
Braunkohle	143,5	27,03
Steinkohle	146,0	27,50
Erdgas	39,5	7,44
Heizöl	7,4	1,39
Wasser	24,4	4,60
Wind	1,4	0,26
Andere erneuerbare Energien	3,3	0,62
Sonstige Energieträger	11,3	2,13
Insgesamt	530,9	

Quelle: Bundesministerium für Wirtschaft und VDEW

Tab. 2.9 Bundesdeutscher Strommix für 1995

Betrachtung „zukünftige Antriebe"

Für das Zukunftsszenario wurden die Daten des Jahres 2005 aus einer Prognosstudie verwendet.

Energieträger	Mrd. kWh	%
Kernenergie	148,4	25,63
Braunkohle	147,0	25,38
Steinkohle	163,0	28,15
Erdgas	61,7	10,65
Heizöl	8,6	1,49
Wasser	23,8	4,11
Wind	5,5	0,95
Andere erneuerbare Energien	0,1	0,02
Sonstige Energieträger	21,0	3,63
Insgesamt	579,1	

Tab. 2.10 Bundesdeutscher Strommix für 2005 [prognos, 1996]

Laut einer Studie der Europäischen Kommission werden im Jahre 2005 gasbefeuerte GuD-Anlagen einen Anteil von 47 % an der gesamten installierten Leistung aller erdgasbefeuerten Kraftwerke in Westdeutschland haben [CEC, 1992]. Des Weiteren wird angenommen, dass die Effizienz der steinkohlebefeuerten Kraftwerke durch Nachrüstungen im Durchschnitt auf 42 % erhöht wird und die ostdeutschen Braunkohlekraftwerke durch Neubauten und Nachrüstmaßnahmen westdeutschen Standard erreichen.

Stromtransport

Betrachtung „heutige Antriebe"
Für die Abbildung des Stromtransportes wird nach GEMIS vereinfacht in eine Nieder- und eine Hochspannungsebene unterteilt. Für die heutige Betrachtung wird in ostdeutsche und westdeutsche Versorgungsgebiete unterschieden, da das ostdeutsche Netz sich in einem schlechteren Zustand befindet.

Versorgungsgebiet	Niederspannung	Hochspannung
Ostdeutschland	6,5 %	3,0 %
Westdeutschland	4,5 %	0,5 %

Tab. 2.11 Mittlere Übertragungsverluste des Stromtransportes je 100 km

Für die lokale Verteilung des Stromes wird immer das Niederspannungsnetz zugrunde gelegt.

Betrachtung „zukünftige Antriebe"
Für die Zukunftsbetrachtung wird für das gesamte Bundesgebiet aufgrund von erfolgten Verbesserungen der ostdeutschen Transport- und Verteilungsnetze nur mit den niedrigeren Werten des derzeitigen westdeutschen Spannungsnetzes gerechnet.

2.2.7 Analyseergebnisse der vorgelagerten Prozessketten

In den Tabellen 2.12 und 2.13 sind die Ergebnisse aller Prozessketten für die Betrachtungen „heutige Antriebe" und „zukünftige Antriebe" wiedergegeben. Es sei an dieser Stelle darauf hingewiesen, dass die vorliegenden Teilergebnisse noch keine Bewertungsgrundlage für die Gesamtsysteme der alternativen Antriebe darstellen. Erst nach Einbeziehung der Fahrzeugemissionen in Kapitel 2.3 ist eine vollständige Bewertung des Systems möglich.

Prämissen zur Berechnung der Prozessketten
Für die Herstellung von komprimiertem Erdgas (CNG) wird für die Betrachtung „heutige Antriebe" ein Kolbenverdichter angenommen. Für die Zukunft wird für die CNG-Betankungsanlagen ein Hydraulikverdichter, der an eine Erdgashochdruckleitung von 80 bar angeschlossen ist und somit nur 50 % elektrischer Energie im Vergleich zum Kolbenkompressor verbraucht, als Annahme zugrundegelegt. Des Weiteren wird die zukünftige LNG-Produktion auf Grundlage der bundesdeutschen Versorgungsstruktur für Erdgas und Strom in den Vergleich aufgenommen.

Der Zusatz „-net" bei der Bereitstellung von RME gibt an, dass für die stoffliche Substitution von Sojaschrot durch Rapskuchen dem RME ein Bonus gutgeschrieben wird. Für die Erzeugungsstruktur der zukünftigen RME-Produktion werden bis auf die Veränderungen im bundesdeutschen Strommix alle Daten beibehalten.

Die Frage der Wasserstoffproduktion ist bis heute nicht abschließend geklärt, so dass Wasserstoff nur für die Zukunftsbetrachtung dargestellt wird. Angedacht werden die elekrolytische Produktion durch Solar- oder Wasserstrom oder eine Optimierung von Reforming-Prozessen auf Kohlenwasserstoffbasis [Tamme, 1995]. Für die Vergleichsrechnungen werden deshalb neben der elekrolytischen Wasserstoffherstellung aus Wasserstrom des Euro-Quebec-Projekts die inländische Wasserstoffproduktion aus Erdgas und die anschließende Verdichtung oder Verflüssigung zur Speicherung im Fahrzeug für das Zukunftsszenario herangezogen.

Der Wasserstoff *aus Inlandsproduktion* wird mittels Steamreforming aus Erdgas hergestellt. Für große Bedarfsmengen, wie sie bei Tankstellen notwendig sind, werden hauptsächlich Druckgasflaschenwagen verwendet, auf denen je neun Großbehälter fest montiert sind. Der Betriebsdruck wird mit 350 bar angenommen. Das Abtanken der Behälter erfolgt durch Überströmen auf ortsfeste Speicher der Tankstationen. Flüssigwasserstoff wird ebenfalls durch das

Steamreforming hergestellt. Hiernach wird er am selben Standort verflüssigt und daraufhin durch Lkws mit Flüssigwasserstofftanks zu den Tankstellen gebracht und dort in ortsfeste Speicher gepumpt.

Das Euro-Quebec-Projekt sieht vor, überschüssigen Wasserkraftstrom aus dem kanadischen Großkraftwerk La Grande an der Hudson Bay zur Wasserstofferzeugung zur Verfügung zu stellen [Weber, 1992]. Der Wasserstoff wird mit einer elektrischen Leistung von 100 MW durch alkalische Wasserelektrolyse gewonnen und soll dann verflüssigt mit Flüssigwasserstofftankschiffen nach Hamburg gebracht werden. Die elektrische Hilfsenergie zur Verflüssigung wird ebenfalls durch das Wasserkraftwerk gedeckt [Krapp, 1992].

Um die Umschlagvorgänge für den Wasserstoff zu verringern, wurden die Wasserstofftanks für den Seetransport als sogenannte Bargen Carrier ausgeführt. Der Wasserstoff wird hierbei in mobile Isolierbehälter gefüllt, die in Kanada vom Schiff aufgenommen und in Hamburg wieder abgesetzt werden können.

2 Marktchancen von neuen Treibstoffen – Systemanalyse als Ausgangspunkt

Betrachtung „heutige Antriebe"

	Benzin (g/MWh)	Diesel (g/MWh)	LPG (g/MWh)	RME-net (g/MWh)	CNG-BRD (g/MWh)	Strom-BRD (g/MWh)
SO_2	184,5	160,7	159,1	-37,6	17,9	615,7
NOx	114,8	99,6	97,8	1.198,8	56,8	866,5
Staub	12,4	11,4	11,4	33,9	4,0	91,6
HCl	0,8	0,7	0,7	3,6	0,9	36,2
HF	0,1	0,1	0,1	0,1	0,0	1,4
CO_2	51.520	38.011	35.248	126.900	23.156	675.000
CO	43,9	38,6	38,3	128,1	54,5	543,4
CH_4	83,7	67,6	65,4	340,2	612,1	1.190,2
NMVOC	548,3	66,9	56,5	74,5	4,0	75,5
N_2O	0,9	0,7	0,6	0,9	0,9	25,8
CO_2-Äquv.	52.677	38.931	36.130	258.100	30.141	695.100
PE-Einsatz / Endenergie	1,212	1,152	1,138	0,948	1,129	3,179

Tab. 2.12 Ergebnisse der Emissionsrechnungen für vorgelagerte Prozessketten der Betrachtung „heutige Antriebe"

Betrachtung „zukünftige Antriebe"

	Benzin (g/MWh)	Diesel (g/MWh)	LPG (g/MWh)	CNG-BRD (g/MWh)	LNG-BRD (g/MWh)	RME-net (g/MWh)	Strommix BRD (g/MWh)	GH2-BRD (g/MWh)	LH2-BRD (g/MWh)	LH2-CAN (g/MWh)	Methanol (g/MWh)
SO_2	183,8	160,5	106,4	10,3	30,5	-40,6	495,4	63,2	175,9	56,9	11,9
NOx	114,5	99,5	69,4	47,2	92,5	1.197,0	794,0	240,5	337,7	91,0	91,0
Staub	12,3	11,3	7,9	2,9	7,1	33,6	80,4	18,3	31,2	20,0	5,4
HCl	0,8	0,7	0,5	0,5	1,7	3,4	30,1	3,2	10,6	1,5	0,4
HF	0,1	0,1	0,0	0,0	0,1	0,1	1,3	0,1	0,5	0,1	0,0
CO_2	51.522	38.104	24.211	16.375	44.000	126.900	675.900	330.000	491.700	21.075	119.100
CO	43,6	36,5	27,6	48,6	76,0	126,9	498,1	143,3	203,9	93,2	78,7
CH_4	83,6	67,6	46,6	495,2	585,0	339,7	1.170,1	701,1	986,0	39,2	909,9
NMVOC	548,2	66,8	40,2	3,2	9,1	74,3	67,4	41,8	31,2	8,5	11,9
N_2O	0,9	0,7	0,4	0,7	1,7	1,7	25,9	3,1	9,5	2,1	0,7
CO_2-Äquv.	52.678	39.025	24.833	22.004	50.896	258.100	695.700	338.500	505.100	22.081	129.300
PE-Einsatz / Endenergie	1,211	1,152	1,094	1,097	1,318	0,947	3,138	1,624	2,385	1,723	1,657

Tab. 2.13 Ergebnisse der Emissionsrechnungen für vorgelagerte Prozessketten der Betrachtung „zukünftige Antriebe"

2.3 Fahrzeugvergleich am Beispiel des VW Golf

Wie eingangs erwähnt, soll neben der allgemeinen Systembeschreibung der Antriebssysteme ein Fahrzeugvergleich zwischen alternativen und konventionellen Antrieben durchgeführt werden. Für eine realitätsnahe Beurteilung des Energieverbrauches und der Emissionen ist es erforderlich, dass für die Untersuchungen das gleiche Fahrzeugmodell zur Verfügung steht. Dies ergibt sich aus den Forderungen, dass z. B. Roll- und Luftwiderstand, Fahrzeugkarosseriegewicht und Komfort annähernd übereinstimmen sollten. Es wird sich aber zeigen, dass diese Prämissen in der Realität nicht eingehalten werden können. Der VW Golf bietet sich für diesen Vergleich an, da er für viele der untersuchten alternativen Antriebe schon als Serienfahrzeug oder Prototyp ausgeführt worden ist.

Eine allgemeingültige Aussage allein auf der Basis dieses Beispiels ist nicht möglich und auch nicht gewollt. Das Beispiel soll vielmehr die im gesamten Systemvergleich erarbeiteten Gesichtspunkte anschaulicher darstellen und Zusammenhänge deutlicher machen.

Für den vorliegenden Vergleich wurden die Emissionen und Primärenergieverbräuche der vorgelagerten Prozessketten mit den Emissionen und Verbräuchen der Fahrzeuge im neuen europäischen MVEG-Fahrzyklus zusammengefasst und in den Betrachtung *„heutige Antriebe"* und *„zukünftige Antriebe"* gegenübergestellt.

Betrachtung *„heutige Antriebe"*
Die Verbrauchs- und Emissionsdaten der Antriebe Diesel, Rapsölmethylester (RME) und *VWCitySTROMer* sind Werksangaben von VW, die in dem Umweltbericht und Sonderdrucken von Volkswagen veröffentlicht wurden. Als Dieselmotoren (Diesel, RME) wird der Turbodieseldirekteinspritzer (TDI) verwendet, der serienmäßig mit einem Oxidationskatalysator ausgerüstet ist. Für den *VW CitySTROMer* wurde die Meßdaten in einem modifizierten MVEG-Zyklus aufgenommen, da die Höchstgeschwindigkeit fahrzeugseitig auf 100 km/h beschränkt ist. Der *CitySTROMer* ist serienmäßig mit einer Zusatzheizung ausgerüstet, die mit schwefelarmen Diesel betrieben wird. Im Jahresdurchschnitt wird ein Verbrauch von 0,5 l/100 km angenommen. Für den *Benzin-, Flüssiggas* und *Erdgasmotor* werden Messdaten des IAV Berlin herangezogen. Die Fahrzeuge sind alle mit einem Dreiwege-Katalysator ausgerüstet [rhenag, 1996], [IAV, 1996 a].

2 Marktchancen von neuen Treibstoffen – Systemanalyse als Ausgangspunkt

Fahrzeug	Motor-leistung	Hub-raum	Leer-gewicht	zulässiges Ges.gewicht	Verbrauch/ 100 km	kWh/ 100 km
VW Golf (Benzin)	55 kW	1,6 l	1090 kg	1525 kg	6,9 l	61
VW Golf TDI (Diesel)	55 kW	1,9 l	1195 kg	1630 kg	5,2 l	50
VW Golf (CNG)	47 kW	1,6 l	1200 kg	1525 kg	5,5 kg	60
VW Golf (Flüssiggas)	55 kW	1,8 l	1200 kg	1630 kg	7,9 l	52
VW Golf TDI (RME)	60 kW	1,9 l	1195 kg	1630 kg	5,5 l	50
VW CitySTROMer A3	17,5 kW	-	1514 kg	1860 kg	24 kWh	24

Tab. 2.14 Fahrzeugdaten heutiger VW GOLF, Teil I

Fahrzeug	Tankvolumen l	Temperatur Druck °C / bar	Speichermenge		Speicherdichte		Reichweite
			l	kg	kWh/l	kWh/kg	km
VW Golf (Benzin)	63	20 / 1	55	41	8,78	11,86	792
VW Golf TDI (Diesel)	63	20 / 1	55	46	9,86	11,81	1063
VW Golf (CNG)	80	20 / 200	60	11	2,05	10,96	205
VW Golf (Flüssiggas)	80	20 / 4	60	31	6,56	12,86	757
VW Golf TDI (RME)	63	20 / 1	55	48	9,05	10,28	996
VW CitySTROMer A3*	-		209	480	0,069	0,030	48

* bei 80 % Entladung innerhalb 1 h

Tab. 2.15 Fahrzeugdaten heutiger VW GOLF, Teil II

	CO_2-Äqui.	CO	NMHC	NOx	SO_2	Partikel/Staub	PE-verbrauch
			(g/km)				(kWh/km)
Emissionen am Fahrzeug							
VW Golf (Ottomotor)	161,9	1,260	0,171	0,210	0,031	0,000	0,609
VW Golf (Dieselmotor)	142,2	0,550	0,070	0,520	0,045	0,050	0,532
VW Golf (CNG BRD)	124,7	0,530	0,039	0,080	0,000	0,000	0,604
VW Golf (LPG)	120,0	0,107	0,122	0,119	0,000	0,000	0,515
VW Golf (RME-net)	5,5	0,490	0,050	0,550	0,006	0,030	0,022
VW Golf CityStromer[1]	14,8	0,008	0,001	0,008	0,005	0,000	0,056
vorgelagerte Emissionen							
VW Golf (Ottomotor)	32,1	0,027	0,334	0,070	0,112	0,000	0,129
VW Golf (Dieselmotor)	20,7	0,019	0,036	0,053	0,086	0,006	0,081
VW Golf (CNG BRD)	18,2	0,033	0,002	0,034	0,011	0,002	0,078
VW Golf (LPG)	18,6	0,020	0,029	0,050	0,082	0,006	0,071
VW Golf (RME-net)	128,5	0,064	0,037	0,597	-0,019	0,017	0,472
VW Golf CityStromer	146,8	0,069	0,003	0,115	0,102	0,016	0,675
gesamte Emissionen							
VW Golf (Ottomotor)	194,0	1,287	0,505	0,280	0,143	0,000	0,738
VW Golf (Dieselmotor)	162,9	0,569	0,106	0,573	0,131	0,056	0,613
VW Golf (CNG BRD)	142,9	0,563	0,041	0,114	0,011	0,002	0,682
VW Golf (LPG)	138,6	0,127	0,151	0,169	0,082	0,006	0,586
VW Golf (RME-net)	134,0	0,554	0,087	1,147	-0,013	0,047	0,494
VW Golf CityStromer	161,6	0,077	0,004	0,123	0,107	0,016	0,731

[1] Zusatzheizung: 0,5 l Diesel / 100 km. Bei Erdgas ist der Methananteil an HC > 90 %.

Tab. 2.16 Emissionen und Energieverbrauch heutiger VW Golf

Bei der Beurteilung der Klimawirkung der verschiedenen Antriebe zeigt sich, dass der VW Golf mit CNG, LPG und RME zu einer Verringerung der spezifischen Treibhausgase im Vergleich zum Diesel- und Benzinfahrzeug führen. Bei dem *CitySTROMer* mit BRD-Strommix liegen die klimarelevanten Emissionen im Bereich des Diesel- und Benzinfahrzeugs.

Der Ausstoß von Kohlenmonoxid wird besonders bei den Elektrofahrzeugen und bei LPG reduziert. Die CO-Emissionen von CNG und RME befinden sich dagegen in der gleichen Größenordnung wie beim Diesel. Die Nicht-Methan-Kohlenwasserstoffemissionen werden bis auf den Golf im LPG- und RME-Betrieb im Vergleich zum Diesel lokal wie global bei allen Antrieben besonders aber bei CNG und beim Elektrofahrzeug verringert.

Wie bei den Nicht-Methan-Kohlenwasserstoffen ist für fast alle alternativen Antriebe eine starke Verminderung der NO_x-Emissionen zu erkennen. Als einzige Ausnahme ist hier der RME-Antrieb auszumachen, bei dem sich die globalen Emissionen aufgrund der vorgelagerten Emissionen im Vergleich zum Diesel erheblich erhöht haben.

Außer bei dem *CitySTROMer* kommt es bei allen anderen alternativen Antrieben zu einer starken Verminderung der SO_2-Emissionen. Für den RME-Dieselmotor ergibt sich sogar eine negative Gutschrift, da durch den Betrieb von RME in anderen Bereichen (Substitution von Futtersojaimporten) darüber hinaus Emissionen vermieden werden.

Bei der Beurteilung der Staub/Partikelemissionen ist zu beachten, dass die vorgelagerten Emissionen größtenteils Staubemissionen und die des Fahrzeugs Rußemissionen sind. Es ist folglich eine getrennte Betrachtung notwendig. Bei den Bereitstellungsprozessen für Strom kommt es zu einer deutlichen Erhöhung der Staubemissionen. Ähnlich hohe Werte werden auch bei der RME-Produktion erreicht. Fahrzeugseitig stellt es sich so dar, dass es bei allen Antrieben, die nicht nach dem Dieselprinzip laufen, zu keinem messbaren Partikelausstoß kommt, da die Werte unterhalb der Meßgenauigkeit der Geräte liegen. Das Fahrzeug mit RME emittiert dagegen Partikel in ähnlicher Größenordnung wie das Dieselfahrzeug.

Bei der Betrachtung des Primärenergieverbrauchs fällt auf, dass sich besonders RME als nachwachsender Rohstoff neben Diesel und LPG durch einen sehr niedrigen Energieverbrauch auszeichnen. Die Strombereitstellung führt dagegen zu einer Erhöhung des Primärenergieverbrauchs. CNG liegt beim Verbrauch zwischen den Werten des Diesels und Benziners.

Betrachtung *„zukünftige Antriebe"*
Für die zukünftigen Antriebe liegen keine Verbrauchs- und Emissionswerte vor. Der Verbrauch der mit Diesel und Benzin betriebenen Fahrzeuge wurde daher von den vom EU-Umweltrat beschlossenen zukünftigen CO_2-Grenzwert für Fahrzeuge abgeleitet. Sie sagen aus, das zukünftige Pkw im Jahr 2010 nur noch durchschnittlich 120 gCO_2/km emittieren dürfen. Für die Schadstoffemissionen der Benzin, LPG, Diesel und RME-Antriebssysteme wurden die EU-Komissionsvorschläge vom 18. Juni 1996 zu neuen Grenzwerten einer Euro IV Stufe ab dem Jahr 2005 verwendet [VDI nachrichten, 1996].

Bei Erdgas- und Flüssiggasfahrzeugen wird angenommen, dass sie im Jahre 2005 gleiche Verbräuche wie Benzinfahrzeuge haben. Da die Schadstoffemissionen des heutigen VW-Golf im Erdgasbetrieb schon unter den Grenzwerten der Euro IV liegen, werden diese Meßwerte auch für die Zukunftsbetrachtung verwendet. Bei der Speicherung von Erdgas in komprimierter Gasform wird weiterhin von einer Erhöhung des Speicherdrucks von 200 bar auf 300 bar ausgegangen, wodurch sich die Speicherdichte um gut ein Drittel erhöht. Für die Wasserstoffmotoren wird ein Mehrverbrauch mit einer gleichzeitigen Leistungsminderung von rund 10 % gegenüber den Benzinfahrzeugen angenommen. Bei den Emissionen wird in Anlehnung an Messergebnisse eines MAN-Motors bei den Kohlenwasserstoffen und bei den Stickoxiden von einer

Reduzierung um 80 % gegenüber dem Benzinfahrzeug ausgegangen. Die Kohlenmonoxidemissionen werden soweit gegen Null reduziert, dass sie unter der Genauigkeitsgrenze der Meßgeräte liegen [MAN, 1995].

Der zukünftige *VW CitySTROMer* ist mit einer Lithium-Ionen Batterie ausgestattet, mit der sich seine Reichweite bei gleichzeitiger Gewichtsreduzierung auf 230 km erhöht. Des Weiteren wird angenommen, dass das Fahrzeug von seinen Baugruppen her weiter optimiert wird und somit das Gesamtgewicht des derzeitigen *CitySTROMer* von 1514 kg auf 1350 kg vermindert werden kann. Als zukunftsweisende Heizungsanlage für Elektrofahrzeuge wird ein neues Wärmepumpensystem verwendet, welches im Umgebungstemperaturbereich von −10 bis 40 °C zur Klimatisierung des Fahrzeugs nur eine elektrische Leistung von 1 kW benötigt [Suzuki, 1996].

Die Verbrauchswerte aller elektrisch angetriebener VW GOLF (*CitySTROMer* mit Lithium-Ionen-Batterie und VW GOLF mit Brennstoffzelle) wurden mittels einer Berechnung im neuen europäischen Fahrzyklus (MVEG) errechnet. Hierfür wurde mit Hilfe der Formel (2.12) die vom Fahrzeug aufzubringende Antriebsleistung aufgrund von Fahrwiderständen und Massenträgheit ermittelt.

$$P_{Straße} = (F_{Ro} + F_L + I\frac{dv}{dt}) \cdot v \qquad (2.12)$$

mit
$P_{Straße}$ = Antriebsleistung,
F_{ro} = Rollwiderstand,
F_L = Luftwiderstand,
I = Massenträgheit des Fahrzeugs,
v = Fahrzeuggeschwindigkeit,
t = Zeit.

Die sich daraus ergebene Antriebsarbeit des MVEG-Zyklus ergibt sich dann zu:

$$W_{Straße} = \int P_{Straße} dt \qquad (2.13)$$

mit
$W_{Straße}$ = Antriebsarbeit.

Für zukünftige Nutzungsgrade der Antriebskomponenten des *CitySTROMers*, des Ladesystems und der Rekuperation stehen Werte zur Verfügung, die sich auf den europäischen Stadtzyklus beziehen [Mauracher, 1993]. In erster Näherung wurden sie in dieser Arbeit für den Gesamtzyklus übernommen.

2 Marktchancen von neuen Treibstoffen – Systemanalyse als Ausgangspunkt

Komponente	Nutzungsgrad
Achsgetriebe	96 %
Antrieb	80 %
Batterie	86 %
Ladegerät	91 %
Gesamt	**61 %**
Rekuperation	54 %

Tab. 2.17 Komponentenwirkungsgrade zukünftiger Elektroantriebe

Nach der Fahrsimulation und unter Einbeziehung des Systemwirkungsgrades des Lade- und Batteriesystems ergibt sich für den zukünftigen *CitySTROMer* ein Verbrauch von 18 kWh (inklusive Wärmepumpe). Um die Potentiale eines zukünftigen Brennstoffzellenfahrzeuges darzustellen, wird auf die Arbeit von Gossen/Grahl Bezug genommen [Gossen/Grahl, 1999]. Darin wird ein Brennstoffzellenfahrzeug zum einen mit Wasserstoffspeicher und zum anderen mit Methanoltank und -reformer vorgestellt. Für das Brennstoffzellenfahrzeug mit Wasserstoff wird ein Gesamtwirkungsgrad von η = 31,4 % und für das Brennstoffzellenfahrzeug mit Methanolreformer ein Wirkungsgrad von η = 27,2 % angegeben. Im Gegensatz zum *CitySTROMer* wird für den VW Golf Hybrid eine Nickel/Metallhydrid-Batterie verwendet, mit der man schon gute Testerfahrungen in Hybridfahrzeugen gemacht hat [Buchheim, 1996], [VW, 1995], [Josewitz, 1996].

Fahrzeug	Motorleistung	Hubraum	Leergewicht	zulässiges Ges.gewicht	Verbrauch/ 100 km	kWh/ 100 km
VW Golf Benzin	55 kW	1,6 l	1090 kg	1525 kg	5,2 l	45
VW Golf TDI	55 kW	1,9 l	1195 kg	1630 kg	4,6 l	45
VW Golf (CNG)	47 kW	1,6 l	1200 kg	1525 kg	3,8-4,1 kg	45
VW Golf (LNG)	47 kW	1,6 l	1200 kg	1525 kg	3,2 kg	45
VW Golf (Flüssiggas)	55 kW	1,8 l	1200 kg	1630 kg	7,5 l	49
VW Golf TDI-RME	60 kW	1,9 l	1195 kg	1630 kg	5,0 l	45
VW *CitySTROMer*	17,5 kW	-	1350 kg	1700 kg	18 kWh	18
VW Golf TDI Hybrid	66 kW$_{mech}$/ 19 kW$_{el}$	1,9 l	1380 kg	1810 kg	2,5 l + 10,1 kWh	25 + 10
VW Golf (H$_2$)	50 kW	1,6 l	1200 kg	1525 kg	1,5 kg	49
VW Golf (H$_2$-BZ)	26 kW	-	1060 kg	1500 kg	1,05 kg	35
VW Golf (ME-BZ)	26 kW	-	1060 kg	1500 kg	9,5 l	41

Tab. 2.18 Fahrzeugdaten möglicher zukünftiger VW GOLF, Teil I

2 Marktchancen von neuen Treibstoffen – Systemanalyse als Ausgangspunkt

Fahrzeugbeschreibung	Tankvolumen l	Temperatur Druck °C / bar	Speichermenge l	Speichermenge kg	Speicherdichte kWh/l	Speicherdichte kWh/kg	Reichweite km
VW Golf (Benzin)	63	20 / 1	55	41	8,78	11,86	1073
VW Golf TDI (Dieselmotor)	63	20 / 1	55	46	9,86	11,81	1205
VW Golf (Erdgas)							
CNG	80	20 / 300	60	16	2,98	10,96	397
LNG	80	-162 / 2	35	15	5,83	13,89	453
VW Golf (Flüssiggas)	80	20 / 4	60	31	6,56	12,86	803
VW Golf TDI (RME)	63	20 / 1	55	48	9,05	10,28	1106
VW CitySTROMer Zukunft	250	20 / 1	234	300	0,130	0,170	227
VW Golf TDI (Hybrid)							
Diesel	32	20 / 1	28	23	9,86	11,81	_**
Batterie				170	0,12	0,041	_**
VW Golf (Wasserstoffverb.motor)							
GH_2	80	20 / 300	60	4	0,73	33,33	89
LH_2	80	-252 / 4	35	5	2,36	33,33	169
VW Golf (Brennstoffzelle)							
GH_2	80	20 / 300	60	1,3	0,73	33,33	125
LH_2	80	-252 / 4	35	2,5	2,36	33,33	236
Methanol	63	20 / 1	55	43	4,32	5,47	580
VW Golf (Zink/Luft)	470	20 / 1	450	420	0,17	0,18	356

**keine Angaben bekannt, Berechnung der Reichweite aufgrund der Antriebsbauweise nicht möglich

Tab. 2.19 Fahrzeugdaten möglicher zukünftiger VW GOLF, Teil II

2 Marktchancen von neuen Treibstoffen – Systemanalyse als Ausgangspunkt

	Emissionen						PE-verbrauch
	CO_2-Äqui.	CO	NMHC	NOx	SO_2	Partikel/Staub	
	(g/km)						(kWh/km)
Emissionen am Fahrzeug							
VW Golf (Ottomotor)	120,1	1,000	0,125	0,080	0,011	0,000	0,453
VW Golf (Dieselmotor)	120,0	0,500	0,050	0,250	0,023	0,025	0,450
VW Golf (CNG BRD)	90,3	0,530	0,045	0,080	0,000	0,000	0,449
VW Golf (LNG BRD)	88,4	0,530	0,045	0,080	0,000	0,000	0,444
VW Golf (LPG)	114,0	0,107	0,100	0,080	0,000	0,000	0,489
VW Golf (RME-net)	5,0	0,490	0,050	0,250	0,005	0,030	0,020
VW Golf CityStromer	0,0	0,000	0,000	0,000	0,000	0,000	0,000
VW Golf (Hybrid)	65,8	0,240	0,055	0,000	0,021	0,025	0,247
VW Golf (Wasserstoff)	0,0	0,000	0,020	0,016	0,000	0,000	0,000
VW Golf (BZ-Wasserstoff)	0,0	0,000	0,000	0,000	0,000	0,000	0,000
VW Golf (BZ-Methanol)	101,6	0,000	0,000	0,000	0,000	0,000	0,000
VW Golf (Zink/Luft)	0,0	0,000	0,000	0,000	0,000	0,000	0,000
vorgelagerte Emissionen							
VW Golf (Ottomotor)	23,9	0,020	0,248	0,052	0,083	0,000	0,096
VW Golf (Dieselmotor)	17,5	0,016	0,030	0,045	0,072	0,005	0,068
VW Golf (CNG BRD)	9,9	0,022	0,001	0,021	0,005	0,001	0,044
VW Golf (LNG BRD)	22,6	0,034	0,004	0,041	0,014	0,003	0,141
VW Golf (LPG)	12,1	0,013	0,020	0,034	0,052	0,004	0,046
VW Golf (RME-net)	116,1	0,057	0,033	0,538	-0,018	0,015	0,426
VW Golf CityStromer (BRD)	125,2	0,090	0,012	0,143	0,089	0,014	0,565
VW Golf (Hybrid)	79,9	0,059	0,023	0,105	0,090	0,011	0,354
VW Golf (GH_2 BRD)	167,0	0,071	0,021	0,119	0,031	0,009	0,801
VW Golf (LH_2 BRD)	249,2	0,101	0,015	0,167	0,087	0,015	1,176
VW Golf (LH_2 CAN)	10,9	0,046	0,004	0,045	0,028	0,010	0,357
VW Golf (BZ-GH_2 BRD)	118,5	0,050	0,015	0,084	0,022	0,006	0,568
VW Golf (BZ-LH_2 BRD)	176,8	0,071	0,011	0,118	0,062	0,011	0,835
VW Golf (BZ-LH_2 CAN)	7,7	0,033	0,003	0,032	0,020	0,007	0,253
VW Golf (BZ-Methanol)	52,3	0,032	0,005	0,037	0,005	0,002	0,671
VW Golf (Zink/Luft BRD)	235,1	0,168	0,023	0,268	0,167	0,027	1,061
gesamte Emissionen							
VW Golf (Ottomotor)	143,9	1,020	0,373	0,132	0,095	0,000	0,549
VW Golf (Dieselmotor)	137,6	0,516	0,080	0,295	0,095	0,030	0,518
VW Golf (CNG BRD)	100,2	0,552	0,046	0,101	0,005	0,001	0,493
VW Golf (LNG BRD)	111,0	0,564	0,049	0,121	0,014	0,003	0,586
VW Golf (LPG)	126,2	0,120	0,120	0,114	0,052	0,004	0,535
VW Golf (RME-net)	121,0	0,547	0,083	0,788	-0,013	0,045	0,446
VW Golf CityStromer (BRD)	125,2	0,090	0,012	0,143	0,089	0,014	0,565
VW Golf (Hybrid)	145,7	0,299	0,078	0,105	0,110	0,036	0,601
VW Golf (GH_2 BRD)	167,0	0,071	0,041	0,135	0,031	0,009	0,801
VW Golf (LH_2 BRD)	249,2	0,101	0,035	0,183	0,087	0,015	1,176
VW Golf (LH_2 CAN)	10,9	0,046	0,024	0,061	0,028	0,010	0,357
VW Golf (BZ-GH_2 BRD)	118,5	0,050	0,015	0,084	0,022	0,006	0,568
VW Golf (BZ-LH_2 BRD)	176,8	0,071	0,011	0,118	0,062	0,011	0,835
VW Golf (BZ-LH_2 CAN)	7,7	0,033	0,003	0,032	0,020	0,007	0,253
VW Golf (BZ-Methanol)	153,9	0,032	0,005	0,037	0,005	0,002	0,671
VW Golf Zink/Luft (BRD)	235,1	0,168	0,023	0,268	0,167	0,027	1,061

Bei Erdgas ist der Anteil von Methan an HC > 90 %.

Tab. 2.20 Emissionen und Energieverbrauch möglicher zukünftiger VW GOLF

Bei der Beurteilung der Klimawirkung der verschiedenen Antriebe zeigt sich, dass nur der VW Golf, der mit Wasserstoff aus Kanada betrieben wird, und der Golf mit Brennstoffzellenantrieb zu einer starken Verringerung der spezifischen Treibhausgase führen. Der Wasserstoffverbrennungsmotor (H_2 aus Erdgas) würde zu einem drastischen Anstieg der Treibhausemissionen führen. Bei den klimarelevanten Emissionen der anderen Alternativantriebe liegen die des CNG-Fahrzeuges noch am deutlichsten unter dem Niveau von Dieselfahrzeugen.

Im Vergleich zum Ottomotor wird der Ausstoß von Kohlenmonoxid bei allen alternativen Antriebssystemen merklich reduziert. Nimmt man dagegen den Diesel als Referenzantrieb an, ergeben sich bei den Erdgasfahrzeugen leicht höhere Emissionen. Die Nicht-Methan-Kohlenwasserstoffemissionen werden bis auf den Golf im LPG-Betrieb und mit RME im Vergleich zu den konventionellen Antrieben lokal wie global bei allen Antrieben deutlich verringert.

Wie bei den Nicht-Methan-Kohlenwasserstoffen ist für fast alle alternativen Antriebe eine starke Verminderung der NO_x-Emissionen zu erkennen. Als einzige Ausnahme ist hier der RME-Antrieb auszumachen, bei dem die Emissionen im Vergleich zum Diesel aufgrund der vorgelagerten Emissionen höher liegen.

Bei allen alternativen Antrieben kommt es zu einer starken Verminderung des lokalen SO_2-Austoßes. Für den RME-Dieselmotor ergibt sich eine Gutschrift, da durch den Betrieb von RME in anderen Bereichen (Substitution von Futtersojaimporten) darüber hinaus Emissionen vermieden werden. Dagegen ist für alle Stromerzeugungsarten und bei dem Hybridmotor eine Erhöhung der globalen Schwefeldioxidemissionen zu erkennen.

Bei den Bereitstellungsprozessen für Strom kommt es zu einer deutlichen Erhöhung der Staubemissionen. Ähnlich hohe Werte werden auch bei der RME- und der deutschen Wasserstoffproduktion erreicht. Bei den Emissionen der Fahrzeuge stellt es sich so dar, dass es bei allen Antrieben, die nicht nach dem Dieselprinzip laufen, zu keinem messbaren Partikelausstoß kommt, da die Werte unterhalb der Meßgenauigkeit der Geräte liegen. Das Fahrzeug mit RME emittiert dagegen Partikel in ähnlicher Größenordnung wie die Dieselfahrzeuge.

Bei der Brennstoffzelle mit Methanol, des Zink-Luft-Batteriesystems und beim Wasserstoffmotor (H_2-Produktion in Deutschland) ist die Energieeffizienz negativ zu beurteilen. Erdgasfahrzeuge bieten bei den klimarelevanten Emissionen, beim Primärenergieverbrauch und bei fast allen untersuchten Schadstoffemissionen Vorteile gegenüber konventionellen Fahrzeugen.

2.4 Politische und gesellschaftliche Rahmenbedingungen

Die Entwicklung der oben beschriebenen Antriebssysteme und deren Infrastruktur ist vielfältigen Rahmenbedingungen unterworfen, die erst zusammengenommen ein Gesamtsystem bilden. Die wesentlichen, das System beeinflussenden Rahmenbedingungen werden im Folgenden dargestellt.

2.4.1 Verkehrsentwicklung

Straßenverkehrsleistungen im Sektor Personenverkehr
Seit 1960 hat der Bestand an Fahrzeugen im Bereich des Personenverkehrs kontinuierlich zugenommen. Selbst die neuen Bundesländer, in denen bis 1990 nur jeder vierte Bürger ein Auto besaß, haben in den darauffolgenden acht Jahren soweit aufgeholt, dass heute fast jeder zweite Einwohner der Bundesrepublik Deutschland (BRD) einen Pkw besitzt [Bundeszentrale für Politische Bildung, 1997, S. 352)]. Im gleichen Zeitraum stieg die Fahrleistung der Fahrzeuge von 110 Mrd. km im Jahr 1960 auf 458 Mrd. km im Jahr 1990 [Kohlhammer, 1996, S. 8.)]. Es wird davon ausgegangen, dass sich der Pkw-Bestand in Deutschland von heute etwa 40 Millionen Fahrzeugen bis zum Jahr 2010 auf 46 - 48 Millionen erhöhen wird, und dann erst eine leichte Marktsättigung eintritt [Shell, 1995] (siehe Abb. 2.20).

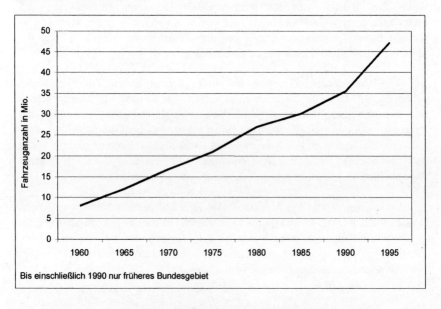

Abb. 2.20 Pkw- Zunahme seit 1960 [Bundeszentrale für Politische Bildung, 1997]

Der Pkw ist im Vergleich zu anderen Verkehrsträgern das beherrschende Verkehrsmittel im Personenverkehr in Deutschland. Schon 1955 wurden mehr Fahrten mit dem Pkw als mit öffentlichen Verkehrsmitteln unternommen. Während in der ehemaligen DDR kein wie in der BRD vergleichbares Wachstum des Pkw-Individualverkehrs möglich war, musste auch dort der

2 Marktchancen von neuen Treibstoffen – Systemanalyse als Ausgangspunkt

Personennahverkehr nach 1990 gegenüber dem Individualverkehr massive Rückgänge hinnehmen. Ende 1995 entfielen knapp 82 % aller in Deutschland zurückgelegten Fahrten auf den motorisierten Individualverkehr. Trotz Zunahme des Individualverkehrs hat sich die Fahrleistung von Pkw aber nach einem Anstieg in den 80er Jahren wieder vermindert (siehe Abb. 2.21).

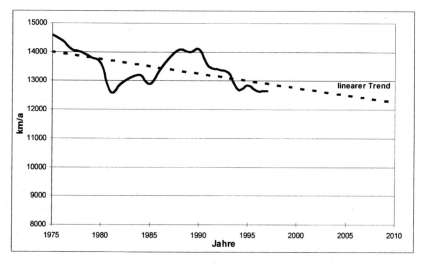

Abb. 2.21 Entwicklung der Fahrleistung für Pkw in der Bundesrepublik Deutschland [Esso, 1998]

<u>Straßenverkehrsleistungen in Sektor Güterverkehr</u>
Die spezifische Fahrleistung von Lkw hat sich vom Jahr 1975 mit 22.800 km/a bis zum Jahr 1994 mit 24.100 km/a leicht erhöht [Verkehr in Zahlen, 1995]. Fuhren auf bundesdeutschen Straßen 1960 nur 698.000 Lkw so hat sich aber die Zahl auf 2,3 Mio. im Jahre 1995 erhöht (siehe Abb. 2.22). Im Bereich des Güterverkehrs hat sich somit die Zahl der Fahrzeuge mehr als verdreifacht.

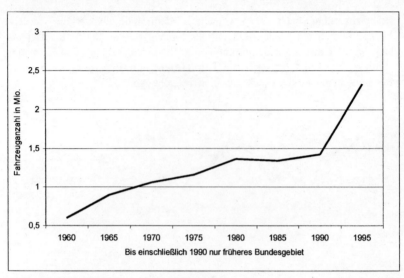

Abb. 2.22 Lkw-Zunahme seit 1960 [KBA, 1997]

In Bremen mit seinen rund 550.000 Einwohnern ergeben sich vergleichbar hohe Zulassungszahlen. So waren im Jahr 1995 290.00 Pkw und 21.000 Lkw zugelassen [KBA, 1997].

2.4.2 Abgasgrenzwerte für Kfz

Pkw-Zulassung
Um den Wirkungsgrad eines Fahrzeuges und dessen Emissionen zu messen, sind in vielen Staaten Fahrzyklentests zur Verbrauchs- und Emissionsbestimmung vorgeschrieben. Diese Tests werden auf einem Rollenprüfstand durchgeführt.

In Europa ist seit Januar 1997 der sogenannte MVEG-Fahrzyklus (Motor Vehicle Emission Group) für Pkw-Neuzulassungen verpflichtend. Der europäische Fahrzyklus ist im Gegensatz zum amerikanischen FTP-Fahrzyklus, der sich aus gemessenen Geschwindigkeitsverläufen des Berufsverkehrs in Los Angeles zusammensetzt, ein synthetisch erzeugter Zyklus. Der Fahrzyklus beginnt nach einem Kaltstart und einer Vorlaufzeit von 40 s. Er setzt sich aus einem Stadtzyklus von 1,013 km, der viermal hintereinander durchlaufen wird, und einem anschließenden ausserstädtischen Zyklus von 6,948 km zusammen. Der Zyklus hat eine Gesamtlänge von 11 km und dauert 1200 s = 20 min. Gemessen werden die limitierten Schadstoffe CO, HC+NO_x (gemeinsam) und Partikel.

2 Marktchancen von neuen Treibstoffen – Systemanalyse als Ausgangspunkt

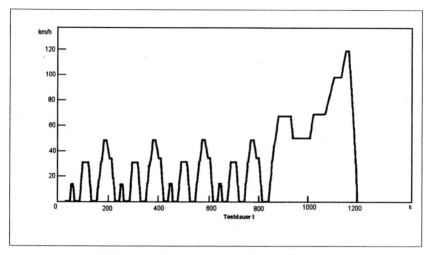

Abb. 2.23 Neuer europäischer Fahrzyklus MVEG [Mercedes Benz, 1995]

Folgende Grenzwerte gelten für Pkw der Serienproduktion:

		91/441/EWG Euro 1 ab 1996	94/12/EWG Euro 2 ab 1996	Euro 3* ab 2000	Euro 4* Ab 2005
Benzin	CO	2,72 g/km	2,2 g/km	2,3km	1,0 g/km
	HC	-	-	0,2 g/km	0,1 g/km
	NO_x	-	-	0,15 g/km	0,08 g/km
	HC + NO_x	0,97 g/km	0,5 g/km	-	-
Diesel	CO	3,16 g/km	1,0 g/km	0,6 g/km	0,5 g/km
	HC	-	-	-	-
	NO_x	-	-	0,45 g/km	0,25 g/km
	HC + NO_x	1,13 g/km	0,7 g/km	0,5 g/km	0,3 g/km
	Partikel	0,18 g/km	0,08 g/km	0,05g/km	0,025 g/km

* Neues Prüfverfahren (inkl. Warmlaufphase von 40 s)

Tab. 2.21 Abgasgrenzwerte für Pkw [Kohlhammer, 1996], [*Bundesministerium für Umwelt*, 1998]

Lkw-Zulassung
Für Nutzfahrzeuge mit einem zulässigen Gesamtgewicht über 3,5 t wird in Europa allgemein der 13-Stufen-Emissionstest angewendet. Bei diesem Test durchfährt das Fahrzeug 13 stationäre Betriebszustände. Aus den Emissionsmessungen der verschiedenen Betriebszustände werden mit Wichtungsfaktoren die Emissionen berechnet und zusammengefasst. Im

Gegensatz zu den Messungen beim Pkw werden die Emissionen nicht auf die zurückgelegte Fahrstrecke im Zyklus bezogen, sondern auf die geleistete Arbeit des Motors.

	91/542/EWG Euro 1 ab 1992/93	Euro 2 ab 1995/96	Euro 3 ab 1999
CO	4,9 g/kWh	4,0 g/kWh	2,0 g/kWh
HC	1,23 g/kWh	1,1 g/kWh	0,6 g/kWh
NO_x	9,0 g/kWh	7,0 g/kWh	<5,0 g/kWh
Partikel	0,4 g/kWh	0,15 g/kWh	<0,1 g/kWh

Tab. 2.22 Abgasgrenzwerte für Lkw [Kohlhammer, 1996]

2.4.3 Immissionsgrenzwerte für Luftschadstoffe

Auf Grund des § 40 Abs. 2 Satz 2 des Bundes-Immissionsschutzgesetzes ist die 23. BImSchV - Verordnung über die Festlegung von Konzentrationswerten - 1996 in Kraft getreten. Die Verordnung legt für bestimmte Straßen oder bestimmte Gebiete, in denen besonders hohe, vom Verkehr verursachte Immissionen zu erwarten sind, Konzentrationswerte für luftverunreinigende Stoffe fest, bei deren Überschreitung Maßnahmen nach § 40 Abs. 2 Satz 1 des Bundes-Immissionsschutzgesetzes zu prüfen sind [BGBl, 1996].

Maßnahmen zur Verminderung oder zur Vermeidung der Entstehung schädlicher Umwelteinwirkungen durch Luftverunreinigungen sind zu prüfen, wenn eine Überschreitung eines der folgenden Konzentrationswerte, angegeben in Mikrogramm je Kubikmeter ($\mu g/m^3$) verunreinigte Luft, festgestellt wird:

1. Stickstoffdioxid: 160 $\mu g/m^3$ (98-Prozent-Wert aller 1/2h-Mittelwerte eines Jahres)

2. Ruß: ab 1. Juli 1998: 8 $\mu g/m^3$ (arithmetischer Jahresmittelwert)

3. Benzol: ab 1. Juli 1998: 10 $\mu g/m^3$ (arithmetischer Jahresmittelwert)

Zusätzlich zu den drei oben genannten Schadstoffen ist das Reizgas Ozon auch in Deutschland als zu limitierendes Schadgas im Bundes-Immissionsschutzgesetz aufgenommen worden. Ozon (O3) bildet sich unter Einwirkung der Sonnenstrahlung als Folge photochemischer Reaktionen aus dem Luftsauerstoff unter Beteiligung der sog. Vorläuferstoffe Stickstoffoxide und Kohlenwasserstoffe. Es greift als starkes Oxidationsmittel Gewebe und Schleimhäute des Menschen an. Ferner setzt Ozon die Abwehrfunktion im Atemtrakt herab und reizt die Lunge und die Augenbindehaut. Die durchschnittliche Ozonbelastung ist in den letzten Jahren angestiegen, wobei die größten Verursacher die Vorläuferstoffe des Kfz-Verkehrs sind. Von besonderer Bedeutung sind allerdings die Spitzenkonzentrationen, die an sommerlichen Tagen typischerweise am Nachmittag bis zum frühen Abend auftreten. Um sie zu begrenzen, kann seit dem 26. Juni 1995 nach dem "Ozongesetz" bei Überschreitung von 240 µg/m³ Ozon (1 h-Wert) ein Verkehrsverbot ausgerufen werden. Bereits ab 180 µg/m³ (1 h-Wert) wird die Bevölkerung über eine bestehende erhöhte Ozonbelastung informiert [BMU, 1998], [Umweltatlas, 1998].

Erste Verkehrsbeschränkungen, wie etwa Tempolimits, müßten nach Auffassung des NABU bereits bei Ozon-Werten ab etwa 120 Mikrogramm pro Kubikmeter Luft gelten. Des Weiteren sollten erste Fahrverbote bereits ab 180 Mikrogramm ausgesprochen werden, um gesundheitsgefährdene Spitzenbelastungen von über 240 Mikrogramm gar nicht erst entstehen zu lassen [NABU, 1998].

2.4.4 Lobbyarbeit der Gaswirtschaft

Bundesweite Lobbyarbeit für Erdgas im Verkehr ist in den vergangenen Jahren durch den Bundesverband der Gas und Wasserwirtschaft (BGW) geleistet worden. Der Verband hat hierfür Kontakte zur Automobilindustrie, zur Mineralölwirtschaft und zu politischen Entscheidungsträgern aufgenommen.

Insbesondere für die Verminderung der Mineralölsteuer auf Erdgas hat er sich bei den Ministerien in Bonn eingesetzt. Diese Ermäßigung sollte Ende des Jahres 2003 auslaufen und ist nun aber bis Ende des Jahres 2009 verlängert worden, um für den ÖPNV, Taxi- und Speditionsunternehmen eine gewisse Planungssicherheit für ihre Fahrzeuginvestitionen zu schaffen [Rauser (1998)]. Des Weiteren kooperiert der BGW im Bereich Öffentlichkeitsarbeit eng mit dem Bundesumweltministerium und dem Bundesumweltamt, die auf breiter Front von den positiven Eigenschaften der Erdgasfahrzeuge überzeugt sind.

Bei den Fahrzeugherstellern hat der BGW in Zusammenarbeit mit seinen Mitgliedsunternehmen die Firma BMW durch eine Zusage über die Anschaffung von Dienstfahrzeugen dazu gebracht, den BMW 316 Compact und den BMW 518 i als bivalente Fahrzeuge in Kleinserie zu produzieren. Der erhoffte Absatz durch Bestellung aus der Gaswirtschaft blieb aber aus, so dass die Serienproduktion eingestellt wurde [Edel (1998)].

Im Jahr 1998 ist weiterhin im Auftrag des BGW eine Marktpotentialstudie zu Erdgas im Verkehr von dem Beratungsunternehmen Roland Berger durchgeführt worden. Zur Markterschließung sind konzertierte Aktionen erforderlich, die, wie in Abb. 2.24 dargestellt, vom BGW koordiniert werden sollen [BGW, 1998 b].

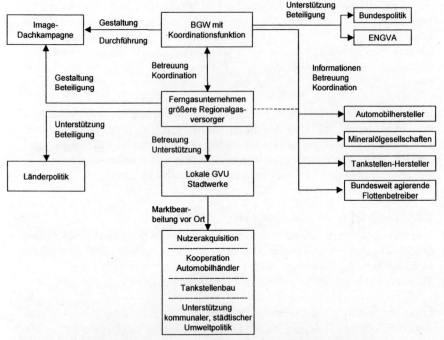

Abb. 2.24 Ablaufschema einer konzertierten Markterschließungsaktion nach Vorstellungen des BGW

2.4.5 Förderprogramme

Die im Folgenden dargestellten Fördermöglichkeiten stützten sich auf Unterlagen zum BGW-Seminar „Vertrieb Erdgasfahrzeuge" [BGW, 1998 a].

Im Rahmen des Thermie-Programms, das im Jahre 1998 auslief, stellte die EU auf Antrag Mittel zur Förderung von Technologien wie Erdgasfahrzeugen bereit, wenn es sich um eine neue, der Umwelt dienenden Technologie handelt. Das Thermie-Programm ist Teil des Jupiter 2 Programmes, von dem es ab 1999 eine Fortsetzung geben wird. Es ist abzuwarten, ob Erdgasfahrzeuge im Rahmen dieses Programmes weiter gefördert werden.

Auf Bundesebene gab es in den Jahren 1997/1998 einen vom Bundesumweltamt (BMU) eingerichtetem Förderetat mit dem Namen „Fördervorhaben des BMU zum modellhaften Einsatz von gasbetriebenen Fahrzeugen" in Höhe von 5 Mio. DM. Als „Modellstädte" wurden von den Bewerbern Augsburg, Usedom und Wernigerode ausgesucht.

Neben dem Bund haben auch sieben Bundesländer Förderetats bereitgestellt, die sich aber nur auf den öffentlichen Nahverkehr beziehen. Die Höhe der Förderung hängt dabei von der Entscheidung der Landes- oder Gemeindeebene ab und wird vom Bund nach dem Gemeindeverkehrsfinanzierungsgesetz gewährt.

Zusätzlich zu den staatlichen Subventionierungen gibt es derzeit über 30 Energieversorger und Gaslieferanten, die einen Zuschuss zur Anschaffung von Gasfahrzeugen gewähren. Der Zuschuß liegt in der Regel bei 3.000 DM, einige Unternehmen gewähren aber auch höhere Zuschüsse von bis zu 7.000 bis 10.000 DM pro Fahrzeug abhängig vom Fahrzeugtyp.

Abschließend ist zu erwähnen, dass die Deutsche Ausgleichsbank (DtA) im Rahmen ihres Umweltprogramms gewerblichen Unternehmen zinsgünstige Darlehen zur Anschaffung von Erdgasfahrzeugen gewährt, die zum Teil durch einen Zinszuschuß des BMU unterstützt werden.

2.4.6 Umsetzung der Ökosteuer

Europäische Vorschläge zur Ökosteuer
Am 10. Mai 1995 leitete die Europäische Kommission dem Ministerrat einen Vorschlag zur Einführung einer CO_2- und Energiesteuer zu [Heck, 1995]. Bis zum Jahr 2000 war den Mitgliedstaaten die Einführung von Ökosteuern freigestellt. Erst ab dem 1. Januar 2000 würden dann konkret festgelegte Steuersätze gelten. Diverse Ausnahmeregelungen waren für den Zeitraum ab dem Jahr 2000 berücksichtigt worden. Energieintensive, exportorientierte Unternehmen sollten in den Genuss von gestaffelten Ermäßigungen, Rückzahlungen und Anrechnungen von effizienzsteigernden Investitionen kommen. Trotzdem wurde auch dieser Vorschlag im Ministerrat nicht akzeptiert.

In einem erneuten Anlauf wurden die konkreten Steuersätze des vorherigen Vorschlags durch Mindestniveaus ersetzt, welche teilweise niedriger liegen als bereits geltende Steuersätze einzelner Mitgliedstaaten. Zur Vermeidung von Wettbewerbsnachteilen wurden Kataloge von obligatorischen und fakultativen Befreiungen aufgestellt. Die Forderung nach Aufkommensneutralität einer ökologischen Steuerreform wurde wiederum verstärkt, die Bedeutung der potentiellen Beschäftigungseffekte wurde explizit herausgearbeitet.

Auf den klaren Planungshorizont wurde weiterhin Wert gelegt. Allerdings beinhaltet der Vorschlag vorerst nur eine automatische Anhebung bis zum Jahr 2000, weitere Steigerungen sollen von den gemachten Erfahrungen abhängen. Auf Höchstsätze wurde verzichtet, um umweltpolitische Vorreiterschaft zu ermöglichen. Bis jetzt kam es zu keiner Verabschiedung der Vorschläge auf EU-Ebene.

Situation in Deutschland
In Deutschland basieren die umweltrelevanten Regelungen vor allem auf ordnungsrechtlichen Maßnahmen. Anfänglich wurden im Verkehrsbereich steuerliche Anreize zur Verwendung von schadstoffarmen Treibstoffen wie bleifreies Benzin und von Katalysatoren geschaffen [IISP, 1998]. Im folgenden wurde zusätzlich die Kfz-Steuer ökologisch reformiert, so dass sich der Kauf abgasarmer Fahrzeuge finanziell lohnt [Luhmann, 1997]. Obwohl in Deutschland die Diskussion um eine ökologische Steuerreform besonders intensiv geführt wurde, waren in bezug auf eine generelle ökologische Steuerreform in der Vergangenheit keine Ansätze zu einer Belastung des Energieverbrauchs bei gleichzeitiger Entlastung des Faktors Arbeit zu erkennen. Innerhalb der EU forcierte die deutsche Regierung eine verbindliche, gemeinschaftsweite Lösung, lehnt aber einen nationalen Alleingang strikt ab.

Ob durch die Einführung der Ökosteuer neben umweltpolitischen auch positive Auswirkungen auf den Arbeitsmarkt entstehen, wird zwischen Parteien, Wirtschaftsinstituten sowie Wirtschafts- und Umweltverbänden kontrovers diskutiert. Einen Überblick über Vorschläge zur CO_2- und Energiesteuer, die vor der Einführung der ersten Phase der Ökosteuer gemacht worden sind, zeigt die folgende Tabelle.

2 Marktchancen von neuen Treibstoffen – Systemanalyse als Ausgangspunkt

	Preisaufschlag in Pfennig							
	Benzin pro Liter		Heizöl pro Liter		Gas pro m³		Strom pro kWh	
	1. Jahr	5. Jahr	1. Jahr	5. Jahr	1. Jahr	5. Jahr	1. Jahr	5. Jahr
Dt. Institut für Wirtschaftsforschung (DIW) / Greenpeace (19949	2,1	12,0	2,2	12,9	2,0	11,5	0,6	3,4
Bundeswirtschaftsministerium (1995)	0,0	0,0	3,4	6,9	2,3	4,6	1,0	1,9
Grüne Bundestagsfraktion (1995)	50,0	170,0	5,0	19,0	4,0	16,0	2,0	7,0
SPD Bundestagsfraktion (1995)	10,0	20,0	4,0	8,0	3,5	7,0	2,0	3,0
Umweltverbände (DNR/BUND/NABU) (1997)	32,0	167,0	3,0	19,0	2,0	17,0	1,0	5,0
Förderverein Ökologische Steuerreform (1997)	11,0	64,0	3,0	18,0	4,0	22,0	2,0	10,0
EU-Kommission (1997)	0,0	0,8	0,0	0,0	0,0	1,4	0,2	0,6
Modell Panta Rhei, Universität Osnabrück (Version 1998)	3,0	29,0	4,0	4,0	2,0	24,0	0,5	5,0
DIW / Finanzwissenschaftliches Forschungsinstitut Köln (FiFo) (1998)	11,5	58,2	1,6	1,6	1,4	7,9	0,4	2,4

Tab. 2.23 Vorschläge zur Ökosteuer [Die Zeit, 1998]

Nach dem Regierungswechsel im Herbst 1998 zeichnete sich unter der neuen rot-grünen Regierung eine Trendwende zugunsten der Einführung einer Ökosteuer ab. So wurde im Verkehrsbereich beschlossen, eine zusätzliche Energiesteuer für Benzin und Diesel von 6 Pf/l ab dem Jahr 1999 einzuführen [Schiffer, 1998]. Um Erdgas als umweltfreundlichen Kraftstoff weiter zu verbreiten, wurde 1996 die Mineralölsteuer für Erdgas auf 1,87 Pf/kWh(H_o) für fünf Jahre gesenkt. Mit Einführung der Ökosteuer wurde der verminderte Steuersatz von Erdgas auf 1,98 Pf/kWh(H_o) angehoben aber gleichzeitig bis Ende des Jahres 2009 verlängert. Für Diesel und Benzin ist mit weiteren Anhebungen von insgesamt 24 Pf/l in den nächsten Jahren zu rechnen.

2.4.7 Zahlungsbereitschaft für Umweltschutz

Aufgrund der anfallenden Mehrkosten beim Erwerb von Erdgasfahrzeugen ist die Bereitschaft, für umweltfreundliche Produkte einen höheren Preis zu bezahlen, ein entscheidendes Kriterium bei der Einführung von Erdgas im Verkehr.

Nach einer repräsentativen Umfrage des Bundesumweltministeriums zum Umweltbewußtsein in Deutschland für das Jahr 1998 sind 19 % der Bevölkerung bereit, für einen besseren Umweltschutz höhere Steuern und Abgaben zu zahlen. Die Zahl der Befragten, die das Auto auf jeden Fall zu den wichtigsten Umweltsündern zählen, verringerte sich im Vergleich zu 1996 leicht von 47 % auf 40 %. Für eine Verteuerung des Autoverkehrs sprachen sich so auch nur noch

17 % (1996: 24 %) der Befragten aus [Umwelt, 1998, S. 327/328]. In der Realität ist der Anteil der Bevölkerung, der zu Mehrkosten bereit wäre, wesentlich geringer, da die geäußerte Einstellung zum Umweltschutz und das tatsächliche Verhalten stark divergieren [Hammann, 1994].

2.4.8 Aktivitäten der swb AG in Bremen

In Kooperation mit der Deutschen Shell hat die swb AG im Jahr 1996 die erste öffentliche Erdgastankstelle in Bremen eröffnet. An den zwei Abnahmestellen der Tankstelle, die 24 Stunden geöffnet ist, können stündlich insgesamt bis zu 15 Pkw oder Transporter betankt werden. Für den Bau der ersten Tankstellen setzte die swb AG ca. 500 TDM ein, die durch Fördermittel des Umweltbundesamtes in Höhe von ca. 330 TDM aufgestockt wurden. Um eine flächendeckende Versorgung in Bremen zu gewährleisten, müssen mindestens noch zwei Tankstellen errichtet werden. Die Bereitstellung der benötigten Infrastruktur ist dann auch die Hauptaufgabe, der sich die swb AG stellen will.

Um die Einführung von Erdgasfahrzeugen in Bremen zu beschleunigen, hat die swb AG ein Förderprogramm für die Anschaffung von CNG-Fahrzeugen initiiert, bei dem jedes Fahrzeug mit 3.000 DM bezuschusst wird. Voraussetzung für die Förderung ist, dass das Fahrzeug in Bremen gemeldet wird oder überwiegend eingesetzt wird. Für die nächsten ein bis zwei Jahre sind weitere Marketing- und Förderprogramme angedacht. Außerdem sind für die Anschaffung von Erdgasfahrzeugen im eigenen Fuhrpark bis zum Jahr 2000 weitere Mittel eingeplant.

Für den Abgabepreis für CNG wurde in Bremen anfänglich eine Hochpreispolitik verfolgt. Nachdem der Dieselpreis in den letzten Jahren stark gefallen war, wurde der Erdgaspreis auf 1,19 DM/kg gesenkt. Im Jahr 1998 hat man sich bei der swb AG im Einvernehmen mit der Deutschen Shell auf einen Einführungspreis für Erdgas geeinigt, wodurch CNG mit 1,00 DM/kg angeboten wurde. Bei Preissteigerungen wird zukünftig der ausgewiesene CNG-Preis je kg mindestens 15 % niedriger als der ausgewiesene Dieselpreis sein.

2.5 Ergebnisse der Systemanalyse

Die technischen, infrastrukturellen, ökologischen sowie ökonomischen Gesichtspunkte konventioneller und alternativer Antriebe mit ihren Vor- und Nachteilen sowie Randbedingungen wurden dargestellt. Zudem wurde der Systemvergleich durch die Darstellung der Aktivitäten der swb AG in diesem Bereich ergänzt. Am Beispiel des VW Golf wurde zusätzlich unter Einbeziehung der vorgelagerten Prozessketten zur Kraftstoffbereitstellung eine Prozesskettenanalyse für heutige und zukünftige Antriebe vorgenommen.

Der kurze Überblick über die infrastrukturellen Systemparameter zeigt, dass bis heute keiner der alternativen Antriebe im Straßenverkehr eine relevante Rolle spielt und die dazugehörige Infrastruktur unzureichend ausgebaut ist (Tab. 2.24).

Antrieb	Fahrzeugbestand Pkw/ Transporter	Bus/ Lkw	Anzahl an öffentlichen Tankstellen	Abgabepreis an Tankstelle (Jahresmittel'98)
Diesel	5 Mil	2,2 Mil	18.300	1,14 DM/l
Benzin	34,9 Mil	-	18.300	1,54 DM/l
LPG	3.500	< 100	93	0,96 DM/l
Erdgas	3.500	< 200	ca. 100	1,09 DM/kg
RME	-*	-*	ca. 800	1,15 DM/l
Elektro	4.000	150	< 150	-*
Hybrid	-*	< 10	**	**

* Es liegt keine Statistik vor, ** siehe Diesel und Benzin

Tab. 2.24 Systemparameter heute verfügbarer Fahrzeuge in Deutschland; Stand 1998

2.5.1 Beurteilung der Nutzerinteressen „heutige Antriebe"

Nutzerinteressen	Benzin	Diesel	LPG	RME	CNG	Batter. Elektr.
Reichweite	•	+	•	•	-	---
Geschwindigkeit	•	•	-	•	-	--
Beschleunigung	•	•	-	-	-	--
Fahrkomfort	•	•	•	•	•	•
Zuladung	•	•	-	•	-	--
Sicherheit	•	•	•	•	•	•
Zuverlässigkeit	•	•	•	•	•	-
Infrastruktur	•	•	-	•	-	-
Fahrzeugangebot	•	•	-	•	-	-
Betriebskosten	•	•	+	•	+	++
Anschaffungskosten*	•	•	-	•	--	---
Entwicklungsstand	hoch	sehr hoch	mittel	hoch	mittel	niedrig

• = wie Benzin - = etwas schlechter -- = schlechter --- = sehr viel schlechte
+= etwas besser + = besser ++ = sehr viel besser *inkl. Batteriekosten

Tab. 2.25 Vor- und Nachteile der Antriebe bei den Nutzerinteressen

2 Marktchancen von neuen Treibstoffen – Systemanalyse als Ausgangspunkt

Nach der Auswertung der Ergebnisse zeigt sich, dass bis auf den Diesel mit Rapsölmethylester (RME) für alle anderen untersuchten alternativen Antriebe Einbußen für den Fahrzeugnutzer entstehen. Es zeigt sich, dass bei den für die alltägliche Nutzung der Fahrzeuge wichtigen Punkten wie Reichweite, Höchstgeschwindigkeit und der Zuladung sich erhebliche Einschränkungen für Elektrofahrzeuge mit Sekundärbatterie ergeben. Für CNG sind die Beschränkungen geringer. Sie engen aber dennoch die Nutzung der Fahrzeuge ein. Weitere Restriktionen ergeben sich dadurch, dass bis heute für fast alle alternativen Antriebe kein flächendeckendes Netz an Tankstellen, Wartungs- und Reparaturwerkstätten besteht. Bei den Kraftstoffen bildet RME mit über 800 öffentlichen Tankstellen im Bundesgebiet eine Ausnahme. Für Elektrofahrzeuge bietet sich zusätzlich zu öffentlichen Schnellladestationen häufig die Möglichkeit der häuslichen Aufladung, wodurch das Fehlen einer öffentlichen Ladeinfrastruktur an Bedeutung verliert.

Bei der Beurteilung der Wirtschaftlichkeit (Fahrzeugangebot, Betriebskosten und Anschaffungskosten) lässt sich sagen, dass die Betriebswirtschaftlichkeit von allen Alternativantrieben ohne Zuschüsse oder Vergünstigungen im Vergleich zu konventionellen Fahrzeugen zum heutigen Zeitpunkt nur in Ausnahmefällen erreicht wird. Hier muss für jeden Anwendungsfall ein Vollkostenvergleich unter Einbeziehung der Rahmenbedingungen durchgeführt werden. Eine Wirtschaftlichkeit wird heute am ehesten für RME, LPG und CNG erreicht, wobei festzustellen ist, dass der LPG-Antrieb in Deutschland von Werkstätten und Nutzern wegen Sicherheitsbedenken (erhöhtes Explosionsrisiko) nicht auf breiter Front angenommen wird. Dass RME zu gleichen Preisen wie Diesel angeboten werden kann, liegt daran, dass es bis heute aus agrarpolitischen Gründen subventioniert wird. Hinzu kommt, dass RME als Treibstoff von der Mineralölsteuer befreit ist und die Umrüstkosten von Dieselmotoren auf RME-Betrieb mit einigen hundert Deutschen Mark sehr niedrig liegen.

2.5.2 Beurteilung der umwelt- und gesellschaftlichen Interessen „heutige Antriebe"

Umwelt- und gesellschaftliche Interessen	Benzin	Diesel	LPG	RME	CNG	Batter. Elektr.
Ressourcen	•	•	-	--	+	+
Primärenergieverbrauch	•	+	+	+	+	+/-[2]
klimarelevante Emissionen	•	•	+/-[3]	+	+/-[3]	+/-[2]
lokale Schadstoffemissionen	•	•	+	•	++	+++
lokale Geräuschemissionen	•	•	•	•	+	+

[1]Abhängig vom Erzeugungspfad [2]Abhängig vom Stromerzeugungsmix [3]Abhängig vom Motorkonzept
• = wie Benzin   - = etwas schlechter   -- = schlechter   --- = sehr viel schlechter
/ = nicht zu bewerten   + = etwas besser   + = besser   ++ = sehr viel besser

Tab. 2.26 Vor- und Nachteile der Antriebe bei den Umwelt- und gesellschaftlichen Interessen

Die Reichweite der Energievorräte und die mengenmäßige Verfügbarkeit der Endenergieträger werden hier gemeinsam als „Ressource" bewertet. Die Verfügbarkeit von LPG ist, da es sich um ein Kuppelprodukt handelt, eingeschränkt. Durch die begrenzten Anbauflächen von Raps ist das Potential für RME ebenfalls gering und liegt etwa bei 5 % des heutigen Absatzes an Dieselkraftstoff. Erdgas wird aufgrund seiner großen weltweiten Reserven besser bewertet. Das gleiche gilt für die Versorgung von Elektrofahrzeugen, die bedingt durch die Diversifikation der Stromerzeugung als gesichert angesehen werden kann.

Neben dem Primärenergieverbrauch werden die sich hieraus ergebenden spezifischen lokalen und globalen (klimarelevanten) Emissionen dargestellt. Die Stärken aller alternativen Antriebe liegen dann auch bei der Reduktion insbesondere von lokalen Emissionen. Elektrofahrzeuge zeichnen sich unbestritten bei den lokalen Emissionen als „Fast-Null-Emittenten" aus. Sie sind keine „Null-Emittenten", weil durch die Zusatzheizung mit Benzin oder Diesel dennoch geringe Mengen an Schadstoffen entstehen. Neben Elektrofahrzeugen bieten besonders Erdgasfahrzeuge die Möglichkeit, lokal wirkende Emissionen zu vermindern. Ein ähnliches Bild zeigt sich bei den Geräuschemissionen, die bei Elektro- und Erdgasfahrzeugen zu einer deutlichen Verbesserung der Situation führen. Bei der Reduktion klimarelevanter Gase ist in vielen Fällen keine eindeutige Aussage möglich.

2 Marktchancen von neuen Treibstoffen – Systemanalyse als Ausgangspunkt

Bis auf RME-Fahrzeuge, die generell zu Verminderungen von Treibhausgasen führen, sind bei fast allen Antrieben die Abhängigkeiten vom Erzeugungspfad und vom gewählten Motorkonzept so groß, dass es sowohl zu Reduktionen als auch zu einer Erhöhung der Emissionen kommen kann. Das Fazit daraus kann nur sein, dass die Reduktion der Treibhausgase nur in Ausnahmefällen als Begründung für die Einführung von alternativen Antriebe geeignet ist.

2.5.3 Beurteilung der Nutzerinteressen „zukünftige Antriebe"

Nutzerinteressen	Benzin	Diesel	LPG	RME	CNG/LNG	H_2	Batter. Elektr.	BZ Elektr.	Zink/O_2 Elektr.	Hybrid
Reichweite	•	+	•	•	-	-	--	•	•	•
Geschwindigkeit	•	•	-	•	-	-	--	-	-	•
Beschleunigung	•	•	-	-	•	-	--	-	-	-
Fahrkomfort	•	•	•	•	•	•	•	•	•	•
Zuladung	•	•	•	•	•	•	--	-	-	-
Sicherheit	•	•	-	•	•	•	•	•	•	•
Zuverlässigkeit	•	•	•	•	•	•	•	/	/	•
Betriebskosten	•	•	+	•	+	-	++	+	/	•
Anschaff.kosten*	•	•	-	•	-	--	--	/	/	-

• = wie Benzin   - = etwas schlechter   -- = schlechter   --- = sehr viel schlechter
+ = etwas besser   + = besser   ++ = sehr viel besser
BZ: Brennstoffzelle / = nicht zu bewerten   *inkl. Batterie

Tab. 2.27 Vor- und Nachteile der Antriebe bei den Nutzerinteressen

Es zeigt sich, dass die Reichweite und die Höchstgeschwindigkeit für Elektrofahrzeuge aufgrund der erwarteten Fortschritte bei der Batterietechnologie verbessert werden könnten, wodurch die Nutzungsbeschränkungen heutiger E-Mobile teilweise aufgehoben werden. Fahrzeuge mit Wasserstoffverbrennungsmotor bieten sich nur bedingt als zukünftige Alternative an, da Wasserstoff in Brennstoffzellen-Fahrzeugen weit effizienter genutzt werden kann. Hybridfahrzeuge haben gegenüber Elektrofahrzeugen den Vorteil, dass die Reichweite gegenüber konventionellen Fahrzeugen nicht nennenswert eingeschränkt ist. Über die Entwicklung der Betankungsinfrastruktur ist bei keinem alternativen Antriebssystem eine gesicherte Aussage möglich. Für die nahe Zukunft ist aber aufgrund des Engagements der Gasindustrie besonders für Erdgasfahrzeuge mit einem zunehmenden Ausbau der Infrastruktur zu rechnen. Der Trend zur Abnahme der LPG-Tankstellen scheint nach Angaben des DVFG Anfang 1997 ebenfalls gebrochen worden zu sein [Gspandl,1997].

2 Marktchancen von neuen Treibstoffen – Systemanalyse als Ausgangspunkt

Bei der Beurteilung der Wirtschaftlichkeit (Fahrzeugangebot, Betriebskosten und Anschaffungskosten) lässt sich sagen, dass diese von allen Alternativantrieben in der Zukunft von den Fertigungskosten der Serienproduktion und der Preisentwicklung des Mineralöls abhängen wird. Durch die heutige starke Preisbindung des Erdgases am Rohölpreis könnte sich Erdgas mittelfristig ebenfalls verteuern. Auf der anderen Seite könnte sich im Zuge der Liberalisierung der Erdgaspreis vom Rohölpreis weiter entkoppeln und unter Umständen sogar wie in Großbritannien sinken.

2.5.4 Beurteilung der umwelt- und gesellschaftlichen Interessen „zukünftige Antriebe"

Umwelt- und gesellschaftliche Interessen	Benzin	Diesel	LPG	RME	CNG/LNG	H_2	Batter. Elektr.	BZ Elektr.	Zink/O_2 Elekt.	Hybrid
Ressourcen	•	•	-	--	+	$+/-^1$	++	$+/-^1$	++	++
Primärenergieverbrauch	•	+	-	+	-	$+/-^1$	$+/-^2$	$+/-^1$	$+/-^2$	+
klimarelevante Emissionen	•	•	$+/-^3$	+	$+/-^3$	$+/-^1$	$+/-^2$	$+/-^1$	$+/-^2$	+
lokale Schadstoffemissionen	•	•	+	•	++	++	+++	+++	+++	++
lokale Geräuschemissionen	•	•	•	•	+	•	++	+	+	+

[1]Abhängig vom Erzeugungspfad [2]Abhängig v. Erzeugungsmix [3]Abhängig v. Motorkonzept
BZ: Brennstoffzelle
• = wie Benzin   - = etwas schlechter   -- = schlechter   --- = sehr viel schlechter
   += etwas besser   ++ = besser   +++ = sehr viel besser

Tab. 2.28 Vor- und Nachteile der Antriebe bei den Umwelt- und gesellschaftlichen Interessen

Für die Beurteilung der umwelt- und gesellschaftlichen Interessen sind dieselben Gesichtspunkte wie in der Betrachtung „heutige Antriebe" berücksichtigt worden. Bei Wasserstoff und Methanol, die als Sekundärenergieträger erst erzeugt werden müssen, hängen die Versorgungssicherheit und -kapazitäten stark vom Erzeugungspfad ab, so dass keine eindeutige Aussage gemacht werden kann.

Die Stärken aller alternativen Antriebe liegen wie bei der Betrachtung „heutige Antriebe" ebenfalls bei der Reduktion von Emissionen, insbesondere bei den lokal wirkenden. Elektrofahrzeuge zeichnen sich bei den lokalen Emissionen in Zukunft als „Null-Emittenten" aus, da zukünftige Elektrofahrzeuge mit einer sparsamen elektrischen Klimaanlage ausgerüstet würden. Auch bei den

Geräuschemissionen wird sich das Bild im Vergleich zum heutigen Antrieben nicht nennenswert ändern.

Bei der Reduktion klimarelevanter Gase und des Primärenergieverbrauchs zeigt sich abermals die große Abhängigkeit vom Erzeugungspfad. Eine Produktion von Wasserstoff oder Methanol aus Erdgas in der Bundesrepublik ist hierbei als kritisch zu betrachten. Eine Wasserstoffproduktion aus Wasserkraft in Kanada bietet in Hinblick auf diese Gesichtspunkte dagegen eine anzustrebende Alternative.

2.5.5 Konsequenzen der Ergebnisse für die Marktchancen von EVU

Für batteriebetriebene Elektrofahrzeuge zeichnet sich aufgrund der fehlenden Wirtschaftlichkeit und erheblicher Nutzungsbeschränkungen wie mangelnder Reichweite sowie fehlender Zuladung keine Marktchancen ab. Von einem Engagement zur Vermarktung von Strom für den Straßenverkehr ist abzuraten.

Die Analyse zeigt aber, dass besonders aufgrund der Steuerpolitik (Ökosteuer, Mineralölsteuerermäßigung für Erdgas) sowie der Umweltgesetzgebung (Immissionsschutzgesetz und EU-Abgasnormen) derzeit von der politischen Seite eine gute Ausgangssituation für Erdgasfahrzeuge geschaffen wird. Zusätzlich werden für Erdgasfahrzeuge Förderprogramme, unterstützt durch Lobbyarbeit des BGW, angeboten, um ihre Marktpenetration zu verbessern.

Die swb AG hat dies frühzeitig erkannt und durch den Bau einer Erdgastankstelle, Bereitstellung von Fördergeldern sowie der Umstellung der eigenen Flotte auf Erdgasfahrzeuge mit der Markterschließung begonnen. Das Unternehmen steht wie viele andere EVU nun vor der Entscheidung, ob es unter wirtschaftlichen Aspekten interessant ist, die Betankungsinfrastruktur zur Vermarktung von Erdgas als Treibstoff weiter auszubauen oder die Marktentwicklung eher passiv weiterzuverfolgen.

3 Rahmendaten für die Beurteilung der Marktchancen von EVU am Fallbeispiel der swb AG

3.1 Vorgehensweise zur Vorbereitung der Szenarioerstellung

Im Kapitel 2 wurde ausgeführt, dass aus der Sicht eines EVU nur die Vermarktung von Erdgas als Treibstoff im Straßenverkehr eine sinnvolle Möglichkeit darstellt. Ziel dieser Arbeit ist es, die Marktchancen von Erdgas im Treibstoffmarkt als Antwort auf die stagnierenden Märkte im Stammgeschäft zu identifizieren und abzuschätzen.

Die Wettbewerbspositionierung von EVU liegt dabei sicher in der Betankungsinfrastruktur und deren Belieferung mit Erdgas. Zusätzlich kann durch das Engagement ein Beitrag zur umweltfreundlichen Mobilität geleistet werden.

Im Folgenden wird nun das Untersuchungsfeld aus der Sicht eines EVU - der swb AG - analysiert und erste Rahmenbedingungen für eine Markterschließung erarbeitet. Für die Durchführung der Aufgabenanalyse werden abhängig von den zu bearbeitenden Themen interdisziplinäre Teams gebildet, die sich aus den Bereichen Marketing, Vertrieb, Kfz-Wesen, Umweltschutz und Unternehmensentwicklung der swb AG zusammensetzen, um die gewünschte Ideen- und Bewertungsvielfalt des Untersuchungsfeld zu erreichen.

3.2 Aufgabenanalyse

Es wird für das Untersuchungsfeld „Marktchancen von EVU im Treibstoffmarkt" beispielhaft die derzeitige Unternehmenssituation der swb AG und die Situation des Treibstoffmarkts im Straßenverkehrssektors vorgestellt. Im Anschluss daran wird zur weiteren Konkretisierung eine Wirtschaftlichkeitsanalyse aus Sicht des Fahrzeugnutzers und eine Marktbefragung durchgeführt, um das Untersuchungsfeld zu konkretisieren und abzugrenzen.

3.2.1 Problemstellung und Zielformulierung

Die swb AG ist ein städtischer und zum Teil regionaler Energieversorger in den Bereichen Strom, Gas und Wasser und ist nicht am ÖPNV in Bremen beteiligt. Durch die Strombelieferung der bremischen Straßenbahn haben sie aber schon langjährige Erfahrungen in einem Teilbereich dieses Marktes.

Wie die Abb. 3.1. zeigt, ist im konventionellen Absatzmarkt für Erdgas heute noch, abgesehen von klimabedingten Schwankungen, ein Zuwachs zu erkennen. In naher Zukunft wird aber mit einer Sättigung gerechnet, da in Bremen wie in vielen anderen Städten das Potential zur Umstellung von Öl- auf Gasheizungen im Wohnungsbereich erschöpft sein wird.

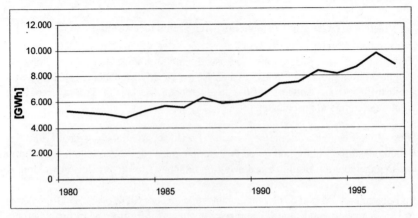

Abb. 3.1 Entwicklung des Erdgasabsatzes in Bremen [nach swb AG]

Weiteres Motiv für die Erschließung des Treibstoffmarkts ist die Liberalisierung der Energiemärkte, die die swb AG veranlasst, sich dem neuen Wettbewerb durch vielfältige Aktivitäten und Optimierungsmaßnahmen zu stellen (Abb. 3.2).

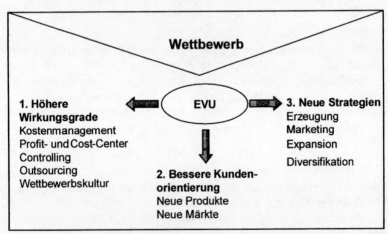

Abb. 3.2 Neue Wettbewerbsherausforderungen an EVU [nach swb AG]

So hat das Unternehmen begonnen, sich in Norddeutschland als Infrastrukturdienstleister zu positionieren und ausgehend von ihrem

3 Rahmendaten für die Beurteilung der Marktchancen von EVU am Fallbeispiel der swb AG

Stammgeschäft - Strom, Gas und Wasser - neue Geschäftsfelder wie Telekommunikation, Entsorgung, Abwasser oder den Treibstoffmarkt auszubauen. Neue Absatzmärkte für Erdgas im Treibstoffmarkt bieten dabei die Möglichkeit, den Absatz in Bremen zu verdichten und sogar in die Umlandregion hinein auszubauen (siehe Abb. 3.3).

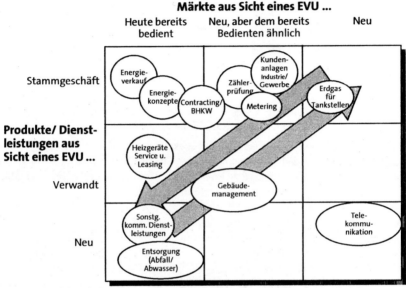

Abb. 3.3 Neue Geschäftsfelder aus Sicht eines EVU [nach swb AG]

Neben rein wirtschaftlichen Überlegungen bieten Erdgasfahrzeuge die Möglichkeit zum aktiven Umweltschutz, da sie erhebliche Umweltvorteile mit sich bringen. So hat die fortschreitende Motorisierung des Straßenverkehrs in den letzten Jahren zu erheblichen Schadstoffemissionen geführt. Der motorisierte Individualverkehr (MIV) und der zunehmende Güterstraßenverkehr haben zu schwerwiegenden Umweltproblemen wie Waldsterben, Sommersmog und zu einer Verschärfung der Treibhausproblematik beigetragen. Wie man in Abb. 3.4 erkennt, ist der Anteil des Straßenverkehrs an den Gesamtemissionen in Deutschland weiterhin erheblich.

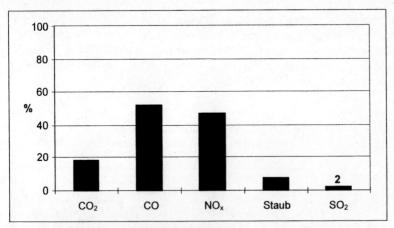

Abb. 3.4 Prozentualer Anteil des Straßenverkehrs an Schadstoffemissionen in Deutschland für das Jahr 1997 [BMWi, 1999]

Durch die Einführung von Fahrzeugkatalysatoren, Reduzierung des Kraftstoffverbrauchs und Verbesserungen der Kraftstoffzusammensetzung kam es zu einer ersten Reduzierung der Emissionen. Dem steht aber ein weiterhin dynamisches Wachstum der Zulassungen entgegen.

Dass diese Umweltproblematik nicht allein mit der serienmäßigen Einführung von geregelten Katalysatoren beendet werden konnte, zeigt ein Beispiel aus Kalifornien. So kam es trotz verschärfter Emissionsvorschriften im South Coast Air Basin mit den Bezirken Los Angeles, Orange County, San Bernadino und Riverside im Jahre 1995 an 153 Tagen zu einer Überschreitung der bundesstaatlichen Ozongrenzwerte. Eine Maßnahme, dieser Entwicklung entgegenzuwirken, war dann auch dort die Einführung und Förderung von alternativen Antrieben wie Elektro-, Erdgas- oder Flüssiggasfahrzeugen [Erdmann, Wiesenberg, 1998].

Der Einsatz von Erdgasfahrzeugen umfaßt mehrere mögliche Nutzergruppen. Maßgebend ist dabei, dass die Fahrzeuge überwiegend im Stadtgebiet eingesetzt werden sollten, da auch bis zum Jahr 2002 mit keiner ausreichenden Betankungsinfrastruktur in Deutschland zu rechnen ist und bei bivalenten Fahrzeugen die wirtschaftliche Vorteile durch die mögliche Betankung mit Benzin aufgehoben würden.

Als Zielgruppe ergeben sich überwiegend Flotten des innerstädtischen Wirtschaftsverkehrs:

3 Rahmendaten für die Beurteilung der Marktchancen von EVU am Fallbeispiel der swb AG

- Serviceflotten
  - swb AG
  - Gasversorger, Gemeinden und Städte des Umlands
  - Marktpartner der swb AG (Installations- und Heizungshandwerk)
- Entsorgungsunternehmen
- Busse des ÖPNV
- Paketdienst/Versandhandel
- Taxiunternehmen
- Unternehmen ohne Erwerbscharakter (z. B. Malteser Hilfsdienst)
- Private Nutzer
- Autovermieter/CarSharing-Unternehmen

3.2.2 Wirtschaftlichkeitsanalyse von Erdgasfahrzeugen

Für die genannten Nutzergruppen sind einsatztaugliche Erdgasantriebe für Pkw, Lieferfahrzeuge, Transporter, Müllfahrzeuge, Verteiler-Lkw und Busse vorhanden. Ausschlaggebender Punkt für den Einsatz oder Nichteinsatz von Erdgasfahrzeugen ist daher bei den Nutzern neben einer ausreichenden Betankungsinfrastruktur die Wirtschaftlichkeit der Fahrzeuge gegenüber Diesel- oder Benzinfahrzeugen. Um das Gestaltungsfeld weiter einzugrenzen und die entscheidenden Zielgruppen zu identifizieren, wurde eine umfangreiche Wirtschaftlichkeitsanalyse durchgeführt. Zu diesem Zweck wurde die Software **EMWIFA** 1.2 (**EM**issionen und **WI**rtschaftlichkeit von **FA**hrzeugen) entwickelt [Wiesenberg, (1997)]. Mit dem Programm ist es möglich, Wirtschaftlichkeits- und Emissionsdaten von Alternativantrieben mit konventionellen Fahrzeugen zu vergleichen. Das Programm beinhaltet zusätzlich eine Datenbank, in der Fahrzeugdaten von über 80 Erdgas-, Diesel- und Benzinfahrzeugen abgelegt sind. Als Grundlage des Wirtschaftlichkeitsvergleichs gehen folgende Faktoren in die Berechnungen ein:

- Anschaffungskosten
- Kraftstoffpreise
- Kraftstoffverbrauch
- Jährliche Kilometerleistung
- Nutzungsdauer (Pkw und Transporter: 5 a; Busse und Lkw: 10 a)
- Restwert der Fahrzeuge (Pkw und Transporter: 40 %; Busse und Lkw: 0 %)
- Kfz-Steuer und Versicherung

In Hinblick auf den Stadt- und Regionalverkehr wurden für die Analyse folgende Fahrzeugklassen definiert:

3 Rahmendaten für die Beurteilung der Marktchancen von EVU am Fallbeispiel der swb AG

Fahrzeuge zur Personenbeförderung

Stadt-Pkw: Kompaktklasse - entspricht üblichem Zweitwagen deutscher Haushalte.

Groß-Pkw: Entspricht typischen Mittelklassewagen.

Stadtbus: Zur Personenbeförderung von mehr als 8 Personen, deren Fahrzeuggesamtgewicht über 5 t liegt. Repräsentativ sei hier der Bus mit einem Gesamtgewicht von 18 t genannt. 75 % aller im öffentlichen Personennahverkehr (ÖPNV) eingesetzten Busse liegen in diesem Bereich.

Gütertransport

Lieferfahrzeuge: Zur Beförderung und Verteilung von Gütern, deren Fahrzeuggesamtgewicht 2,8 t nicht überschreitet.

Transporter: Zur Beförderung und Verteilung von Gütern, deren Fahrzeuggesamtgewicht 5 t nicht überschreitet.

Stadt-Lkw: Zur Güterbeförderung und -verteilung, deren Fahrzeuggesamtgewicht 12 t nicht übersteigt.

Müllfahrzeug: Steht repräsentativ für Müllfahrzeuge und weitere Sonderfahrzeuge, die im Straßenverkehr durch ihren besonderen Fahrzyklus und den Betrieb von leistungsintensiven Nebenaggregaten in keine der oben aufgeführten Fahrzeugklassen paßt.

Die einzelnen auf dem Markt erhältlichen Erdgasfahrzeuge wurden diesen Klassen zugeordnet und für jedes einzelne Fahrzeug ein Wirtschaftlichkeitsvergleich mit dem EDV-Programm EMWIFA durchgeführt.

Es wurde davon ausgegangen, dass Lieferfahrzeuge, Pkw und Transporter an öffentlichen Tankstellen tanken und Müllfahrzeuge und Busse an Betriebstankstellen betankt werden.

Der Abgabepreis an öffentlichen Tankstellen wurde dabei in der Grundvariante wie folgt festgesetzt (siehe Tabelle 3.1)

3 Rahmendaten für die Beurteilung der Marktchancen von EVU am Fallbeispiel der swb AG

	Abgabepreis	
Erdgas	10,0 Pf/kWh	119 Pf/kg
Normalbenzin	17,4 Pf/kWh	153 Pf/l
Superbenzin	18,0 Pf/kWh	158 Pf/l
Diesel	11,7 Pf/kWh	115 Pf/l

Tab. 3.1 Abgabepreise der Kraftstoffe

Bei einer Sensitivitätsanalyse wurde untersucht, inwieweit eine Preisreduzierung für Erdgas von 20 Pf/kg und 40 Pf/kg sowie eine Bezuschussung der Anschaffungskosten von 3.000 DM und 6.000 DM bei Lieferfahrzeugen, Pkw und Transportern Auswirkungen auf die Wirtschaftlichkeit von Erdgasfahrzeugen hat.

Für die Wirtschaftlichkeitsrechnung von Stadt-Lkw und Bussen wurde angenommen, dass die Flottenbetreiber die Betriebstankstellen betreiben, um den Vorteil geringerer Gaspreise im Vergleich zu der öffentlichen Tankstelle zu nutzen. Als Bezugspreis ergibt sich für ein kg Erdgas (Dichte 0,79 kg/Nm^3, Brennwert 9,89 kWh/Nm^3):

Erdgasbereitstellungspreis[1] 4,19Pf/kWh (H_o) (netto)
<u>Mineralölsteuersatz   1,87Pf/ kWh (H_o)</u>
Gesamt   6,06Pf/ kWh (H_o) = 59,93 Pf/ Nm^3 (H_o) = **<u>76 Pf/kg</u>**

Des Weiteren entstehen durch den Bau sowie den Betrieb der Tankstelle und dem Betrieb der Erdgasbusse und Lkw zusätzliche Kosten im Vergleich zu Dieselfahrzeugen. In einer Diplomarbeit wurden derartige Kosten von bestehenden sowie projektierten Anlagen und Flotten ausgewertet. Aus der Analyse ergaben sich folgende jährliche Zusatzkosten je Fahrzeug [Höher, 1997]:

	Busflotte (100 Fhz)	Stadt-Lkw (30 Fhz)
Wartungskosten für Fahrzeuge (inkl. TÜV)	2.000 DM/(Fhz a)	2.000 DM/(Fhz a)
Investitionskosten der Tankstelle	400 DM/(Fhz a)	970 DM/(Fhz a)
Wartung/Instandhaltung der Tankstelle	1.420 DM/(Fhz a)	1.000 DM/(Fhz a)
Gesamt	**3.820DM/(Fhz a)**	**3.970 DM/(Fhz a)**

Tab. 3.2 Zusatzkosten von Stadt-Lkw und Bussen im Erdgasbetrieb bei Nutzung einer Betriebstankstelle im Vergleich zu Dieselfahrzeugen mit Betriebstankstelle [Höher, 1997]

---

[1] Auf Grundlage des Arbeitspreises für Sondervertragskunden (1998) in Bremen von 41,5 Pf/Nm^3.

Zusätzlich ergibt sich bei umgerüsteten Dieselmotoren im Erdgasbetrieb ein durchschnittlicher energetischer Mehrverbrauch von ca. 25%. Für die Lkw und Busse wird eine Sensitivitätsanalyse durchgeführt, bei der die Auswirkungen einer Preisreduzierung für Erdgas von 20 Pf/kg und 30 Pf/kg sowie einer Bezuschussung der Anschaffungskosten von 20.000 DM und 40.000 DM untersucht werden.

3.2.3 Ergebnisse der Wirtschaftlichkeitsanalyse

Um die Wirtschaftlichkeit in den einzelnen Fahrzeugklassen allgemein darzustellen, werden die Einzelergebnisse in jeder Klasse zu einem Mittelwert zusammengefaßt. Stadt-Lkw und Müllfahrzeuge werden für den Vergleich zusammen dargestellt, da sie auf gleichem Fahrgestell sowie Motor basieren und somit die Mehrkosten annähernd gleich sind. Eine grafische Darstellung der Einzelergebnisse ist in Anhang A wiedergegeben.

Die Analyse ergibt, dass Fahrzeuge der Klassen Stadt-Pkw, Groß-Pkw, Lieferfahrzeuge und Transporter ein vergleichbares Bild aufweisen. Im Vergleich zu Benzinfahrzeugen wird ab einer jährlichen Fahrleistung von 20.000 km/a bis 30.000 km/a ein wirtschaftlicher Betrieb von Erdgasfahrzeugen möglich. Durch eine Bezuschussung der Anschaffungskosten in Höhe von 3.000 DM oder eine Erdgaspreissenkung auf einen Endpreis von 79 Pf/kg wird die Wirtschaftlichkeit bereits zwischen 15.000 km/a und 20.000 km/a erreicht.

Stellt man die Erdgasfahrzeuge den Dieselfahrzeugen gegenüber, ergeben sich leichte jährliche Mehrkosten von bis zu 300 DM/a bei Lieferfahrzeugen und Stadt-Pkw sowie von bis zu 1.300 DM/a bei Groß-Pkw und Transportern. Eine wirtschaftlicher Betrieb für praxisrelevante Jahresfahrleistungen von 15.000 km/a bis 25.000 km/a ist bei Groß-Pkw und Transportern aufgrund der dominierenden Mehrkosten der Anschaffung nicht durch eine Reduzierungen des Erdgaspreises zu erreichen, sondern nur durch Bezuschussung von mehr als 3.000 DM.

Anders sieht die Situation bei Stadtbussen und Müllfahrzeugen/Stadt-Lkw aus. Hier ergeben sich in der Grundvariante jährliche Mehrkosten von rund 10.000 DM/a. Nur durch eine Preisreduzierung von 76 Pf/kg auf 46 Pf/kg wird der Einsatz von Erdgasbussen bei 66.000 km/a und bei Müllfahrzeugen/Stadt-Lkw bei 46.000 km/a wirtschaftlich.

Linienbusse haben eine durchschnittliche Tagesfahrleistung von 200 km und verkehren an rund 300 Tagen im Jahr [Brunnert, 1997]. Für ihre Jahresfahrleistung von 60.000 km ist somit kein wirtschaftlicher Betrieb zu erreichen. Das gleiche gilt für Stadt-Lkw und Müllfahrzeugen deren

3 Rahmendaten für die Beurteilung der Marktchancen von EVU am Fallbeispiel der swb AG

Jahresfahrleistungen zwischen 20.000 und 40.000 km/a liegen. Hierbei ist für die Müllfahrzeuge, der Verbrauch für den Nebenabtrieb (Kippvorrichtung / Müllverdichter) noch nicht berücksichtigt. Erst durch eine Subventionierung mit gleichzeitigem Preisnachlass würden Stadt-Lkw und Busse für den Betreiber rentabel.

Der Betrieb von Stadtbussen sowie Müllfahrzeugen/Stadt-Lkw bietet heute also keinen wirtschaftlichen Vorteil. Da die marktführenden Hersteller dieser Fahrzeugklassen keine neuen effizienteren Erdgasmotoren entwickeln, ist auch zukünftig nicht mit einem wirtschaftlichen Betrieb zu rechnen. Aufgrund der fehlenden Wirtschaftlichkeit werden diese Fahrzeuge und die damit verbundenen Marktsegmente für diese Szenarioentwicklung nicht weiter berücksichtigt.

3.2.4 Marktbefragung zur Ermittlung der notwendigen Betankungsinfrastruktur

Ein wesentliches Problem bei der Einführung neuer Technologien auf dem Markt besteht darin, dass auf keinerlei Erfahrung bezüglich des Produktes zurückgegriffen werden kann. Zwar ist die Technik erdgasbetriebener Fahrzeuge schon seit den dreißiger Jahren bekannt, doch wurde sie in Deutschland erst seit Mitte der neunziger Jahre zur Serienreife entwickelt. Das Erdgasfahrzeug hat im Vergleich zum „normalen Kfz" folgende Nachteile: geringere Reichweite, weniger Zuladungsmöglichkeit, höhere Investitionskosten und eingeschränkte Tankmöglichkeiten.

Durch eine Unternehmensbefragung sollen auf Grundlage der Kundenbedürfnisse potentielle Fahrzeugnutzer sowie die notwendige Anzahl und die geographische Verteilung von Betankungsanlagen für eine Kurz- sowie Mittelfristplanung ermittelt werden. Als potentielle Interessenten für erdgasbetriebene Fahrzeuge kommen die weiter oben identifizierten Zielgruppen des innerstädtischen Wirtschaftsverkehrs in Betracht, da in diesen Segmenten heute schon in vielen Fällen durch Gewährung einer Förderung der wirtschaftliche Betrieb möglich ist.

Private Nutzer werden bei dieser Befragung nicht berücksichtigt, da sie heute aufgrund der mangelhaften überregionalen Betankungsinfrastruktur nicht als potentielle Kunden angesehen werden können. Für die spätere Szenarioerstellung werden sie aber berücksichtigt, da durch mögliche Verbesserungen der Infrastruktur und der Fahrzeugtechnik, z. B. Zuladung und Reichweite, auch sie einen großes potentielles Kundensegment ausmachen.

Das Befragungsgebiet der Untersuchung beschränkt sich auf das Versorgungsgebiet der swb AG in Bremen. Um eine Marktbefragung in den identifizierten relevanten Marktsegmenten durchführen zu können, wurden nur Firmen mit mindestens 50 Mitarbeitern befragt, da bei dieser Firmengröße davon auszugehen war, dass 6-8 Fahrzeuge im Fuhrpark vorhanden sind. Die Auswahl dieser Firmen- oder Fuhrparkgröße von mindestens 50 Mitarbeitern begründet sich wie folgt:

- Die Austauschrate ist bei mittleren und größeren Unternehmen höher als bei Klein- und Kleinstunternehmen, so ist die Wahrscheinlichkeit größer, dass in den nächsten zwei Jahren alte Fahrzeuge ersetzt werden,
- die Anschaffung von ein oder zwei Erdgasfahrzeugen belastet bei großen Flotten nicht nennenswert das Gesamtbudget des Fahrzeugparks,
- die Risiken zum Testen von Erdgasfahrzeugen werden für die Unternehmen somit klein gehalten.

Nach einer Recherche mit Branchendaten der IHK (Industrie- und Handelskammer) ergeben sich für Bremen 491 Unternehmen mit mindestens 50 Mitarbeitern, die alle schriftlich befragt werden sollten. Unternehmen, die auf das erste Schreiben nicht reagierten, wurden nach drei Wochen ein zweites Mal angeschrieben. Der vollständige Fragebogen ist in Anhang B wiedergegeben.

Von den 491 angeschriebenen Unternehmen gestaltete sich der Rücklauf wie in Tab 3.3 aufgeführt. Belief sich der Rücklauf nach der ersten Welle auf 118 Antworten, so hat die zweite Welle zu einer Verbesserung des Rücklaufs um 70 auf 188 Antwortschreiben beigetragen.

	1. Woche	2. Woche	3. Woche	4. Woche	Summe
1. Welle	80	22	15	1	118
2. Welle	57	13	0	0	70
Gesamtantworten					**188**

Tab. 3.3 Rücklauf der Marktbefragung

Es ergibt sich somit eine Rücklaufquote von 38%. Für eine erste Abschätzung des Marktes werden die potentiellen Kunden, die geantwortet haben, in ein abgestuftes ABC-Potential aufgeteilt. Hierfür werden sieben aussagekräftigen Fragen aus dem Fragebogen ausgewählt, die als Grundlage für die ABC-Klassifizierung verwendet werden sollen. Die Auswahl dieser sieben Fragen erfolgt nach folgenden Kriterien:

- Durch die **Testbereitschaft** und den **Wunsch nach Information** signalisiert der Befragte ein generelles Interesse an Erdgasfahrzeugen.

- Sieht er sich in der **Position des Pioniers** und erhofft sich einen **Imagegewinn**, so ist er auch bereit, eine Vorreiterrolle zu übernehmen.

- Da die Reichweite von Erdgasfahrzeugen beschränkt und das Erdgastankstellennetz begrenzt ist, zudem speziell die Luft im Innenstadtbereich verbessert werden soll, ist die Frage nach dem **überwiegenden Einsatzort** von Bedeutung.

- Momentan belaufen sich die Mehrkosten von erdgasbetriebenen Fahrzeugen je nach Fahrzeugtyp auf etwa 3.000 DM bis 14.000 DM. Somit ist zur Zeit nur ein **Akzeptant von Mehrkosten** bereit, Fahrzeuge dieser Art einzusetzen.

- Damit mit einem möglichst geringen Akquisitionseinsatz seitens der swb AG eine möglichst hohes Fahrzeugzahl je Unternehmen erreicht wird, stellt sich die Frage nach der **Fuhrparkgröße**.

Unter Zuhilfenahme eines „Scoringmodells" wurden die Kriterien durch ein interdisziplinäres Team gemäß ihrer eingeschätzten Relevanz gewichtet (Tab. 3.4).

Fragen	Gewichtung
Testbereitschaft für Erdgasfahrzeuge	23,3
akzeptiert Mehrkosten bei Anschaffung	25,0
Fuhrpark hat hohe Fahrzeuganzahl > 10	15,0
Nutzer fährt überwiegend in Bremen	11,7
Nutzer erhofft sich Imagegewinn	10,0
Nutzer sieht sich als Pionier	5,8
Nutzer will Infos	9,1
Gesamt	100

Tab. 3.4 Gewichtung der relevanten Fragen

Wenn eine Frage bezüglich der Kriterien mit Ja beantwortet wird, wird für die Einteilung in die ABC-Kategorie die Punktzahl entsprechend dem Wert aus der Gewichtungstabelle (Tab. 3.4) zugeteilt, und die erreichte Punktzahl aller Fragen addiert.

A- Potential	80	bis	100	Punkte
B- Potential	60	bis	79,9	Punkte
C- Potential	40	bis	59,9	Punkte

Tab. 3.5 Klassifizierung der ABC-Kunden

Als Ergebnis liegen die Potentiale für den innerstädtischen Wirtschaftsverkehr in Bremen derzeit in folgender Größenordnung:

Anzahl	Firmen	Pkw	Transporter	Fhz.-Gesamt
A-Potential	13	229	45	274
B-Potential	27	450	215	665
C-Potential	37	903	178	1081
Gesamt	**77**	**1582**	**438**	**2020**

Tab. 3.6 Ergebnisse der ABC-Potentialklassifizierung

Derzeit gibt es in Bremen 13 Firmen mit insgesamt 274 Fahrzeugen, die wirkliches Interesse an Erdgasfahrzeugen haben könnten (A-Potential). Von 64 Unternehmen mit insgesamt 1746 Fahrzeugen, die sich im B- oder C-Potential befinden, kann ebenfalls noch von Interesse an Erdgasfahrzeugen gesprochen werden. Von den 491 Unternehmen können die 427 Unternehmen, die gar nicht geantwortet oder die nicht die Punktzahl für die ABC-Potentialklassifizierung erreicht haben, als wenig wahrscheinliche Kunden angesehen werden.

3.2.5 Geographische Verteilung des Marktpotentials

Für die Ermittlung von neuen Standorten für Erdgastankstellen wird weiterhin die geographische Verteilung der Potentiale über das Stadtgebiet ermittelt. Hier ist eine generelle Häufung im Stadtzentrum zu erkennen. Durch die ungünstige, geographisch langgestreckte Form der Stadt kommt es bis auf drei Häufungspunkte zu einer weit gestreuten Potentialverteilung über das gesamte Stadtgebiet. Um kostenintensive Anfahrzeiten von Firmenfahrzeugen zur Tankstelle zu vermeiden und somit das ermittelte Potential auch auszuschöpfen sind mindestens drei Tankstellen (siehe Abb. 3.5. innerhalb der Kreise) in Bremen notwendig.

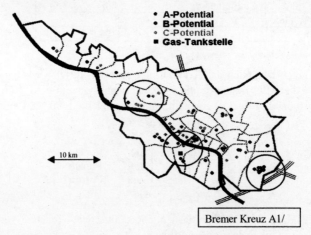

Abb. 3.5 Geographische Verteilung der potentiellen ABC-Kunden

3.2.6 Zusammenfassung

Nach einer Wirtschaftlichkeitsanalyse, in der Erdgasfahrzeuge Benzin- und Dieselfahrzeugen gegenüber gestellt werden, ergibt sich eine weitere Eingrenzung des Untersuchungsfeldes. So sind Erdgasbusse und Müllfahrzeuge/Stadt-Lkw nur durch erhebliche, in den meisten Fällen nicht realisierbare Preisreduzierungen für Erdgas wirtschaftlich. Die beiden Fahrzeugklassen und die beiden mit ihnen eng verbundenen Nutzersegmente Entsorgungsunternehmen und ÖPNV werden aufgrund ihrer fehlenden Wirtschaftlichkeit aus dem Untersuchungsfeld herausgenommen. Alle übrigen Fahrzeugklassen werden den verbleibenden Nutzersegmenten zugeordnet. In der abschließenden Abb. 3.6 ist das sich für die Szenarioerstellung ergebene Geschäftsfeld "Erdgas im Verkehr" dargestellt.

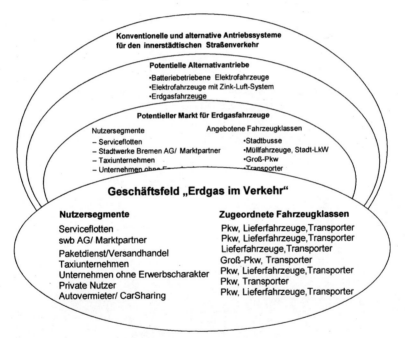

Abb. 3.6 Ermitteltes Gestaltungsfeld "Erdgas im Verkehr"

Im Kapiteln 2 und 3 ist das Problemfeld aus Sicht des Unternehmens, des Kunden (Technologienutzer) und der Gesellschaft beschrieben und eine Eingrenzung des Geschäftsfeldes vorgenommen worden. Es zeigt sich, dass vom anfänglichen potentiellen Markt nur eine Teilmenge übrig bleibt. Durch die vorgenommenen Analysen unter Einbezug von Expertenwissen und EDV-gestützten Auswertungs-

und Berechnungsprogrammen sind die Aufgabenstellung und das Geschäftsfeld "Erdgas im Verkehr" konkretisiert worden.

Es sind somit die Grundlagen geschaffen worden, um in der Szenarioerstellung – die im Anschluss theoretisch erläutert wird – das untersuchte Gesamtsystem in die Zukunft fort zu schreiben.

4 Methodisches Vorgehen zur Beurteilung der Marktchancen

4.1 Entwicklung und Definition von Prognoseverfahren

Seit jeher ist es die Sehnsucht der Menschen gewesen, die ungewisse Zukunft vorhersagen zu können. Als eine der ältesten „Institution" sei hier das aus der griechischen Antike bekannte Apollon-Orakel von Delphi genannt [Makridakis, 1990].

Der Begriff „Prognostik" leitet sich vom griechischen Wort „prognosis" = das Vorherwissen ab. Weber formuliert die Definition der Prognose wie folgt:

„Prognosen beinhalten zukunftsbezogene, aufgrund praktischer Erfahrungen oder theoretischer Erkenntnisse ein- oder mehrmalig erarbeitete, kurz-, mittel-, oder langfristig orientierte und zeitpunkt- oder zeitraumbetreffende Aussagen qualitativer oder quantitativer Art über natürliche oder künstliche Systeme" *[Weber, 1990, S.1]*

Diese Definition wird auch hier verwendet. In der Literatur finden sich weitere alternative Prognosedefinitionen, auf die hier nur kurz verwiesen werden kann [Brockhoff, 1977, S. 17], [Wilde, 1981, S.33].

Im mikroökonomischen Bereich findet die Prognosetechnik hauptsächlich ihren Anwendungsbereich in der Absatzplanung, kann sich aber genauso auf das gesamte Unternehmen oder Teilbereiche wie Beschaffung, Fertigung, Forschung und Entwicklung beziehen.

Als kurzfristige Prognosen gelten im Allgemeinen Zeiträume von einem bis zu drei Monaten. Mittelfristige Prognosen betreffen einen Zeitraum von drei Monaten bis zu zwei Jahren. Darüber hinaus gehende Prognosen werden als langfristig angesehen. Die zeitlichen Definitionen können aber in Abhängigkeit vom Untersuchungsfeld stark divergieren.

Die Aussage einer Prognose kann qualitativer oder quantitativer Art sein. Dies hängt in großem Maße davon ab, ob es sich um ein qualitatives (konjekturales) oder quantitatives (analytisches) Prognoseverfahren handelt. Den quantitativen Prognosemethoden ist gemeinsam, dass sie sich auf ein formales Modell stützen, in dem unabhängig voneinander exogene Variablen vorgegeben werden, um endogene Systemvariablen zu berechnen. Eine grundsätzliche Reproduzierbarkeit der Prognosen wird somit ermöglicht. Bei den klassischen qualitativen Prognoseverfahren bestimmen die subjektiven Erfahrungen der an der Prognoseerstellung beteiligten Personen das Prognoseergebnis. Aus diesem

Grund ist bei diesen Verfahren eine vollständige Reproduzierbarkeit im Allgemeinen nicht gegeben.

Verschiedene unerwartete politische, gesellschaftliche und wirtschaftliche Ereignisse in den siebziger Jahren, wie zum Beispiel die erste Ölkrise von 1973, die Revolution im Iran von 1979 und die Antikernkraftbewegung in Deutschland, haben das Versagen der traditionellen Prognoseverfahren gerade im Energiesektor als langfristige Entscheidungsgrundlage deutlich gemacht. Es wurden deshalb zunehmend Methoden entwickelt, welche die Dynamik und Komplexität des sozio-ökonomischen Umfeldes eines Unternehmens berücksichtigen und somit in der Lage sind, die Zukunft durch plausibel erklärbare Entwicklungen darzustellen. Die Darstellung mehrerer alternativer Zukunftsbilder oder -entwicklungen durch Szenarien anstelle von einer allgemeingültigen Prognose ist dabei ein Hauptunterscheidungsmerkmal zu älteren Verfahren.

4.2 Eigenschaften von Szenarien

4.2.1 Qualitativer Charakter von Prognosen

Neben unternehmerischen und externen Informationen wie Absatz- oder Beschaffungsmärkte, werden für längerfristige Planungszeiträume zunehmend globalere Einflussfaktoren wie gesellschaftliche und politische Veränderungen, neue Technologien, gesamtwirtschaftliche und demographische Entwicklungen für das Unternehmen und seine Zukunftspotentiale relevant. Die Informationen über unternehmensexterne Einflüsse sind in erster Linie qualitativer Art, und als solche nicht ohne weiteres in Zahlen, Quoten oder Raten auszudrücken. Unternehmensinterne und ausschließlich quantitative Informationen sind nicht mehr ausreichend, um langfristig effiziente Strategien und Pläne zu entwickeln [Geschke, 1997, S. 467].

4.2.2 Prognosen diskontinuierlicher Entwicklungen

Bei Prognosen der fernen Zukunft (mehr als 5 Jahre) ist die Wahrscheinlichkeit nur einer trendmäßigen Extrapolation der Gegenwart gering, da der Einfluss derselben mit der Zeit beständig abnimmt und unerwartete Störereignisse eintreten können.

4 Methodisches Vorgehen zur Beurteilung der Marktchancen

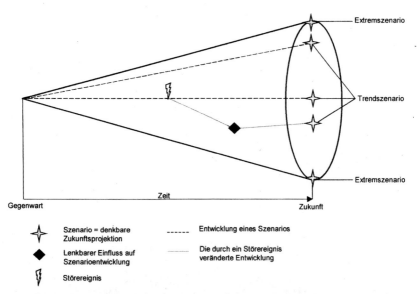

Abb. 4.1 Darstellung der Zukunft mittels des Szenariotrichters in Anlehnung an Gausemeier

Durch den in Abb. 4.1 dargestellten Szenariotrichter wird ausgehend von der Gegenwart der mit der Zeit immer größer werdende Zukunftsraum dargestellt. Durch Szenarien können entweder Extremszenarien oder Trendszenarien dargestellt werden. Extremszenarien befinden sich am Rande des Zukunftsraums und können z. B. Worst Case- oder Best Case-Szenarien sein. Es muß kritisch bemerkt werden, dass diese Ränder nur willkürlich gesetzt werden können, da immer noch ein „besseres" oder „schlechteres" Szenario denkbar ist. Sogenannte Trendszenarien – nicht zu verwechseln mit trendmäßiger Extrapolation - sind dagegen zukünftige Entwicklungen, die eine höhere Eintrittswahrscheinlichkeit besitzen und die somit meistens eine höhere Anschaulichkeit auszeichnet. Zukünftige Entwicklungen können durch unvorhergesehene Störereignisse erheblich verändert werden. Diese unter Umständen negative Entwicklung kann von den im Szenario berücksichtigten Akteuren durch entsprechende Maßnahmen aufgehalten oder zurückgesetzt werden.

4.2.3 Szenariogüte unter Einbeziehung von Prognoseträgern

Um die Szenarioqualität zu bewerten, müssen Szenarien bestimmten Gütekriterien genügen, die sich an dem spezifischen Systemverständnis der Szenarien orientieren. Auf Grundlage der Arbeiten von Angermeyer-Naumann, Jungermann sowie Geschka und Reibnitz ergibt sich folgende Liste wesentlicher

Gütekriterien [Angermeyer-Naumann, 1985, S. 303], [Geschka und Reibnitz, 1986, S. 133], [Jungermann, 1986, S. 190]:

- Verständlichkeit
- Glaubwürdigkeit
  - Konsistenz
  - Plausibilität
  - Vollständigkeit/ Erfassung der Systemzusammenhänge
- Unterschiedlichkeit
- Relevanz und Nützlichkeit für den Anwender

Die *Verständlichkeit* von Szenarien hängt stark von der gewählten Präsentationsform und den Adressaten der Szenarien ab. Neben der prägnanten, allgemeinverständlichen, verbalen Darstellung der Ergebnisse können graphische Darstellungen die Verständlichkeit erhöhen.

Die *Glaubwürdigkeit* der Szenarien ist aufgrund der vielen qualitativ zu beurteilenden Umfeldfaktoren als kritisch anzusehen. Als erstes ist auf die Konsistenz der gemachten Annahmen zu achten, d. h. dass sich Entwicklungen in einem Szenario nicht gegenseitig widersprechen. Nicht zuletzt ist die vollständige Erfassung aller relevanten Systemzusammenhänge die Voraussetzung für das Gelingen der Szenarioentwicklung.

Bei der Erstellung der Zukunftsbilder ist auf eine klare *Unterschiedlichkeit*, d. h. Ausprägung zu achten, damit sich die anschließende Entwicklung von alternativen Strategien nicht in Wahrheit auf ein und dasselbe unscharfe Zukunftsbild stützen.

„Letztlich muss immer gewährleistet sein, dass der Relevanz und der Nützlichkeit für den Anwender entsprochen wird und sich die Szenarien nicht in eine ungewollte Richtung hin verändern. So ist es von Bedeutung, dass Auftraggeber oder die Geschäftsleitung frühzeitig an der Szenarioerstellung beteiligt werden, um durch ihre Diskussionsbeiträge oder auch durch ihr Eingreifen ein solches Abdriften zu verhindern." [Reibnitz (1983), S. 76]

Andererseits besteht die Gefahr, dass durch einen zu hohen Einfluss des Auftraggebers die Ergebnisse vorweggenommen werden.

Zusätzlich hängt die Qualität sowie die Akzeptanz eines Szenarios erheblich von der fachlichen Kompetenz, der Informationsbasis und der Vorstellungskraft der Szenario-Ersteller ab. Bei zunehmender Dynamik und Komplexität der Umwelt wird das Erfassen der Unsicherheiten und die Analyse der Interdependenzen immer schwieriger. Letztendlich ist es nicht nur die Komplexität und Erfordernis von Fachwissen für spezielle Umfelder, welche die Teilnahme von Experten und Analytikern für die Bearbeitung von Szenarien nahelegt. Auch die Notwendigkeit analytische und synthetische Fähigkeiten in ausgewogener Anzahl in den einzelnen Phasen der Szenarioerstellung zu kombinieren, macht Expertenurteile aus unterschiedlichen Fachgebieten unverzichtbar [Angermeyer-Naumann, 1985, S. 136].

4.2.4 Anzahl der Szenarien

Die Anzahl der Szenarien, die für ein Untersuchungsfeld erstellt werden, hängt von der Fragestellung ab. In den meisten Fällen werden zwei oder drei Szenarien verwendet.

Bei drei Szenarien dient eines als „Basis"- oder „Business as Usual"-Szenario, das eine überraschungsfreie Perspektive aufzeigt. Die zwei weiteren Szenarien stellen positive und negative Entwicklungen aus der Sicht des Auftraggebers dar und berücksichtigen dabei die wichtigsten Ungewissheiten bzw. das gleichzeitige Eintreten mehrerer Störeinflüsse und die Möglichkeiten von Maßnahmen zur Gegensteuerung [Linneman, 1983], [Wack, 1986, S. 77], [Wilson, 1978].

Andere Autoren sehen bei der Erstellung von drei Szenarien mit einem als Basisszenario die Gefahr, dass sich die Adressaten dann nur auf dieses eine Basisszenario fokussieren und alle weiteren Szenarien aus ihren strategischen Überlegungen ausblenden. Sie präferieren deshalb zwei Szenarien, die als Extremszenarien oder als gut voneinander unterscheidbare Trendszenarien den möglichen Zukunftsraum abbilden und so die Auftraggeber in einem stärkeren Maße zur Bildung von Alternativstrategien anregen [Beck, 1982], [Schnaars, 1983].

4.3 Gegenüberstellung der methodischen Ansätze der Szenarioerstellung

In den letzten 30 Jahren haben sich unterschiedliche Methoden für die Erstellung von Szenarien entwickelt, von denen sich aber nur wenige in der Praxis durchgesetzt haben. In Abb. 4.2 werden die bekanntesten Vertreter der verschiedenen Ansätze dargestellt und kurz erläutert. Hauptunterscheidungsmerkmal nach Meyer-Schönherr ist die Einteilung nach „harten" und „weichen" Methoden.

Als „harte" Methoden werden hierbei Modellansätze wie Wachstumsmodelle und Simulationsmodelle beschrieben, die sich auf quantitative Daten stützen und die meistens unter Zuhilfenahme der EDV ausgewertet werden. Anwender

4 Methodisches Vorgehen zur Beurteilung der Marktchancen

dieser Technik sind z. B. Meadows („The Limits to Growth", 1972) oder Mesarovic und Pestel („Mankind at the Turning Point", 1974), die sich in Folge der Ölkrise mit diesen Modellen beschäftigten. Im Folgenden werden diese Methoden als „quantitative Szenario-Techniken" bezeichnet.

Unter „weichen" Methoden sind heute die Verfahren zu begreifen, die qualitative Daten bei der Modellbildung mit berücksichtigen [Wack (1986), S.64]. Einer der ersten war hierbei Herman Kahn mit seinem „Scenario Writing". Ausgehend von Kahn entwickelten sich an vielen Instituten wie etwa dem Battelle-Institut, dem Stanford Research Institut sowie dem Center of Future Research und bei Unternehmen wie Shell oder General Electrics weiterentwickelte Modelle wie die Delphi-Methode.

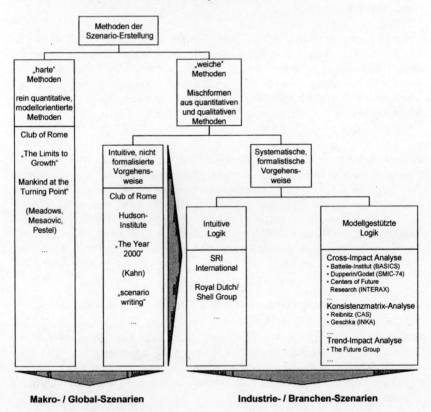

Abb. 4.2 Klassifizierung der Methoden der Szenario-Erstellung [Meyer-Schönherr, 1992]

Zusätzlich zum „quantitativen Szenario-Writing" wurden sogenannte „modellgestützte Logiken" entwickelt, die das „Szenario-Writing" in den einzelnen Planungsschritten unterstützen und durch die Berücksichtigung quantitativer Variablen verbessern. Hier sind z. B. die Cross-Impact-Analyse und die Konsistenzmatrix-Analyse zu nennen, die auch bei der Entwicklung des eigenen Prognoseansatzes verwendet werden.

Das Erarbeiten von Szenarien kann aufgrund der vielen Modellansätze in der Praxis auf unterschiedliche Weise erfolgen, wodurch es eine große Bandbreite von Konstruktionsalternativen gibt. Zusammenfassend kann die Szenarioerstellung aber dennoch in folgende Phasen aufgeteilt werden:

1. Analysephase
2. Prognosephase
3. Synthesephase
4. Implementierungsphase

In der Analysephase sollen die Teilnehmer zunächst zu einem einheitlichen Problemverständnis gelangen, was durch die genaue Definition des Untersuchungsgegenstandes und seines Umfeldes erreicht wird. Die daran anschließende Prognosephase dient der Formulierung möglicher Entwicklungstendenzen der relevanten Einflussfaktoren. In der Synthese-Phase werden dann die alternativen Szenarien erstellt. Die Implementierungsphase ist nicht mehr Teil der eigentlichen Szenarioerstellung, da sie sich mit der Umsetzung der Ergebnisse in die strategische Planung beschäftigt und somit eher als eigenständige Phase der strategischen Planung angesehen werden kann [Oberkampf, 1976].

Zusammengefaßt läßt sich sagen, daß eine reine quantitative oder qualitative Prognosebetrachtung nicht mehr ausreichend ist, konsistente sowie plausible Zukunftsprognosen zu erstellen. Gerade die Schwierigkeiten bei der Festlegung der exogenen Variablen und die Berücksichtigung ihrer Interdependenzen führen zu der Konsequenz, eine Verknüpfung von quantitativen und qualitativen Methoden vorzunehmen.

5 Konkretisierung und Weiterentwicklung eines kombinierten Szenarioansatzes

Wie in Kapitel 4 erwähnt, basieren bei den quantitativen Szenario-Techniken die exogenen Variablen auf historischen Daten und werden unabhängig voneinander in die Zukunft fortgeschrieben. Die Prämisse, dass die exogenen Variablen untereinander keine Abhängigkeiten aufweisen, entspricht in der Regel aber nicht der Realität.

Beim qualitativen Szenario-Writing sind die exogenen Variablen – anders als dies von den quantitativen Szenario-Techniken gesehen wird – dagegen nicht vollständig unabhängig voneinander. Das Szenario-Writing versucht, die zwischen den exogenen Variablen bestehenden Zusammenhänge ohne die Kenntnis der tatsächlichen mathematischen Funktionen zu erfassen und ein Netzwerk von konsistenten Eingangsgrößen zu schaffen.

In dieser Arbeit wird versucht, die Vorteile des qualitativen Szenario-Writing mit einer quantitativen Prognoserechnung zu verbinden. Hierzu wird in einem ersten Schritt das qualitative Szenario-Writing durch ein mathematisches Simulationsmodell erweitert, um einen verknüpften und in sich konsistenten Satz an exogenen Variablen zur Szenarioerstellung zu erhalten und zu quantifizieren. In einem weiteren Schritt gehen diese Variablen als Eingangsparameter in eine Cash-Flow-Rechnung ein. Der Cash-Flow ist dabei die endogene Ergebnisvariable der Szenarioentwicklung und dient als Entscheidungsgröße zur wirtschaftlichen Beurteilung der Szenarien für das Geschäftsfeld „Erdgas im Verkehr".

Der verfolgte Ansatz gestaltet sich dabei so, dass mit einer qualitativen Szenario-Methodik in Anlehnung an Geschka und v. Reibnitz, drei Szenarien mit konsistenten exogenen Variablen erarbeitet werden, die sich stark voneinander unterscheiden sollen [Geschka, 1997]. Es werden drei Szenarien anstelle von einem oder zwei Szenarien gewählt, damit der Zukunftsraum möglichst weiträumig abgebildet wird. Nach der Identifikation der exogenen Szenariovariablen werden mit der Cross-Impact-Analyse die drei Szenarien in ein mathematisches Modell quantitativ umgesetzt, um die Szenarien auf Konsistenz zu prüfen und eine Störereignisanalyse vorzunehmen. Für diese Systemsimulation wird das Programm CRIMP als kausales Cross-Impact-Analyseverfahren verwendet, da es den Vorteil hat, neben quantitativen auch qualitative Systemvariablen zu berücksichtigen [Duin, 1995].

Ein großer Vorteil bei diesem Vorgehen liegt darin, dass es mit diesem verknüpften Ansatz möglich wird, alle relevanten qualitativen und quantitativen Einflussfaktoren sowie deren Abhängigkeiten voneinander zu identifizieren und mathematisch nachvollziehbar zu simulieren. Die Ergebnisse aus diesem Vorgehen basieren somit sowohl auf dem Wissen und den Erfahrungen von Fachleuten als auch auf einer quantitativen Analyse.

Im Folgenden werden ausführlich der Phasenablauf in Anlehnung an Geschka und v. Reibnitz zur Szenarioerstellung sowie die verwendete Szenariosimulation CRIMP dargestellt, bevor das verknüpfte Verfahren in Kapitel 6 am untersuchten Fallbeispiel angewandt und durch die Cash-Flow-Rechnung ergänzt wird.

5.1 Modifiziertes Phasenablaufmodell zur Szenarioerstellung

Speziell für das Erarbeiten von Szenarien in Unternehmen stellen Geschka und v. Reibnitz ein Konzept mit acht Phasen vor [Geschka, 1997], [Hamilton, 1980], [Reibnitz, 1992].

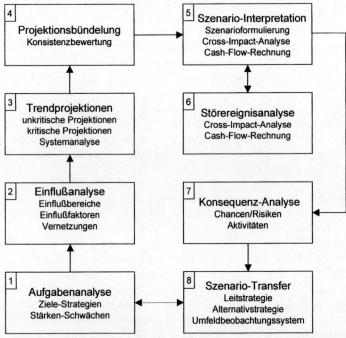

Abb. 5.1 Die acht Schritte der Szenario-Technik [nach Geschka, 1997]

Bei traditionellen Planungsaufgaben ohne Einbeziehung der Szenario-Technik werden die Schritte 3 bis 7 in der Regel ausgelassen. Bei umfassenden Aufgaben, wie sie heute bei der strategischen Planung vorliegen, reicht dieses Vorgehen in den meisten Fällen aber nicht mehr aus [Geschka, 1997, S. 471].

5 Konkretisierung und Weiterentwicklung eines kombinierten Szenarioansatzes

Um am Ende des Phasendurchlaufs quantitative Ergebnisvariablen zu erhalten, werden die Schritte 5 (Szenario-Interpretation) und 6 (Störereignisanalyse) durch die Einbeziehung der Cross-Impact-Analyse sowie der quantitativen Cash-Flow-Rechnung modifiziert.

Vor der Erläuterung der einzelnen Phasen erfolgt zum besseren Leseverständnis eine kurze Darstellung der darin verwendeten Bezeichnungen:

Einflussgröße	Elemente, die das untersuchte System beeinflussen und beschreiben
Einflussbereich	Summe der thematisch eng zusammenliegenden Einflussgrößen
Schlüsselfaktoren	Relevante Einflussgrößen zur ausreichenden Beschreibung des Systems
Kritische Projektion	Mögliche zukünftige Entwicklungen eines Schlüsselfaktors
Unkritische Projektion	Mögliche zukünftige Entwicklung eines Schlüsselfaktors, die nur einmal vorkommt
Projektionsbündel	Mögliche Kombination von Projektionen
Rohszenarien	Projektionsbündel, die als konsistente Szenarien in Betracht kommen

Tab. 5.1 Verwendete Bezeichnungen der Szenario-Technik

1. Schritt: Aufgabenanalyse

Zuerst wird eine Definition und Eingrenzung der Aufgabe vorgenommen und das Untersuchungsfeld aus der Sicht des Szenarioauftraggebers beschrieben. Alle für die Problemstellung relevanten Informationen werden beschafft und analysiert. In erster Linie werden unternehmensinterne Daten herangezogen. Falls es um die Suche nach neuen Produkten und die Erschließung neuer Märkte geht, werden auch externe Daten hinzugezogen.

Um das Untersuchungsfeld zu beschreiben, wird beispielsweise die Stärken-Schwächen-Analyse eingesetzt. Falls es sich um eine neue Technologie oder ein neues Produkt handelt, vergleicht man es mit den stärksten Konkurrenzprodukten auf dem Markt [Gausemeier, 1996, S.152 f]. Da die einzelnen Eigenschaften des Produktes oder der Technologie unterschiedliche Bedeutungen haben, kann zum Beispiel eine auf eins normierte Gewichtung eingeführt werden. Wichtig sind hierbei das abschließende Strukturieren und Formulieren des Untersuchungsfeldes oder der Planungsaufgabe.

2. Schritt: Einflussanalyse

Die Analyse der Umwelt und des eigenen Unternehmens sind grundlegende Elemente, um den Ist-Zustand des Unternehmens oder eines Geschäftsfeldes zu beschreiben. Um dieser Aufgabe gerecht zu werden, müssen Informationen über interne und externe Einflüsse analysiert werden (siehe Abb. 5.2).

5 Konkretisierung und Weiterentwicklung eines kombinierten Szenarioansatzes

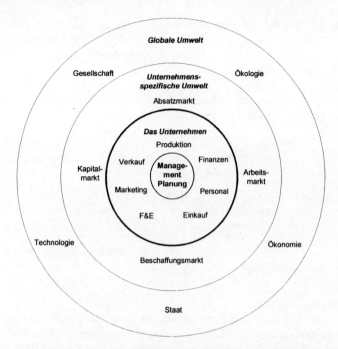

Abb. 5.2 Unternehmen und ihre Umwelt [nach Gausemeier, 1996]

Interne Einflüsse beziehen sich auf das Unternehmen selber und sind meistens in quantifizierbarer Form vorhanden. Für die externen Einflüsse ist dies nur bedingt möglich. Im Allgemeinen sind die Informationen darüber hinaus qualitativer Art und nur schwer oder gar nicht quantifizierbar [Götze, 1993], [Gausemeier, 1996], [Geschka, 1997].

Zum Auffinden von Einflussgrößen und ihren Abhängigkeiten voneinander können eine Vielzahl von Kreativtechniken wie Brainstorming, Brainwriting oder Mindmapping eingesetzt werden. Verschiedene enger vernetzte Einflussfaktoren werden im Anschluss daran zu Einflussbereichen aggregiert und bezüglich ihrer Wirkbeziehung untereinander und zum Untersuchungsfeld thematisch und nach Einflussstärke strukturiert.

Für die Darstellung der Vernetzungen der einzelnen Faktoren empfehlen sich Vernetzungsmatrizen, die die direkten Abhängigkeiten mit abgestuften Werten aufzeigen und bewerten. Jedem Element der Matrix M_{ij} (i = 1, ..., N; j = 1, ..., N; N = Anzahl der Einflussfaktoren EF) wird eine Einflussstärke zugewiesen, die z. B. wie folgt aussieht:

5 Konkretisierung und Weiterentwicklung eines kombinierten Szenarioansatzes

0 = kein Einfluss
1 = schwacher, verzögerter Einfluss
2 = mittlerer Einfluss
3 = starker, unmittelbarer Einfluss

EF = Einflußfaktor	EF1	EF2	EF3	EF4	EF5	...	EF_{N-1}	EF_N	Aktivsumme
EF1		0	2	3	0	1	2	0	0	8
EF2	0		0	2	1	0	0	1	2	6
EF3	2	1		0	0	1	1	0	0	5
EF4	0	2	1		0	2	0	1	3	9
EF5	2	1	0	3		1	0	0	0	7
	1	2	1	0	0		2	0	1	7
...	0	1	0	1	2	1		0	0	5
EF_{N-1}	1	2	1	0	2	3	0		0	9
EF_N	2	0	0	0	3	1	1	0		7
Passivsumme	8	9	5	9	8	10	6	2	6	63

Abb. 5.3 Vernetzungsmatrix zur Ermittlung der Schlüsselfaktoren

Die Matrix wird so ausgefüllt, dass der Einfluss eines Spaltenfaktors auf die Faktoren in der selben Zeile dargestellt wird. Die Summen der Zeilen und Spalten ergeben dann die sogenannten Aktiv- und Passivsummen. Die Aktivsumme AS_i gibt an, welchen Gesamteinfluss ein Faktor auf das Gesamtsystem hat, wohingegen die Passivsumme PS_i den Grad angibt, inwieweit ein Faktor von allen anderen Faktoren beeinflusst wird. Nach Gausemeier ergeben sich insgesamt vier wichtige Kennwerte aus der Vernetzungsmatrix [Gausemeier, 1996]:

AS_i = Aktivsumme des Einflussfaktors i
PS_i = Passivsumme des Einflussfaktors i
IPI_i = Impuls-Index des Einflussfaktors i = AS_i / PS_i
DI_i = Dynamik-Index des Einflussfaktors i = $AS_i \cdot PS_i$

Der Impuls-Index IPI gibt ein Maß darüber an, inwieweit ein Faktor einen Einfluss auf das System hat, ohne selber von anderen beeinflusst zu werden. Einflussfaktoren mit sehr hohem Indexwert werden als *impulsive Größen*, solche mit sehr niedrigem Wert als *reaktive Größen* bezeichnet.

Der Dynamik-Index DI gibt dagegen das Maß der aktiven sowie passiven Einbindung in das Gesamtsystem an. Faktoren mit hohem Dynamik-Index werden *ambivalente Größen*, Faktoren mit niedrigem Index werden *puffernde Größen* genannt.

Die Berechnung und Auswertung der Kennwerte erlaubt es dem Anwender, aus einer großen Liste von Einflussfaktoren einige wenige wichtige Schlüsselfaktoren zu identifizieren, die das System ausreichend beschreiben. Zur besseren Veranschaulichung werden die Einflussfaktoren in einem sogenannten „System-Grid" eingetragen, in dem neben der Aktiv- und Passivsumme auch die Impuls- und Dynamik-Indizes angegeben sind.

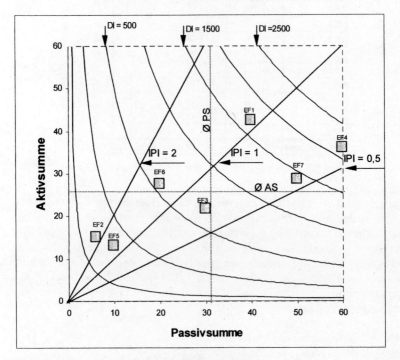

Abb. 5.4 Erweitertes System-Grid [Gausemeier, 1997]

Als erstes einfaches Auswahlkriterium für die Schlüsselfaktoren gelten die durchschnittlichen Aktiv- und Passivsummen ØAS und ØPS. In dem oben dargestellten Beispiel würden die drei Faktoren EF1, EF4 und EF7 als Schlüsselfaktoren für die weiteren Szenario-Phasen übrig bleiben, da sie oberhalb der Durchschnittswerte liegen.

Durch die Einbeziehung des Impuls- und Dynamik-Index wird eine differenziertere Betrachtung möglich. So schlägt Gausemeier für

Systemszenarien drei unterschiedliche Betrachtungen und Auswahlkriterien vor [Gausemeier, 1997, S. 206].

Systembetrachtung	Auswahlkriterium
risikomeidend	zunehmender Impuls-Index IPI
risikosuchend	zunehmender Dynamik-Index DI
Standard	zunehmende Aktivität AS

Falls das Szenario für eine *risikomeidende* Strategie erstellt wird, sollte der Einflussfaktorenkatalog aus Größen bestehen, die vom Anwender bzw. betroffenen Unternehmen selber beeinflussbar sind. Hierfür bieten sich Faktoren an, die einen großen Impuls-Index haben, da sie großen Einfluss auf das System besitzen, aber nur schwach von anderen beeinflusst werden.

Für *risikosuchende* Strategien werden die Schlüsselfaktoren nach zunehmendem Dynamik-Index ausgewählt, da durch die hohe Vernetzung der Faktoren Veränderungen einzelner Einflussfaktoren das System schnell bzw. stark beeinflussen.

Für *Standard*betrachtungen werden die aktivsten Faktoren als Schlüsselfaktoren ausgewählt, da diese Faktoren den höchsten Einfluss auf das Gesamtsystem haben und die wirkungsvollsten Eingriffe in das System erlauben.

Kritisch anzumerken sei hier, dass durch Gausemeiers Einteilung und Vorauswahl das Szenariosystem unter Umständen nicht realitätsnah dargestellt wird, sondern so wie es der Auftraggeber möchte. Für eine vollständige Darstellung des Systems scheint der Dynamik-Index das adäquate Kriterium für die Ermittlung von Schlüsselfaktoren zu sein, da es am besten die Interdependenzen durch Berücksichtigung von Einflussnahme und Beeinflussung jedes Faktors im System wiedergibt.

3. Schritt: Trendprojektionen
In einem ersten Schritt werden die einzelnen Schlüsselfaktoren mit ihren Merkmale im Ist-Zustand beschrieben. Hierbei ist zwischen quantitativen Schlüsselfaktoren (Bruttosozialprodukt, Inflationsrate, Arbeitslosenquote etc.) und qualitativen Schlüsselfaktoren (Kundenzufriedenheit, Umweltbewusstsein etc.) zu unterscheiden. Der Ist-Zustand kann dabei - wie in dieser Arbeit gewählt - durch eine umfassende Systemanalyse dargestellt werden.

Ausgehend vom ermittelten Ist-Zustand wird die künftige Entwicklung der Schlüsselfaktoren mittels Projektionen auf Basis vorhandenen Expertenwissens, zugänglicher Prognosen, Recherchen oder Befragungen beschrieben. Die Projektionen werden in kritische und unkritische unterteilt. Unkritische

Projektionen zeichnen sich durch eine eindeutige Entwicklung aus, während kritische Projektionen mindestens zwei alternative Entwicklungen vorweisen.

4. Schritt: Alternativbündelung

In dieser Phase werden durch die Kombination von alternativen Projektionen die Projektionsbündel gebildet. Hierfür bietet sich der methodische Ansatz der Konsistenzanalyse an.

Geht man davon aus, dass jeder Schlüsselfaktor genau zwei Projektionen hat, ergeben sich 2^n mögliche Projektionsbündel (n = Anzahl der Schlüsselfaktor), die in der Konsistenzanalyse bearbeitet werden müssen. Unkritische Projektionen müssen in dieser Phase nicht notwendigerweise mit einbezogen, sondern können im Schritt 5 der Szenario-Interpretation hinzugenommen werden.

Die kritischen Projektionen können aufgrund von Inkonsistenzen aber nicht beliebig miteinander kombiniert werden. Mit Hilfe der Konsistenzmatrix ist es möglich, die Konsistenz aller möglichen Zweierpaare von kritischen Projektionen nach einer festzulegenden Normierung mit abgestuften Werten festzustellen und auf Inkonsistenz zu prüfen:

0 = totale Inkonsistenz
1 = partielle Inkonsistenz
2 = neutrale oder unabhängig voneinander
3 = gegenseitiges Begünstigen
4 = sehr starke gegenseitige Unterstützung

Die kritischen Projektionen lassen sich wie folgt in einer Dreiecksmatrix darstellen:

	$D1_1$	$D1_2$	$D2_1$	$D2_2$	$D3_1$	$D3_2$	$D3_3$	...	DN_i
$D1_1$									
$D1_2$	1								
$D2_1$	2	2							
$D2_2$	2	4	1						
$D3_1$	1	4	3	4					
$D3_2$	5	2	2	2	1				
$D3_3$	4	3	1	5	1	1			
...	...	...	...	...	...	...	...		
DN_i	1	2	3	1	5	1	1	...	

Erläuterung: P12: Zweite Projektion des Schlüsselfaktors 1

Abb. 5.5 Konsistenzmatrix

5 Konkretisierung und Weiterentwicklung eines kombinierten Szenarioansatzes

In ein Projektionsbündel geht jeweils eine kritische Projektion jedes Schlüsselfaktors ein. Somit ergeben sich für ein Projektionsbündel folgende Anzahl an Konsistenzmaße:

$$PK = N \cdot (N-1) / 2 \qquad (5.1)$$

mit PK = Anzahl der Konsistenzmaße je Projektionsbündel,
N = Anzahl der kritischen Projektionen.

Projektionsbündel mit mindestens einer Inkonsistenz, d. h. eine Zweierkombination wird mit null bewertet, scheiden als Rohszenario aus. Für die weitere Szenarioerstellung werden dann nur die Projektionsbündel betrachtet, die einen festzulegenden Konsistenzwert überschreiten oder eine festzulegende Anzahl von partiellen Inkonsistenzen nicht überschreiten dürfen. Die verbleibenden Projektionsbündel können mit Hilfe der Cluster-Analyse weiter zusammen gefasst werden, um auf eine Szenariozahl von zwei bis drei zu kommen [Martino, 1978].

Da die Durchführung der Konsistenzanalyse ohne den Einsatz von EDV kaum noch möglich ist, sind hierfür mehrere Programme entwickelt worden. Zu nennen sind hier beispielsweise CAS (Computer Aided Szenarios), KONMACA (**Kon**sistente Szenarien, **Ma**trixgenerator für lineare Programmierung, **C**luster-**A**nalyse) oder SAR (**S**ets of **A**ssumption **R**anking) [Geschka, 1989], [Reibnitz, 1987], [Nitzsch, 1985]. Für die vorliegende Arbeit wird ebenfalls ein EDV-Programm geschrieben, um die Konsistenzanalyse durchführen zu können.

Nachteil der Konsistenzmatrix-Analyse ist, dass mit ihr nur Konsistenzen zwischen zwei Ausprägungen und keine Konsistenzbeziehung zwischen allen in einem Rohszenario vorkommenden Ausprägungen aufgezeigt werden können, wodurch die Konsistenz des gesamten Bündels mit diesem Verfahren nicht vollständig nachgewiesen wird. Weiterhin wird die Plausibilität, das heißt die Einbeziehung von Eintrittswahrscheinlichkeiten der Deskriptorausprägungen und somit Eintrittswahrscheinlichkeiten des Alternativbündels sowie eine zeitliche Untergliederung des Betrachtungszeitraums nicht berücksichtigt. Durch Kombination mit dem im Anschluss an diesen Abschnitt erläuterten Cross-Impact-Verfahren können diese Nachteile zum großen Teil aufgehoben werden.

5. Schritt: Szenario-Interpretation
Falls die unkritischen Projektionen im 4. Schritt noch nicht mit einbezogen wurden, geschieht dies nun. Die folgende Ausformulierung der einzelnen Szenarien wird so vorgenommen, dass die Szenarien in überschaubaren Zeitstufen von der Gegenwart in die Zukunft entwickelt werden. Dies ist von Vorteil, da zeitpunktbezogene Veränderungen in der Zukunft besser

berücksichtigt werden können und somit die Plausibilität und Identifikationsbereitschaft der Planer und Auftraggeber erhöht werden.

In der Szenario-Interpretation kommt die Cross-Impact-Analyse zum ersten Mal zum Einsatz. Nach Abschluss der Szenarienformulierung werden mit ihrer Hilfe die exogenen Szenariovariablen in einem mathematischen System abgebildet und auf Konsistenz geprüft. Die sich ergebenden konsistenten Variablen gehen darauffolgend in die Berechnung des Cash-Flows als endogene Ergebnisvariable ein.

6. Schritt: Störereignisanalyse

Störereignisse sind unerwartet auftretende Ereignisse, welche trendmäßige Entwicklungen in andere Richtungen lenken können. Bei den Störfällen handelt es sich sowohl um negative als auch positive Ereignisse. Nach Ermittlung der Störereignisse erfolgt eine Auswahl derjenigen Störereignisse, welche die Szenarien am stärksten beeinflussen. Die relevanten Störgrößen werden isoliert interpretiert, in die Szenarien integriert und bezüglich ihrer Auswirkungen mittels der Cross-Impact-Analyse untersucht. Die Stabilität von einzelnen Szenariogrößen gegenüber exogenen Einflüssen und die Auswirkungen auf die endogenen Ergebnisvariablen kann so zusätzlich getestet werden.

7. und 8. Schritt: Konsequenz-Analyse und Szenario-Transfer

Nach Abschluss der Berechnung werden mittels der Konsequenz-Analyse aus den Szenarien Konsequenzen abgeleitet, aus denen dann die Problemlösungen mittels des Szenario-Transfers entwickelt werden. Im Ablaufschema von Geschka und v. Reibnitz sind die Schritte als eigenständige Phasen beschrieben. In Anlehnung an Gausemeier werden dagegen im vorliegenden Ansatz die beiden Schritte als Szenario-Transfer mit drei Unterphasen zusammengefasst.

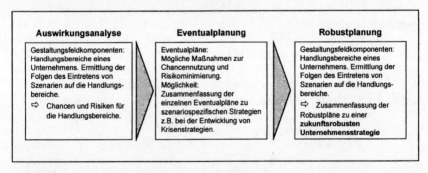

Abb. 5.6 Dreistufiger Szenario-Transfer nach Gausemeier

Ziel der Auswirkungsanalyse ist die Ermittlung von Chancen und Risiken, die sich aus den einzelnen Szenarien für das Unternehmen ergeben. Nachdem die möglichen Problemfelder identifiziert worden sind, werden für diese mittels Eventualplanung mögliche Maßnahmen zur Chancennutzung und Risikominimierung gefunden. Zudem können mit den einzelnen Eventualplänen szenariospezifische Strategien entwickelt werden. Abschließend werden in der sogenannten Robustplanung alle Einzelplanungen und deren Auswirkungen auf die Handlungsbereiche eines Unternehmens zu einer zukunftsrobusten Unternehmensstrategie zusammengefasst. Dieser Robustplan kann sich hierbei auf das Gesamtunternehmen oder auf einzelne Geschäftsfelder beziehen.

5.2 Die Cross-Impact-Analyse

Anfang der sechziger Jahre wurde im Rahmen einer Studie für die Kaiser Aluminium Company aufgrund von bestehenden Problemen der Delphi-Technik erstmals ein Cross-Impact-Verfahren angewandt. Eine Schwachstelle der Delphi-Technik ist, dass sie die Abhängigkeit der Ereignisse untereinander und Beeinflussung ihrer Eintrittswahrscheinlichkeit von vorausgegangenen Ereignissen nicht ausreichend darstellt. Diese Interdependenzen und der Einbezug von Wahrscheinlichkeiten kommen in der Gruppe der Cross-Impact-Analysen zum Ausdruck. Letzteres Kriterium unterscheidet die Cross-Impact-Verfahren von der Konsistenzanalyse [Brauers, 1986], [Helmer, 1977], [McLean, 1976].

Im Rahmen der Erstellung und Analyse von Szenarien lassen sich Cross-Impact-Verfahren für folgende Aufgaben einsetzen [Götze, 1993, S. 163] :

- Interdependenzanalyse der Systemgrößen
- Ermittlung von konsistenten und plausiblen Rohszenarien
- Sensitivitätsanalyse
- Strategieüberprüfung

Für die Durchführung einer Analyse muss der Anwender einen Satz von Einflussgrößen mit ihren Schlüsselfaktoren, die möglichen Projektionen, ihre Eintrittswahrscheinlichkeiten und ihre Beziehungen zueinander, die sogenannten Cross-Impacts, vorgeben.

5.2.1 Statische kausale Cross-Impact-Analyse

Bei der kausalen Cross-Impact-Analyse werden Cross-Impacts als Wirkung angesehen, d. h. es wird festgelegt, welche Wirkung das Eintreten eines Ereignisses auf andere Ereignisse hat. Innerhalb der kausalen Methoden wird in statische und dynamische Verfahren unterschieden.

Bei den *statischen Verfahren* ist der Untersuchungszeitraum nicht unterteilt. Für das Eintreten der Projektionen muss aber eine Reihenfolge vorgegeben werden. Eines der bekanntesten Verfahren ist das BASICS (**BATTELLE** Scenario Inputs to Corporate Strategy) [Goldfarb, 1988], [Huss, 1987], [Millett, 1988]. Die Rechenabläufe aller Verfahren haben eine gleiche Struktur [Götze, 1993, S. 184]:

1. Eine Projektion wird ausgewählt und über sein Eintreten oder Nicht-Eintreten entschieden.

2. Auf Grundlage dieser Festlegung wird mittels Cross-Impacts die Eintrittswahrscheinlichkeit der anderen Projektionen verändert.

3. Wiederholung der Schritte 1. und 2., bis über das Eintreten oder Nicht-Eintreten alle Projektionen entschieden wurde.

Durch die Kombination des Eintretens oder Nicht-Eintretens aller Projektionen bekommt man eine Vielzahl von Projektionsbündel. Mit Hilfe der Cluster-Analyse können in einem weiteren Schritt die Projektionsbündel anhand von Ähnlichkeitskriterien zusammengefasst werden [Martino, 1978].

Bei der statisch kausalen Cross-Impact-Analyse wird es durch das simulierte sukzessive Eintreten oder Nicht-Eintreten der Projektionen möglich, indirekte Wirkungen über die vorhandenen Auswirkungsketten darzustellen. Ein Nachteil ist das vollständige Fehlen des Zeitfaktors, der durch die folgend beschriebenen dynamischen kausalen Cross-Impact-Analyseverfahren aufgehoben wird.

5.2.2 Dynamische kausale Cross-Impact-Analyse

Bei der dynamischen kausalen Cross-Impact-Analyse wird der Untersuchungsraum in Zeitabschnitte unterteilt. Für jeden Zeitabschnitt können unterschiedliche Aussagen über Projektionen gemacht werden. Durch den Einbezug der Zeit und den vorhandenen Rückkopplungsschleifen haben sich die Verfahren zu Simulationsmodellen weiterentwickelt. KSIM (Kane's SIMulation) war eines der ersten Verfahren, das in der Folgezeit verfeinert oder abgewandelt wurde [Kane, 1972]. Weitere Verfahren sind das INTERAX (Interactive Cross-Impact Simulation) von Enzer und das Verfahren von Helmer, welches Eingang in das Simulationsprogramm CRIMP gefunden hat [Enzer, 1980], [Helmer, 1977].

5.3 Darstellung des verwendeten CRIMP-Modells

Das Crimp-Modell (Causal Cross-Impact Analysis) wurde als Simulationsprogramm am Bremer Institut für Betriebstechnik und angewandte Arbeitswissenschaften an der Universität Bremen (BIBA) entwickelt, um Anwendern bei Aufgaben wie Technologiefolgeabschätzungen, strategischen Unternehmensplanungen, techno- und sozio-ökonomischen Evaluationen sowie komplexen Cost/Benefit-Analysen zu unterstützen. Grundlage einer CRIMP-Simulation ist ein Basisszeanrio. Hierfür wird ein festgelegter begrenzter Zeithorizont H definiert, in dem die Entwicklung von Systemvariablen, die sich gegenseitig beeinflussen können, untersucht werden. Der Zeithorizont H ist hierbei in n Zeitschritte (scenes) der Länge $S(j)$ unterteilt. Scenes können hier z. B. gleichlange Zeitspannen von Monaten, Quartalen oder Jahren repräsentieren.

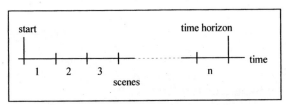

Abb. 5.7 Verwendeter Zeithorizont und Zeitschritte (scenes)

Die Systemvariablen setzen sich aus drei unterschiedlichen Typen, den sogenannten Trends (stetige Entwicklungen), Events (zeitpunktbezogene Ereignisse) und Actions (Aktionen) zusammen, die untereinander durch die Cross-Impacts in Beziehung stehen. Die in CRIMP verwendete Cross-Impact-Matrix stellt hierbei eine alternative Darstellung der Vernetzung der miteinander verbundenen Systemvariablen dar.

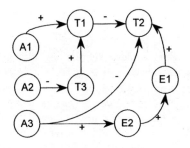

	T1	T2	T3	E1	E2
Trend 1		⇩			
Trend 2					
Trend 3	⇧				
Event 1		⇧			
Event 2				⇧	
Action 1	⇧				
Action 2			⇩		
Action 3		⇩			⇧

Abb. 5.8 Netzwerk von Trends, Events und Actions als Graphik und Cross-Impact-Matrix [Duin, 1995]

Grundlage der Simulation eines Basisszenarios sind Trends und Events. CRIMP wurde nicht dafür konzipiert, möglichst unterschiedliche Szenarien auf Grundlage eines einzigen Basisszenarios zu erstellen. Da jedes Ereignis im Modell nur zwei Ausprägungen mit einer gewissen Eintrittswahrscheinlichkeit hat, Nicht-Eintritt oder Eintritt, ist es nicht möglich Ereignissen automatisch mehrere Zustände zuzuweisen, wie z. B. die Förderung von Erdgasfahrzeugen auf 2.000, 4.000 und 6.000 DM belaufen zu lassen.

Aus diesem Grund bietet es sich an, vor der Simulation mit CRIMP mit der Konsistenzanalyse aus der Vielzahl der möglichen Rohszenarien zwei oder drei sich stark unterscheidende Zukunftsprojektionen zu ermitteln. CRIMP bietet dann sehr gute Möglichkeiten die Interdependenzen, Eintrittswahrscheinlichkeiten von Ereignissen, Maßnahmen und Sensitivitäten des Gesamtsystems zu untersuchen und zu plausiblen, in sich konsistenten und validierten Szenarien zu gelangen. Das CRIMP-Modell kann somit für die im Ablaufschema zur Szenario-Technik nach Reibnitz und Geschka dargestellten Phasen Szenario-Interpretation (5. Schritt) und Störereignisanalyse (6. Schritt) angewandt werden. Im Folgenden werden die einzelnen Modellvariablen und -annahmen des CRIMP-Modells dargestellt.

5.3.1 Trends

Trends sind stetige Größen, die sich über die einzelnen Szenen entwickeln und andere Trends sowie die Eintrittswahrscheinlichkeit von Events beeinflussen können. Für jeden Trend T_i muss vom Anwender die Eintrittswahrscheinlichkeit $p_{T_i}(j)$ für jeden zukünftigen Zeitabschnitt S_j abgeschätzt werden. Alle Projektionen zusammen werden **a priori** Zeitreihen genannt. Jeder Schätzwert der a priori Zeitreihen liegt zwischen zwei zu definierenden Grenzwerten, L_{T_i} als Minimumwert und als U_{T_i} Maximumwert. Die a priori Werte der Trends dienen als Referenzwerte.

Durch einen Algorithmus werden während der Simulation für jeden Zeitabschnitt erneut aktuelle Werte $T_i'(j)$, die **actual values**, berechnet. Aus der Abweichung der aktuellen Werte von den a priori Werten ergeben sich über die Cross-Impacts Auswirkungen auf andere Trends und Events. Da es sich bei den Trendabschätzungen definitionsgemäß um zukünftige Entwicklungen handelt und diese mit Unsicherheiten behaftet sind, muss diesem Umstand Rechnung getragen werden. Dies geschieht mit einer sogenannten **volatility** $v_i(j)$, die besagt, dass jeder a priori Wert für die Trends mit einer Wahrscheinlichkeit von 0,5 innerhalb eines Intervalls $[R(T_i(j)-v_i(j)), R(T_i(j)+v_i(j))]$ liegt.

5 Konkretisierung und Weiterentwicklung eines kombinierten Szenarioansatzes

R stellt hier die sogenannte „R-space Transformation" dar. Wie oben erwähnt können die Trends Werte zwischen ihrem Minimum L_{T_i} und Maximum U_{T_i} annehmen. Aufgrund additiver Cross-Impacts ist es theoretisch möglich, dass diese Grenzen bei der Simulation überschritten werden. Um dies zu verhindern, wird eine Skalentransformation durchgeführt, die den unteren Grenzwert L_{T_i} in – ∞ und den oberen Grenzwert in ∞ umformt. Der Mittelwert A ergibt sich hierbei zu 0. T_i wird mit folgender Transformationsgleichung in den R-space überführt:

$$R(T_i) = \frac{k(T_i - A)}{(T_i - L_{T_i})(U_{T_i} - T_i)} \quad \text{mit} \quad A = \frac{L_{T_i} + U_{T_i}}{2} \quad \text{und} \quad k = \frac{((U_{T_i} - L_{T_i})/2)^2 - v_i^2}{v_i} \quad (5.2)$$

Für die Transformation wird angenommen, dass der Widerstand gegenüber Veränderungen mit zunehmender Abweichung vom Mittelwert abnimmt, d. h. dass hierdurch ein Schwellenwert, $R(T_i) = 1$, definiert wurde, innerhalb dessen Abweichungen zu keinen größeren Werteveränderungen führen.

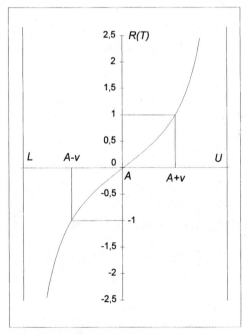

Abb. 5.9 R-Space Transformation von Trends

5.3.2 Events

Ein Event ist ein Ereignis, dass durch seinen Eintritt oder Nicht-Eintritt die aktuelle Entwicklung von Trends und die Eintrittswahrscheinlichkeit von anderen Ereignissen stört. Innerhalb des Szenarios müssen für jeden Zeitschritt **a priori** Eintrittswahrscheinlichkeiten $p_{E_i}(j)$ bestimmt werden. Die Ober- und Untergrenze werden im Modell wie folgt festgelegt:

$$0 \leq L_{E_i} < p_{E_i}(j) < U_{E_i} \leq 1.$$

mit
L_{E_i} minimale Eintrittswahrscheinlichkeit
U_{E_i} maximale Eintrittswahrscheinlichkeit

Wie bei den Trends wird die Unsicherheit für das Eintreten von Ereignissen mit einer Volatilität beschrieben. Die Eventvolatilität ist mit $v_{E_i}(j) = 0{,}25$ für alle Zeitschritte festgelegt. Durch einen Algorithmus wird für jeden Zeitschritt eine neue aktuelle Eintrittswahrscheinlichkeit $p'_{E_i}(j)$ berechnet. Im ersten Zeitschritt ist $p'_{E_i}(1) = p_{E_i}(1)$.

Die Berechnung der aktuellen Eintrittswahrscheinlichkeit findet ebenfalls im transformierten R-space statt. Die Überführung von p_{E_i} in den R-space geschieht wie folgt:

$$R(p_{E_i}) = \frac{k(p_{E_i} - a)}{(p_{E_i} - L_{E_i})(U_{E_i} - p_{E_i})} \quad \text{mit } a = \frac{L_{E_i} + U_{E_i}}{2} \text{ und } k = \frac{((U_{E_i} - L_{E_i})/2)^2 - v_{E_i}^2}{v_{E_i}} \qquad (5.3)$$

5 Konkretisierung und Weiterentwicklung eines kombinierten Szenarioansatzes

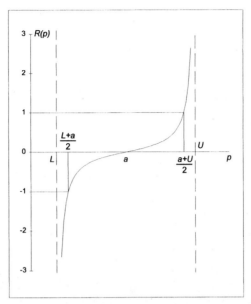

Abb. 5.10 R-Space Transformation von Ereigniswahrscheinlichkeiten

5.3.3 Actions

Actions sind Modellelemente, die Maßnahmen von Akteuren repräsentieren. Das bedeutet, dass mit Actions Einfluss auf Trends und Events genommen werden kann. Akteure sind hierbei Interessengruppen, die durch Maßnahmen das Szenario beeinflussen können. Eine Wirkung auf Actions ist im Modell nicht zugelassen. Die Actions sind ebenfalls durch Cross-Impacts mit den anderen beiden Systemvariablentypen verbunden. Jedem Akteur P_i wird im Modell für jeden Zeitschritt ein Budget $B_{P_i}(j)$, z.B. Geld oder Zeit zugewiesen, dass er durch Maßnahmen $A_{P_i} = \{A_1, A_2, ...\}$ einsetzen kann, um das System zu verändern. Die Kosten, die mit einer Maßnahme einhergehen, werden mit $K_{A_i}(j)$ bezeichnet. Ein Akteur kann innerhalb eines Zeitschrittes bei der Durchführung von Maßnahmen maximal soviel ausgeben, wie ihm durch sein Budget zugewiesen wurde:

$$\sum_{A_i \in A_{P_i}} K_{A_i}(j) \leq B_{P_i}(j). \tag{5.4}$$

Je mehr ein Akteur in die einzelnen Maßnahmen investiert, desto höher ist der Einfluss, den er dadurch auf das System hat. Dieser Sachstand wird durch die Kostenintensitätsfunktion $I_{A_i}(K_{A_i}(j))$ Rechnung getragen:

$$I(k) = 1 - 2^{-ak^2 - bk} \quad \text{wobei} \quad a = \frac{h-g}{g^2 h - h^2 g} \quad \text{und} \quad b = \frac{2g^2 - h^2}{g^2 h - h^2 g}. \tag{5.5}$$

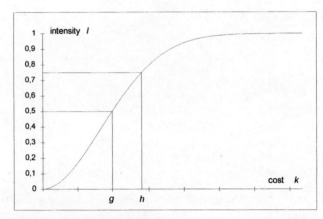

Abb. 5.11 Kostenintensitätsfunktion

5.3.4 Cross-Impact-Matrix

Die einzelnen Systemvariablen sind in der Cross-Impact-Matrix C durch die einzelnen Cross-Impact-Koeffizienten $c_{V_i,V_j}(j)$ für jeden Zeitschritt j miteinander verbunden. Der Cross-Impact-Koeffizient beschreibt, welche Wirkung die Variable V_j auf die Variable V_i besitzt, wobei $V_j \in T \cup E \cup A$ und $V_i \in T \cup E$ sind. Die Cross-Impact-Matrix ist für alle Zeitschritte allgemeingültig. In CRIMP wurde die Möglichkeit einer Wirkungsverzögerung mit berücksichtigt: Bei einem Ereigniseintritt zeigt der Impact beispielsweise erst im übernächsten Zeitschritt seine Wirkung auf eine andere Variable. Um die Impacts von Variablen auf andere quantitativ darzustellen, wird für die Cross-Impact-Koeffizienten eine Werteskala von 0 bis 2 verwendet. Das Vorzeichen gibt an, ob die Variable negative oder positive Wirkung auf die entsprechende andere Variable hat:

0	⇨	keine Auswirkung
± 0,25	⇨	geringe Auswirkung
± 0,50	⇨	mittlere Auswirkung
± 1,00	⇨	große Auswirkung
± 2,00	⇨	sehr große Auswirkung

5 Konkretisierung und Weiterentwicklung eines kombinierten Szenarioansatzes

Die Cross-Impact-Matrix wird im R-Space durchgeführt und durch eine Trial-and-Error Iteration bestimmt, was sich als ein arbeitsaufwendiger Arbeitsschritt darstellt. Folgende Daten müssen dafür vom Anwender eingegeben werden:

n	Anzahl der Zeitschritte im Szenario
$S(j)$	Länge der Zeitschritte j (aus Vereinfachungsgründen sind alle Zeitschritte gleich lang: $S(j) \equiv S$)
L_{T_i}	Untere Grenze des Trends T_i (Minimum), i = 1...m
U_{T_i}	Obere Grenze des Trends T_i (Maximum)
$T_i(j)$	a priori Wert des Trends T_i in einem Zeitschritt j
$v_i(j)$	Volatilität des Trends T_i in einem Zeitschritt j
L_{E_i}	Untere Grenze des Events E_i (Minimum), i = 1...o
U_{E_i}	Obere Grenze des Events E_i (Maximum)
$p_{E_i}(j)$	a priori Eintrittswahrscheinlichkeit des Events E_i in einem Zeitschritt j
$B_{P_i}(j)$	Budget eines Akteurs P_i in einem Zeitschritt j, i = 1...q
$K_{A_i}(j)$	Investierte Kosten in Action A_i in einem Zeitschritt j, i = 1...r
$I_{A_i}(K_{A_i}(j))$	Kostenintensitätsfunktion der Action A_i
C	Cross-Impact-Matrix mit einzelnen Cross-Impact-Koeffizienten $c_{V_i,V_j}(j)$
$v_E(j)$	Konstante Volatilität der Events E_i, i = 1...o, mit 0,25 festgelegt

Wirkzusammenhänge zwischen Systemvariablen

Trends auf Trends
$$\frac{\Delta T_j}{v_j} = c_{T_i,T_j} \cdot \frac{\Delta T_i}{v_i} \qquad \Delta = \text{Differenz von a priori zu actual value}$$

Trends auf Events
$$\frac{\Delta p_{E_j}}{v_E} = c_{T_i,E_j} \cdot \frac{\Delta T_i}{v_i}$$

Events auf Trends
$$\frac{\Delta T_j}{v_j} = c_{E_i,T_j} \cdot \frac{p''(E_i)}{v_E}$$

Events auf Events
$$\Delta p_{E_j} = c_{E_i,E_j} \cdot p''(E_i)$$

$$\text{mit } p''(E_i) = \begin{cases} 1 - p'_{E_i} & \text{wenn das Ereignis } E_i \text{ auftritt} \\ -p'_{E_i} & \text{sonst} \end{cases}$$

Actions auf Trends $\quad \dfrac{\Delta T_j}{v_j} = c_{A_i,T_j} \cdot I_{A_i}(K_{A_i})$

wobei $I_{A_i}(K_{A_i})$ Kostenintensitätsfunktion der Action A_i ist

Actions auf Events $\quad \dfrac{\Delta p_{E_i}}{v_E} = c_{A_i,E_j} \cdot I_{A_i}(K_{A_i})$

5.3.4.1 Durchführung der Simulation

Nach der Eingabe aller Daten durch den Anwender beginnt die CRIMP-Simulation. Der Algorithmus in CRIMP startet im ersten Zeitabschnitt und liest die a priori Werte der Trends, die Eintrittswahrscheinlichkeiten von Ereignissen, Cross-Impacts usw. ein. Im ersten Schritt der Simulation werden für ein Basisszenario, in dem noch keine Störereignisse auf die Trends und Events einwirken, die geschätzten Cross-Impacts durch Iteration so angepasst, dass ein in sich konsistentes System entsteht.

In einem zweiten Schritt wird mit der CRIMP-Simulation eine Störgrößenanalyse durchgeführt: Es werden Events oder Actions gesetzt, die das System beeinflussen und über die Cross-Impacts andere Variablen verändern.

Als Ergebnis erhält man für jede Variable die Abweichungen vom Basisszenario, die sich durch die Störgrößen ergeben haben.

5.3.4.2 Berechnungen im ersten Zeitabschnitt

Im Folgenden wird dargestellt, wie der Simulationsalgorithmus im Einzelnen arbeitet und die Veränderungen von Variablen ausgehend vom ersten Zeitintervall bis zum Zeithorizont über die Cross-Impacts auf andere Variablen wirken.

Im ersten Zeitintervall werden anfänglich die aktuellen Trendwerte durch eine Schätzung der a priori Werte mittels einer Superposition durchgeführt. Die Superposition, *NOISE(i,j)* genannt, stellt eine durch einen Zufallsgenerator erzeugte Störung dar, die die Volatilität der a priori Schätzungen wiedergibt. Die Berechnungen hierfür werden im R-space durchgeführt, um sicherzustellen, dass die Minima und Maxima nicht überschritten werden. Der Zufallsgenerator überführt $R(T_i')$ in das Intervall $R(T_i - v_i)$ und $R(T_i + v_i)$ mit einer Wahrscheinlichkeit von 0,5. Die Funktion $NOISE(i) + R(T_i)$ hat eine Gauss-Verteilung mit $R(T_i)$ als Mittelwert und $R(T_i \pm v_i)$ als Grenzwerte bei ±0,25.

5 Konkretisierung und Weiterentwicklung eines kombinierten Szenarioansatzes

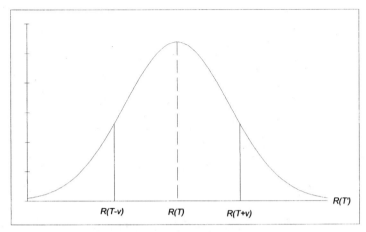

Abb. 5.12 Superposition von Trends mittels NOISE

Die Verteilungsfunktion $\varphi(R(T_i'))$ ergibt sich wie folgt:

$$\varphi(R(T_i')) = \frac{1}{\sigma\sqrt{2\pi}} e^{-\frac{(R(T_i')-R(T_i))^2}{2\sigma^2}} \quad \text{mit } \sigma = \frac{R(T_i + v_i) - R(T_i)}{\vartheta\sqrt{2}} \text{ und } \vartheta = 0{,}4769 \quad (5.6)$$

Hieraus ergibt sich für $R(T_i'(1))$:

$$R(T_i'(1)) = R(T_i(1)) + NOISE(i,1) \quad (5.7)$$

Durch eine Umkehrtransformation folgt für $T_i'(1)$:

$$T_i'(1) = R^{-1}(R(T_i(1)) + NOISE(i,1)) \quad (5.8)$$

Im zweiten Schritt werden die Wahrscheinlichkeiten des Eintritts (1) oder Nicht-Eintritts (0) der Events ebenfalls durch einen Zufallsgenerator für den ersten Zeitabschnitt gesetzt.

Danach werden die vom Anwender festgelegten Aktionen eines oder mehrerer Akteure durchgeführt, wobei die Maßnahmen der Akteure in ihrem festgelegten Budgetrahmen liegen. In den Berechnungen des ersten Zeitintervalls kommen die Cross-Impacts noch nicht zum Tragen, da Impacts nur zwischen zwei unterschiedlichen Zeitintervallen auftreten können.

5.3.4.3 Berechnungen im zweiten Zeitabschnitt

Im zweiten Zeitintervall werden die Trendwerte wie folgt berechnet:

$$\begin{aligned}
R(T_i'(2)) = &\; R(T_i(2)) + NOISE\,(i,2) + & \text{(Term I)} \\
&\sum_{x=1}^{k} c_{T_x,T_i}(1) \cdot \frac{\Delta T_x(1)}{v_x(1)} + & \text{(Term II)} \\
&\sum_{x=1}^{l} c_{E_x,T_i}(1) \cdot \frac{p''(E_x,1)}{v_{E_x}} + & \text{(Term III)} \\
&\sum_{x=1}^{m} c_{A_x,T_i}(1) \cdot I_{A_x}(K_{A_x}(1)) & \text{(Term IV)}
\end{aligned} \qquad (5.9)$$

mit $\Delta T_i(1) = T_i'(1) - T_i(1)$ und $i = 1..k$. $c_{T_x,T_i}(1), c_{E_x,T_i}(1)$, und $c_{I_x,T_i}(1)$ sind die korrespondierenden Koeffizienten der Cross-Impact-Matrix C für Zeitabschnitt 1. Diese Koeffizienten müssen nicht unbedingt mit denen aus Zeitabschnitt 2 übereinstimmen. Die Terme I bis IV stehen für folgende Impacts auf Trends:

Term I	a priori Wert plus *NOISE*
Term II	Impacts durch die Abweichung zwischen dem aktuellen Wert und dem a priori Trendwert
Term III	Impacts durch den Eintritt oder Nicht-Eintritt von Ereignissen
Term IV	Impacts durch Actions

Term I wird in der gleichen Weise wie im Zeitabschnitt 1 berechnet. Im Term II werden die Abweichungen auf einen beeinflussten Trend durch sogenannte „surprise units" dargestellt. D.h. die einzelnen Volatilitäten der Trends werden mit den einzelnen Impacts multipliziert. Term III beschreibt die Impacts der Events auf den Trends.

p'' ist definiert als

$$p''(E_x,1) = \begin{cases} 1 - p'_{E_i}(1) & \text{falls Event } E_i \text{ in Scene 1 eintritt} \\ -p'_{E_i}(1) & \text{sonst} \end{cases} \qquad (5.10)$$

wobei p' als aktuelle Eintrittswahrscheinlichkeit des Events im Zeitabschnitt 2 steht. Allen Events wird die selbe Volatilität von $v_E = 0{,}25$ zugewiesen. Abschließend trägt Term IV den Impacts durch Actions des vorherigen Zeitabschnittes Rechnung. $I_{A_x}(K_{A_x}(1))$ beschreibt hierbei die Intensität der Anwendung der Action A_x. Der Gesamteinfluss auf die Eintrittswahrscheinlichkeit der Ereignisse im Zeitabschnitt 2 werden wie folgt berechnet:

$$R(p'_{E_i}(2)) = R(p_{E_i}(2)) + \qquad \text{(Term I)}$$

$$\sum_{x=1}^{k} c_{T_x,E_i}(1) \cdot \frac{\Delta T_x(1)}{v_x(1)} + \qquad \text{(Term II)}$$

$$\sum_{x=1}^{l} c_{E_x,E_i}(1) \cdot \frac{p''(E_x,1)}{v_{E_x}} + \qquad \text{(Term III)} \qquad (5.11)$$

$$\sum_{x=1}^{m} c_{A_x,E_i}(1) \cdot I_{A_x}(K_{A_x}(1)) \qquad \text{(Term IV)}$$

Die Terme I bis IV stehen für folgende Impacts:

Term I	a priori Werte für die Eintrittswahrscheinlichkeit der Events
Term II	Trendabweichung vom vorherigen Zeitabschnitt
Term III	Eintritt oder Nicht-Eintritt eines Ereignisses im vorherigen Zeitabschnitt
Term IV	Actions aus dem vorherigen Zeitabschnitt

Für alle weiteren Zeitabschnitte wird in gleicher Weise verfahren, bis der Zeithorizont H erreicht ist.

5.4 Abschließende Bemerkung

Es ist ein neues Prognoseverfahren zur Szenarioerstellung erarbeitet worden, welches in der Lage ist, die an ihn gestellte Aufgabe zu erfüllen. Durch die Verbindung des vorgestellten Phasenablaufmodells mit der Cross-Impact-Analyse als Simulationsmodell wird es möglich, einen Satz von exogenen Schlüsselfaktoren zu identifizieren, die die Szenarien mittels Projektionen in sich konsistent beschreiben. Durch die Anwendung einer Cash-Flow-Rechnung, wie sie an einem Fallbeispiel im folgenden Kapitel 6 dargestellt ist, werden die Szenarien quantitativ bewertet und können beispielsweise einer Unternehmensführung als Entscheidungsgrundlage dienen. Die Verwendung des qualitativen Szenario-Writing hat bei der Ermittlung der exogenen Variablen den Vorteil, dass ihr Ist-Zustand und ihre zukünftige Entwicklung für die anschließende quantitative Bewertung dieser Variablen plausibler und nachvollziehbarer werden.

Es sei kritisch darauf hingewiesen, dass auch bei dem oben beschriebenen Verfahren die Abhängigkeiten der exogenen Variablen nicht vollständig realitätsgetreu nachgebildet werden, sondern durch einen arbeitsintensiven Iterationsprozess bei der Cross-Impact-Analyse nur angenähert werden.

6 Berechnung und Interpretation von Szenarien zur Beurteilung der Marktchancen

Um die Anschaulichkeit für den Leser zu verbessern, wird in dieser Arbeit die Darstellung der einzelnen Phasen der Szenarioerstellung nicht in ihrer ursprünglichen Reihenfolge wiedergegeben. So wurden dem Leser in Kapitel 2 und Kapitel 3 auf Grundlage der in diesem Kapitel zu entwickelnden Schlüsselfaktoren schon die System- und Aufgabenanalyse als thematischer Einstieg präsentiert, bevor in Kapitel 4 und 5 die Darstellung der theoretischen Grundlagen für die Szenarioerstellung erfolgte. Im Kapitel 6 werden nun die eigentlichen Szenarien gebildet. Dies geschieht nach dem in Kapitel 5 modifizierten Phasenablaufmodell (Abb. 6.1.).

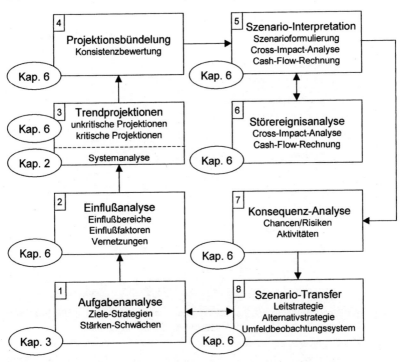

Abb. 6.1 Zuordnung der Szenariophasen zu den Kapiteln der vorliegenden Arbeit

Im Folgenden werden in einem ersten Schritt die das Geschäftsfeld „Erdgas im Verkehr" beschreibenden Schlüsselfaktoren identifiziert und die eigentlichen Szenarien gebildet. Im Anschluss werden für die ermittelten Szenarien mit Hilfe der Cross-Impact-Analyse mathematische Modelle erarbeitet, deren Ergebnisse in die Cash-Flow-Rechnung eingehen und eine umfassende Störgrößenanalyse ermöglichen. Abschließend werden auf Basis der Szenarioergebnisse mögliche Strategien, die sich für EVU ergeben, abgeleitet. Grundlage hierfür ist der sich aus dem Erdgasverkauf und den Tankstelleninvestitionen für die swb AG ergebene Cash-Flow, wobei die Ergebnisse auf die bundesdeutsche Situation von EVU übertragen werden.

6.1 Einflussanalyse – Ermittlung der Schlüsselfaktoren

Nachdem das Gestaltungsfeld durch die Aufgabenanalyse in Kapitel 3 festgelegt wurde, werden nun für das Geschäftsfeld "Erdgas im Verkehr" Einflussbereiche und externe sowie interne Einflussgrößen und ihre Interdependenzen identifiziert und mit Hilfe der Vernetzungsmatrixanalyse die relevanten Schlüsselfaktoren des Systems ermittelt.

Für das Geschäftsfeld "Erdgas im Verkehr" werden als erstes die sozioökonomischen, technologischen und ökologischen Bereiche ermittelt, die einen Einfluss auf die Entwicklung des Marktes für Erdgasfahrzeuge haben. Es ergeben sich insgesamt sieben Einflussbereiche, für die jeweils die systembeschreibenden Einflussfaktoren gefunden werden müssen:

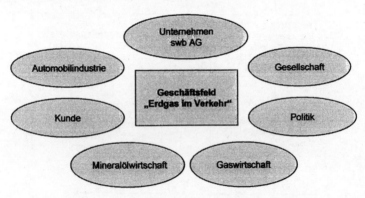

Abb. 6.2 Einflussbereiche im Geschäftsfeld "Erdgas im Verkehr"

In einem interdisziplinären Workshop wurden insgesamt 486 Einflussfaktoren ermittelt, die durch inhaltliche Zusammenfassung und Herausnahme von Mehrfachnennungen zu 53 Faktoren zusammengefasst werden können (Abb. 6.3). Im Folgenden wird dargestellt, wie sich die einzelnen Einflussfaktoren auf die Einflussbereiche verteilen. So ergibt sich bei den Nennungen ein Schwerpunkt im Bereich "Kunde" und "Gesellschaft" mit zehn bzw. neun Einflussfaktoren. Diese Verteilung der Einflussfaktoren lässt vorläufig vermuten, dass das Untersuchungsfeld "Erdgas im Verkehr" stark von der Nachfrage- und Nutzerseite abhängt. Ob diese Annahme zutrifft und welche

6 Berechnung und Interpretation von Szenarien zur Beurteilung der Marktchancen

Einflussfaktoren als Schlüsselfaktoren das Szenariomodell beschreiben, wird durch eine anschließende Analyse der Faktoren ermittelt.

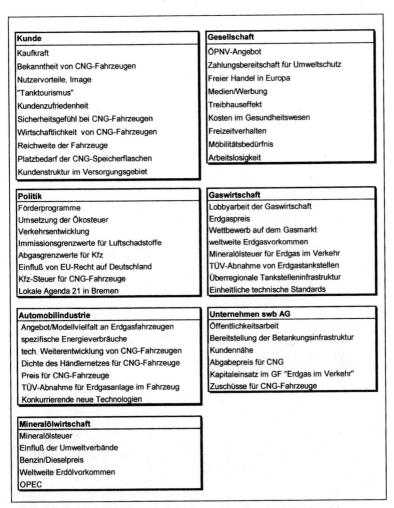

Abb. 6.3 Verteilung der Einflussfaktoren auf die einzelnen Einflussbereiche

Zur Identifizierung der Schlüsselfaktoren wird eine Vernetzungsmatrixanalyse erarbeitet. Für jeden Einflussfaktor wird sein Dynamik-Index durch Multiplikation der Aktiv- und Passivsummen gebildet und als Kriterium zur Auffindung von Schlüsselfaktoren verwendet.

Einflußfaktoren	DI
1 techn. Weiterentwicklung von CNG-Fhz.	1.436,4
2 Wirtschaftlichkeit von CNG-Fahrzeugen	1.143,0
3 Förderprogramme	829,3
4 Angebot/Modellvielfalt an Erdgasfahrzeugen	764,1
5 Bekanntheit von CNG-Fahrzeugen	707,8
6 Preis für CNG-Fahrzeuge	705,3
7 Lobbyarbeit der Gaswirtschaft	561,0
8 Zuschüsse für CNG-Fahrzeuge	541,4
9 Abgabepreis für CNG	531,0
10 Kapitaleinsatz im GF "Erdgas im Verkehr"	498,8
11 Umsetzung der Ökosteuer	441,8
12 Nutzervorteile, Image	439,4
13 spezifische Energieverbräuche	434,9
14 Konkurrierende neue Technologien	416,8
15 Benzin- / Dieselpreis	385,0
16 Abgasgrenzwerte für Kfz	360,0
17 Kundenzufriedenheit	356,1
18 Bereitstellung der Betankungsinfrastruktur	352,8
19 Überregionale Tankstelleninfrastruktur	344,9
20 Immissionsgrenzwerte für Luftschadstoffe	321,9
21 Verkehrsentwicklung	308,0
22 Zahlungsbereitschaft für Umweltschutz	308,0
23 Dichte des Händlernetzes für CNG-Fhz.	304,7
24 Mineralölsteuer für Erdgas im Verkehr	303,5
25 Öffentlichkeitsarbeit	293,8
26 Kfz-Steuer für CNG-Fahrzeuge	269,2
27 Kaufkraft	248,5
28 Lokale Agenda 21 in Bremen	242,8
29 Treibhauseffekt	223,1
30 Erdgaspreis	198,0
31 "Tanktourismus"	172,5
32 Reichweite der Fahrzeuge	168,6
33 Kundenstruktur im Versorgungsgebiet	163,9
34 Werbung/Medien	147,5
35 Mineralölsteuer	140,6
36 Platzbedarf der CNG-Speicherflaschen	133,0
37 Möbilitätsbedürfnis	114,3
38 Einheitliche technische Standards	108,0
39 TÜV-Abnahme für Erdgasanlage im Fhz.	85,5
40 Sicherheitsgefühl bei CNG-Fahrzeuge	84,6
41 Einfluß der Umweltverbände	60,0
42 Wettbewerb auf dem Gasmarkt	60,0
43 ÖPNV-Angebot	53,6
44 Freier Handel in Europa	48,6
45 Einfluß von EU-Recht auf Deutschland	46,5
46 Freizeitverhalten	45,5
47 Arbeitslosigkeit	36,0
48 Weltweite Erdölvorkommen	33,1
49 Kundennähe	24,8
50 Kosten im Gesundheitswesen	22,5
51 TÜV-Abnahme von Erdgastankstellen	17,8
52 OPEC	12,0
53 weltweite Erdgasvorkommen	7,8

Tab. 6.1 Ermittelte Schlüsselfaktoren mit Hilfe des Dynamik-Index (DI)

Als Schlüsselfaktoren qualifizieren sich alle Einflussfaktoren, deren Dynamik-Indizes oberhalb des durchschnittlichen Dynamik-Index øDI = 303 liegen, da davon ausgegangen werden kann, dass diese Faktoren durch ihre relativ hohe Aktiv- und Passivsummen eine große Bedeutung im System haben. Hieraus ergeben sich insgesamt 24 Einflussfaktoren, die für die Szenariobeschreibung verwendet werden. Im Folgenden sind die Schlüsselfaktoren tabellarisch und grafisch dargestellt. Es zeigt sich, dass 15 Schlüsselfaktoren einen Dynamik-Index zwischen 303 und 500, sieben einen DI zwischen 500 und 1.000 und die Faktoren 1 (Tech. Weiterentwicklung von CNG-Fahrzeugen) sowie 2 (Wirtschaftlichkeit von CNG-Fahrzeugen) einen DI oberhalb von 1.000 besitzen.

Die Verteilung der Faktoren wird im erweiterten „Systemgrid" (Abb. 6.4) dargestellt. In dieser grafischen Darstellung ist ersichtlich, dass die Mehrzahl aller nicht berücksichtigten Einflussfaktoren im Bereich von Passivsummen PS < 20 und Aktivsummen AS < 20 liegen, d. h. dass diese nichtqualifizierten Faktoren weder einen großen Einfluss auf andere ausüben noch von anderen Faktoren stark beeinflusst werden.

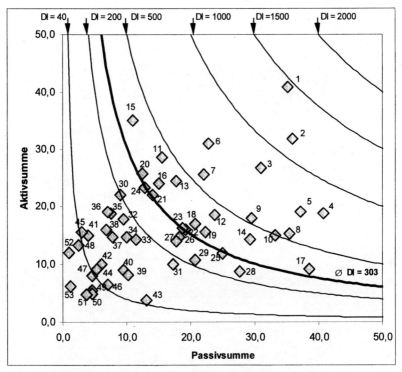

Abb. 6.4 Einflussfaktoren und qualifizierte Schlüsselfaktoren im erweiterten Systemgrid

6.2 Projektionsbündelung mittels Konsistenzanalyse

Nach der Analyse des Status-quo sowie zukunftsnaher Entwicklungen der Schlüsselfaktoren, die in Kapitel 2 ausführlich dargestellt wurden, werden nun für die Schlüsselfaktoren Projektionen entwickelt. Die Projektionen werden dabei in „Trends" und „Events" unterschieden. Jede Projektion stellt dabei eine mögliche Entwicklung der Schlüsselfaktoren für die Zukunft dar, die in den einzelnen Szenarien auftreten kann (siehe auch Kapitel 5).

PJ-Nr.	Bezeichnung	Art der Projektion
1A	Entwicklungssprung bei CNG-Fahrzeugen	Trend
1B	Stagnation auf heutigem technischen Niveau	Trend
2A	Wirtschaftliche Vorteile von CNG-Fahrzeugen	Trend
2B	Wirtschaftlichkeit wie bei Benzinfahrzeugen	Trend
3A	Förderung von CNG und Infrastruktur	Trend
3B	Rückgang der Fördermittel	Trend
4A	Schnelle Erhöhung der Angebots-/Modellvielfalt	Trend
4B	Keine Modellvielfalt durch fehlende Serienproduktion	Trend
5A	Schnelle Zunahme der Bekanntheit	Trend
5B	Nur regionale Bekanntheit	Trend
6A	Vergleichbare Preise für CNG-Fahrzeuge	Trend
6B	Anschaffungspreis von Umrüstfahrzeugen bleibt hoch	Trend
7A	Gasverbände sehen neues Geschäftsfeld	Trend
7B	Gasverbände verharren in Wartestellung	Trend
8	Zuschüsse für CNG-Fahrzeuge	Event
9A	Preisorientierung am Diesel	Trend
9B	Niedriger Einführungspreis für Erdgas	Trend
10	Kapitaleinsatz im GF "Erdgas im Verkehr"	Ergebnisvariable
11	Umsetzung der Ökosteuer	Event
12A	Signifikante Nutzervorteile	Trend
12B	Kein Vorhandensein von Nutzervorteilen	Trend
13A	Sparsame Erdgasfahrzeuge	Trend
13B	Verbrauchsminderung bei Erdgasfahrzeugen gering	Trend
14A	Neue Technologien verdrängen CNG	Trend
14B	Langsame Entwicklung neuer Antriebstechnologien	Trend
15A	Hohe Preissteigerung für Benzin/Diesel	Trend
15B	Moderate Preissteigerung für Benzin/Diesel	Trend
16	Abgasgrenzwerte für Kfz	Event
17A	Zufriedene Kunden	Trend
17B	Nur in wenigen Nutzersegmenten Kundenzufriedenheit	Trend
18	Bereitstellung der Betankungsinfrastruktur	Trend
19A	Flächendeckender Ausbau der Infrastruktur	Trend
19B	Punktueller Ausbau der Infrastruktur	Trend
20	Immissionsgrenzwerte für Luftschadstoffe	Event
21A	Zunahme des Verkehrsaufkommens	Trend
21B	Stagnation des Verkehrsaufkommens	Trend
22A	Verdoppelte Zahlungsbereitschaft	Trend
22B	Zahlungsbereitschaft bleibt niedrig	Trend
23A	Verdichtung des Händler/Wartungsnetzes	Trend
23B	Kein Ausbau des Händler/Wartungsnetzes	Trend
24	Mineralölsteuerermäßigung auf Erdgas im Verkehr	Event

Tab. 6.2 Erarbeitete Projektionen für das Geschäftsfeld „Erdgas im Verkehr"

Trends sind hierbei kontinuierliche Entwicklungen und können mehr als eine zukünftige Ausprägung aufweisen. Events stellen zeitpunktbezogene Geschehnisse dar und können durch ihren Eintritt oder Nichteintritt andere Trends oder Events beeinflussen. Sie werden nur durch ein mögliches Ereignis dargestellt. Die Entwicklung der Trends und der Eintritt der Events sind dabei mit Wahrscheinlichkeiten behaftet. Die Aufteilung in Trends und Events erfolgt schon an dieser Stelle, um die anschließende Konsistenzanalyse zielgerichtet auf die Systemsimulation mittels des CRIMP-Modells durchführen zu können. Die Kurzfassungen der erarbeiteten Projektionen sind in Tabelle 6.2 dargestellt. Ergeben sich zwei Projektion je Schlüsselfaktor werden diese mit A und B bezeichnet (Beispiel: Projektion A des Schlüsselfaktors 14 wird PJ 14A genannt).

6.3 Formulierung und Quantifizierung der Trendprojektionen

Im Folgenden werden die möglichen Projektionen (PJ) der Schlüsselfaktoren für die nächsten 10 Jahre, die Eingang in die Szenarioerstellung finden, dargestellt. Kontinuierliche Entwicklungen (**Trends**) können hierbei mehr als eine zukünftige Ausprägung aufweisen. Ereignisse (**Events**), die zeitpunktbezogene Geschehnisse darstellen und durch ihren Eintritt oder Nichteintritt Trends oder Events beeinflussen können, werden nur durch ein mögliches Ereignis dargestellt. Folgende Projektionen wurden erarbeitet:

Schlüsselfaktor 1: Technische Weiterentwicklung von CNG-Fahrzeugen *(Trend)*

PJ 1A Entwicklungssprung bei CNG-Fahrzeugen
CNG-Fahrzeuge, deren technischer Entwicklungsstand heute mit rund 75 % im Vergleich zu Diesel- und Benzinfahrzeugen angenommen wird, erreichen im Laufe der nächsten fünf Jahre in Serie gebaut ähnliche technische Standards und Komfort wie konventionelle Fahrzeuge. Durch die Verwendung der sequentiellen Einspritzung werden die Verbräuche auf annähernd Dieselniveau gesenkt. Im monovalenten Betrieb beträgt die Reichweite der Fahrzeuge rund 500 km. Intelligente Lösungen für die Fahrzeugtanks (Unterbodenanordnung, verteilte kleine Tanks) beseitigen die Platzeinbußen und damit weitgehend die Zuladeprobleme.

PJ 1B Stagnation auf heutigem technischen Niveau
Die CNG-Technologie wird nur als mittelfristige Interimslösung angesehen, deren Entwicklungsstand sich in den nächsten 10 Jahren nur langsam um 15 % erhöht. Neben der konstanten Weiterentwicklung von Brennstoffzellen- und Hybridfahrzeuge und deren sich ankündigender Markteinführung kommt es zusätzlich zu einer Optimierung der konventionellen Fahrzeuge. Die Automobilhersteller ziehen sich aus

dem Markt für Erdgasfahrzeuge zurück, so dass CNG-Fahrzeuge in der Regel nur von Umrüstungsfirmen angeboten werden.

	Einheit	1998	1999	2000	2001	2002	2003	2004	2005	2006	2007
PJ 1A	%	75	80	85	90	95	100	100	100	100	100
PJ 1B	%	75	79	82	84	85	86	87	88	89	90

Tab. 6.3 Entwicklungsstand von CNG-Fahrzeugen im Vergleich zu konventionellen Fahrzeugen (Basis: konventionelle Fahrzeuge = 100 %)

Schlüsselfaktor 2: Wirtschaftlichkeit von CNG-Fahrzeugen (*Trend*)

PJ 2A Wirtschaftliche Vorteile von CNG-Fahrzeugen
Senkung von Verbrauch und Anschaffungskosten durch Serienproduktion, Befreiung von der Kfz-Steuer aufgrund sehr guter Abgaswerte sowie Preissteigerungen bei Benzin und Diesel führen ab dem Jahr 2003 zu einer erhöhten Wirtschaftlichkeit von CNG-Fahrzeugen im Vergleich zu anderen Antriebstechniken. Dies führt dazu, dass CNG-Fahrzeuge ab dem Jahr 2003 rund 10 % günstigere Vollkosten als Dieselfahrzeuge aufweisen.

PJ 2B Wirtschaftlichkeit wie bei Benzinfahrzeugen
Erdgasfahrzeuge werden zwar in Serie mit nur geringen Mehrkosten produziert, es sind aber keine wirtschaftlichen Vorteile gegenüber konventionellen Fahrzeugen vorhanden. Zum einen wird die Förderung von Erdgasfahrzeugen gesenkt, zum anderen kann Erdgas nur geringfügig günstiger als Diesel angeboten werden, da der Preis für einen Barrel Erdöl sich in den nächsten 10 Jahren um 10 $ bewegen wird und keine Verständigung unter den Marktpartnern zugunsten eine Einführung von Erdgas als Treibstoff zustande kommen wird.

	Einheit	1998	1999	2000	2001	2002	2003	2004	2005	2006	2007
PJ 2A	%	85	90	95	100	105	110	110	110	110	110
PJ 2B	%	85	86	87	88	89	90	91	92	93	94

Tab. 6.4 Wirtschaftliche Vorteilhaftigkeit von CNG- gegenüber Dieselfahrzeugen (Dieselfahrzeuge = 100 %)

Schlüsselfaktor 3: Förderprogramme *(Trend)*

PJ 3A Weitere Förderung von CNG und Infrastruktur
Fördergelder für Investitionen öffentlicher Erdgastankstellen nehmen auf Gemeinde- und Stadtebene ab dem Jahr 2000 für drei Jahre im Durchschnitt um 40 % zu, um den Aufbau der Betankungsinfrastruktur voranzutreiben. Auf Landesebene werden verstärkt Fördermittel für Modellvorhaben bereitgestellt. Gasversorgungsunternehmen (GVU) haben die niedrige Besteuerung von Erdgas als positives politisches Signal verstanden und fördern ebenfalls für die nächsten drei Jahre die

6 Berechnung und Interpretation von Szenarien zur Beurteilung der Marktchancen

Anschaffung von Erdgasfahrzeugen. Im Anschluss an das Jahr 2003 wird zum großen Teil auf die Förderung verzichtet, da sich die Wirtschaftlichkeit von Erdgasfahrzeugen und die Infrastruktur so verbessert hat, dass sie keine weitere Förderung benötigen.

PJ 3B Rückgang der Fördermittel
Fördermittel für den Aufbau der Betankungsinfrastruktur und die Bezuschussung von Fahrzeugen werden aufgrund der schlechten Finanzlage der Städte und Gemeinden nur in Ausnahmefällen genehmigt. So kommt es, dass sich die Fördergelder bis zum Jahr 2007 um 70 % vermindern.

	Einheit	1998	1999	2000	2001	2002	2003	2004	2005	2006	2007
PJ 3A	%	0	-10	0	20	40	40	10	10	10	10
PJ 3B	%	0	-10	-15	-20	-25	-30	-40	-50	-60	-70

Tab. 6.5 Entwicklung der Fördermittel für „Erdgas im Verkehr" (Basis: Jahr 1998 = 100 %)

Schlüsselfaktor 4: Angebot/Modellvielfalt an Erdgasfahrzeugen *(Trend)*
PJ 4A Schnelle Erhöhung der Angebots-/Modellvielfalt
Erdgas wird als wirtschaftlicher und umweltfreundlicher Kraftstoff erkannt. Automobilhersteller wie Volvo und Honda konnten sich mit technisch ausgereiften Serienmodellen in neuen Marktsegmenten (Taxis, gehobene Mittelklasse) mit ihren CNG-Fahrzeugen etablieren. Dies führt zur Wettbewerbsbelebung bei anderen Automobilherstellern. Politisch bekommt Erdgas als umweltfreundlicher Kraftstoff weiteren Rückenwind. Die Automobilindustrie und die Mineralölwirtschaft einigen sich, CNG als zusätzlichen Kraftstoff einzuführen und die Modellvielfalt im Pkw- und Transporterbereich zu erhöhen.

PJ 4B Keine Modellvielfalt durch fehlende Serienproduktion
Konventionelle Kraftfahrzeuge werden weiterentwickelt, so dass Erdgasfahrzeuge keine nennenswerten Umwelt- oder Kostenvorteile bieten. Umgerüstete CNG-Fahrzeuge herrschen gegenüber Serienfahrzeugen auf dem Markt vor. CNG-Fahrzeuge lassen sich nur in Nischenmärkten absetzen. Der Anteil der verkauften CNG-Fahrzeuge im Markt für alternative Antriebe sinkt gegenüber Biodiesel- und LPG-Fahrzeugen deutlich.

	Einheit	1998	1999	2000	2001	2002	2003	2004	2005	2006	2007
PJ 4A	%	0	10	20	30	45	60	70	80	80	80
PJ 4B	%	0	2	4	6	8	10	12	14	16	18

Tab. 6.6 Entwicklung der Angebot/Modellvielfalt an Erdgasfahrzeugen (Basis: Jahr 1998 = 100 %)

Schlüsselfaktor 5: Bekanntheit von CNG-Fahrzeugen *(Trend)*

PJ 5   Schnelle Zunahme der Bekanntheit
Durch Werbung und Reportagen in den Medien und dem schnellen Zuwachs der Angebotspalette an CNG-Fahrzeugen sowie der Betankungsinfrastruktur nimmt die Bekanntheit von CNG-Fahrzeugen in der Öffentlichkeit auf 75 % zu. Händler wie Fahrzeughersteller präsentieren Erdgasfahrzeuge in ihren Broschüren und Ausstellungsflächen neben Diesel- und Benzinfahrzeugen.

PJ 5B   Nur regionale Bekanntheit
Erdgasfahrzeuge verharren in ihren Nischenmärkten. Der breiten Öffentlichkeit sind Erdgasfahrzeuge nicht bekannt. Regional bringen aber 20 % der Bevölkerung Erdgasfahrzeuge mit dem ÖPNV und Fahrzeugflotten von Energieversorgern in Verbindung.

	Einheit	1998	1999	2000	2001	2002	2003	2004	2005	2006	2007
PJ 5A	%	10	20	30	40	50	60	65	70	75	75
PJ 5B	%	10	15	20	20	20	20	20	20	20	20

Tab. 6.7 Entwicklung der Bekanntheit von CNG-Fahrzeugen

Schlüsselfaktor 6: Preis für CNG-Fahrzeuge *(Trend)*

PJ 6A   Vergleichbare Preise für CNG-Fahrzeuge
Durch Serienproduktion sowie Optimierung der Motoren und des Tanksystems von bi- und monovalenten Fahrzeugen sinken die Mehrkosten gegenüber konventionellen Fahrzeugen bis zum Jahr 2005 im Mittel auf 10 %.

PJ 6B   Anschaffungspreis von Umrüstfahrzeugen bleibt hoch
CNG-Fahrzeuge werden weiterhin nur durch Umrüstungen hergestellt. Optimierungen werden dadurch nur teilweise möglich. So kommt es, dass die Mehrkosten in den nächsten 10 Jahren nur langsam von rund 20 % auf 15 % gesenkt werden können.

	Einheit	1998	1999	2000	2001	2002	2003	2004	2005	2006	2007
PJ 6A	%	20	18	16	14	13	12	11	10	10	10
PJ 6B	%	20	20	19	18	17	17	16	16	15	15

Tab. 6.8 Mehrkosten für die Anschaffung von CNG (Basis: konventionellen Fahrzeuge = 0 %)

Schlüsselfaktor 7: Lobbyarbeit der Gaswirtschaft *(Trend)*

PJ 7A   Gasverbände sehen neues Geschäftsfeld
Erdgasfahrzeuge werden als attraktive Möglichkeit zur Verdichtung des Absatzmarktes in Städten gesehen. Die Einflussnahme auf politische Institutionen und Personen, Automobilindustrie sowie Mineralölwirtschaft wird erfolgreich forciert.

6 Berechnung und Interpretation von Szenarien zur Beurteilung der Marktchancen

PJ 7B Gasverbände verharren in Wartestellung
Mineralölwirtschaftsunternehmen, die Hauptanteilseigner der großen Gasverteiler sind und CNG-Fahrzeugen weiterhin kritisch gegenüber stehen, nehmen mittelbar Einfluss auf die Gasverbände. Aufgrund dieser Einflussnahme gehen keine weiteren positiven Signale von der Gaslobby aus.

	Einheit	1998	1999	2000	2001	2002	2003	2004	2005	2006	2007
PJ 7A	%	0	30	50	60	60	60	60	60	60	60
PJ 7B	%	0	0	0	0	0	0	0	0	0	0

Tab. 6.9 Entwicklung der Lobbyarbeit der Gaswirtschaft (Basis: Jahr 1998 = 100 %)

Schlüsselfaktor 8: Zuschüsse für CNG-Fahrzeuge *(Trend)*
PJ 8 Zur weiteren Markteinführung wird die swb AG bis zum Jahr 2001 die Anschaffung von 40 Fahrzeugen mit Zuschüssen von 3.000 DM fördern.

	Einheit	1998	1999	2000	2001	2002	2003	2004	2005	2006	2007
PJ 8	TDM/a	30	30	30	30	0	0	0	0	0	0

Tab. 6.10 Fördermittel der swb AG für die Anschaffung von CNG-Fahrzeugen

Schlüsselfaktor 9: Abgabepreis für CNG *(Trend)*
PJ 9A Preisorientierung am Diesel
Der Abgabepreis für Erdgas orientiert sich am Dieselpreis und ist ab dem Jahr 2000 um etwa 10 % günstiger. Das Erreichen der Wirtschaftlichkeit der Tankstelle durch höhere Einnahmen steht bei der Preisgestaltung im Vordergrund.

PJ 9B Niedriger Einführungspreis für Erdgas
Erdgas wird ab dem Jahr 1999 fünf Jahre lang 25 % preiswerter als Diesel angeboten, um die Penetration von CNG als Kraftstoff voranzutreiben. Nach dieser Einführungsphase wird der Preis auf Dieselniveau minus 10 % angehoben.

	Einheit	1998	1999	2000	2001	2002	2003	2004	2005	2006	2007
PJ 9A	Pf/kg	0,00	0,00	-10,00	-10,00	-10,00	-10,00	-10,00	-10,00	-10,00	-10,00
PJ 9B	Pf/kg	0,00	-25,00	-25,00	-25,00	-25,00	-25,00	-10,00	-10,00	-10,00	-10,00

Tab. 6.11 Tankstellenabgabepreis von CNG (Basis: Jahr 1998 = 0 %)

Schlüsselfaktor 10: Kapitaleinsatz der swb AG im GF "Erdgas im Verkehr"
PJ 10 In Abhängigkeit von der Marktentwicklung wird der Kapitaleinsatz für den Bau von weiteren Tankstellen, Beratungspersonal und Förderprogramme erhöht. Der notwendige Kapitaleinsatz errechnet sich aus den Ergebnissen der Simulation.

Schlüsselfaktor 11: Umsetzung der Ökosteuer *(Event)*
PJ 11 Nach der Einführung der ersten Phase der Ökosteuer im Jahre 1999, in der Diesel und Benzin mit sechs Pf/l versteuert werden, sind innerhalb der nächsten fünf Jahre zwei weitere Erhöhungen geplant. Benzin und Diesel werden dann nochmals um jeweils sechs Pf/l verteuert. Für Erdgas als Kraftstoff ergibt sich ab dem Jahr 1999 nur eine geringe Steuererhöhung von 0,11 Pf/kWh.

Schlüsselfaktor 12: Nutzervorteile, Image *(Trend)*
PJ 12A Signifikante Nutzervorteile und Imagezuwachs
   Erdgasfahrzeuge bieten dem Nutzer neben wirtschaftlichen Vorteilen, wie geringe Vollkosten, Fahrverbotsbefreiung durch geringe Emissionswerte und Benutzung von Sonderspuren und -parkplätzen, durch die Nutzung einer innovativen und umweltfreundlichen Technologie eine Erhöhung des Images und Status gegenüber anderen.

PJ 12B Kein Vorhandensein von Nutzervorteilen
   Durch die Weiterentwicklung von Motoren und Katalysatoren konventioneller Fahrzeuge werden die erwarteten wirtschaftlichen und umweltrelevanten Nutzervorteile zunichte gemacht. Heutige Nachteile wie unzureichende Reichweite und Zulademöglichkeiten können zwar behoben werden, Image- oder Statuserhöhungen sind durch CNG-Fahrzeuge aber nicht mehr zu erreichen.

	Einheit	1998	1999	2000	2001	2002	2003	2004	2005	2006	2007
PJ 12A	%	-20	-10	0	10	15	20	20	20	20	20
PJ 12B	%	-20	-15	-10	-10	-10	-10	-10	-10	-10	-10

Tab. 6.12 Entwicklung der Nutzervorteilen bei CNG-Fahrzeugen (Basis: konventionellen Fahrzeuge = 0 %)

Schlüsselfaktor 13: Spezifische Energieverbräuche *(Trend)*
PJ 13A Sparsame Erdgasfahrzeuge
   Monovalente CNG-Serienfahrzeuge haben sich am Markt durchgesetzt und bieten durch möglich gewordene höhere Verdichtungsverhältnisse und der Verwendung der sequentiellen Einspritzung sowie verbesserter Gassortenerkennung erhebliche Einsparpotentiale. Für Pkw und Transporter ergeben sich im neuen europäischen Fahrzyklus für das Jahr 2007 Verbrauchsminderungen von rund 25 %, so dass Verbräuche wie bei durchschnittlichen Dieselfahrzeugen erreicht werden.

6 Berechnung und Interpretation von Szenarien zur Beurteilung der Marktchancen

PJ 13B Verbrauchsminderung bei Erdgasfahrzeugen gering
Erdgasfahrzeuge werden zwar mit monovalenten Antrieben angeboten, werden aber weiterhin nur umgerüstet. Es werden nur Verbrauchsminderungen von bis zu 15 % erreicht, so dass die Verbrauchswerte ähnlich wie bei modernen Benzinfahrzeugen liegen.

	Einheit	1998	1999	2000	2001	2002	2003	2004	2005	2006	2007
PJ 13A	%	0	5	10	15	20	25	25	25	25	25
PJ 13B	%	0	5	10	13	14	15	15	15	15	15

Tab. 6.13 Entwicklung der Energieverbrauchsminderung bei CNG-Fahrzeugen (Basis: Jahr 1998 = 0 %)

Schlüsselfaktor 14: Konkurrierende neue Technologien *(Trend)*
PJ 14A Neue Technologien verdrängen CNG
Die Brennstoffzellentechnologie mit Benzinreformer ist in fünf Jahren auf dem Markt verfügbar. In den darauffolgenden Jahren sinken die Systemkosten drastisch. Hybridantriebe haben sich etabliert. Der Anbau von Raps sowie der aus ihm produzierte RME-Kraftstoff werden weiter subventioniert. Benzin- und Dieselfahrzeuge werden durch den Einsatz von neuen benzol- und/oder schwefelarmen Kraftstoffen sowie der Verwendung optimierter Motoren und leistungsfähigeren Katalysatoren sparsamer und emissionsärmer.

PJ 14B Langsame Entwicklung neuer Antriebstechnologien
Die Entwicklung alltagstauglicher Brennstoffzellentechnologie und Benzinreformer dauern länger als geplant. Fahrzeuge mit diesem Antriebssystem kommen frühestens 2006 auf den Markt. Hybridfahrzeuge werden im Pkw- und Transporterbereich in Kleinserien schon ab 2001 vermehrt von verschiedenen Fahrzeugherstellern auf dem deutschen Markt angeboten. Die Weiterentwicklung konventioneller Fahrzeuge orientiert sich dagegen an Vorgaben der Euro 4 Norm und geht darüber nicht hinaus.

	Einheit	1998	1999	2000	2001	2002	2003	2004	2005	2006	2007
PJ 14A	%	50	62	70	80	90	95	100	100	100	100
PJ 14B	%	50	60	70	75	80	85	90	95	100	100

Tab. 6.14 Entwicklung neuer Antriebstechnologien (Basis: serienmäßige Markteinführung = 100 %)

Schlüsselfaktor 15: *(Trend)*
PJ 15A Hohe Preissteigerung von Diesel
Ab dem Jahr 1999 steigen in den ersten drei Jahren die Kraftstoffpreise aufgrund stark ansteigender Rohölpreise und dem damit verbundenen Versuch der Mineralölindustrie, ihre Marge zu verbessern, um 30 %. In

der Folgezeit werden nur Preissteigerungen von fünf Prozent pro Jahr erwartet. Als Ausgangswert für den Dieselpreis werden die Werte des Jahres 1998 (Diesel: 1,14 DM/l) herangezogen [Shell (1999)]. Für Benzin werden die gleichen Preissteigerungsraten angenommen.

PJ 15B Moderate Preissteigerung Diesel
Aufgrund sehr niedriger Rohölpreise wird mit einer mittleren Preissteigerung von jeweils 4 % in den nächsten 10 Jahren gerechnet. Da Benzin und Diesel schon durch die Ökosteuer belastet werden, findet sich im Bundestag keine Mehrheit, zusätzlich die Mehrwertsteuer zur Haushaltsdeckung zu erhöhen.

	Einheit	1998	1999	2000	2001	2002	2003	2004	2005	2006
PJ 15A	Pf/l	114,40	125,80	137,30	148,70	154,40	160,10	165,90	171,60	177,30
PJ 15B	Pf/l	114,40	119,00	123,50	128,10	132,70	137,30	141,80	146,40	151,00

Tab. 6.15 Entwicklung der Dieselpreise

Schlüsselfaktor 16: Abgasgrenzwerte für Kfz *(Event)*
PJ 16   Nach Einführung der Euro 3 Norm im Jahre 2000 tritt die Euro 4 Norm im Jahr 2005 in Kraft. Durch eine Verschärfung werden die Abgasgrenzwerte verbindlich ab dem Jahr 2000 auf ca. 70 % und ab 2005 auf ca. 30 % heutiger Neuwagen festgelegt. Zusätzlich zu derzeitigen Tests müssen Otto- und Dieselmotoren diese Grenzwerte sowohl bei tiefen Außentemperaturen als auch dauerhaft einhalten (ab 2000 mindestens 80.000 km und ab 2005 mindestens 100.000 km). Hierfür wird ein Diagnosesystem in das Fahrzeug eingebaut, das dem Fahrer meldet, ob eine Reparatur zur Einhaltung der Abgasgrenzwerte durchgeführt werden muss [Umwelt Briefe (1998)].

Schlüsselfaktor 17: Kundenzufriedenheit *(Trend)*
PJ 17A Zufriedene Kunden
Durch Verbesserung der Infrastruktur, der Modellvielfalt, des Komfort, der Zuverlässigkeit und einer Verringerung des Preisniveaus gegenüber konventionellen Fahrzeugen steigt die Kundenzufriedenheit von 30 % auf 80 % (100 % vollste Zufriedenheit).

PJ 17B Keine Zunahme der Kundenzufriedenheit
Aufgrund von nur geringen technischen Verbesserungen des Antriebssystems und der Betankungsinfrastruktur nimmt die Kundenzufriedenheit nur geringfügig auf 40 % zu.

	Einheit	1998	1999	2000	2001	2002	2003	2004	2005	2006	2007
PJ 17A	%	30	35	40	45	55	65	75	78	79	80
PJ 17B	%	30	32	34	36	38	39	40	40	40	40

Tab. 6.16 Kundenzufriedenheit bei CNG-Fahrzeugen (100 % vollste Zufriedenheit)

Schlüsselfaktor 18: Bereitstellung der Betankungsinfrastruktur in Bremen *(Trend)*

PJ 18 Bis zum Jahr 2001 werden in Bremen insgesamt drei öffentliche Tankstellen für CNG errichtet, um die Bekanntheit von CNG zu erhöhen und eine flächendeckende Betankung zu garantieren. Zusätzlich entstehen in zwei benachbarten Umlandgemeinden zwei weitere öffentliche Tankstellen, die das Angebot für CNG weiter verbessern. Der weitere Zubau von Tankstellen richtet sich nach der Zunahme der CNG-Fahrzeugzahlen in Bremen.

	Einheit	1998	1999	2000	2001	2002	2003	2004	2005	2006	2007
PJ 18	Stück	1	2	3	3*	3*	3*	3*	3*	3*	3*

(*Weitere Entwicklung abhängig von Fahrzeuganzahl und Verbrauch)

Tab. 6.17 Anzahl der Tankstellen in Bremen

Schlüsselfaktor 19: Überregionale Tankstelleninfrastruktur *(Trend)*

PJ 19A Flächendeckender Ausbau der Infrastruktur
Automobilindustrie, Gaswirtschaft und Mineralölwirtschaft haben sich darauf geeinigt, Erdgas als weiteren Kraftstoff an Tankstellen flächendeckend einzuführen. Durch Standardisierung und problemlose TÜV-Abnahme der Betankungsanlagen können die Investitionskosten und Wartungskosten gesenkt werden. Eine flächendeckende Infrastruktur von 1.200 Tankstellen wird in 10 Jahren erreicht.

PJ 19B Punktueller Ausbau der Infrastruktur
Es kommt keine Kooperation zwischen den Marktbeteiligten zustande. Die Mineralölwirtschaft scheut den kostenintensiven Ausbau der Infrastruktur vor dem Hintergrund der langjährigen Bereitstellung der Betankungsanlagen, wenn sich die Automobilindustrie schon aus dem Markt zurückgezogen haben könnte. Öffentliche Schnellbetankungsanlagen werden nur noch vereinzelt gebaut, wenn zuvor Flottenbetreiber zur Umrüstung bewegt werden konnten. Die Zahl der Tankstellen wird sich in den nächsten 10 Jahren nur auf rund 360 Tankstellen erhöhen.

	Einheit	1998	1999	2000	2001	2002	2003	2004	2005	2006	2007
PJ 19A	Stück	90	134	198	282	386	510	653	816	999	1.202
PJ 19B	Stück	90	120	150	180	210	240	270	300	330	360

Tab. 6.18 Entwicklung der überregionale Tankstelleninfrastruktur

Schlüsselfaktor 20: Immissionsgrenzwerte für Luftschadstoffe *(Event)*
PJ 20 Durch die weiterbestehende Ozonproblematik in städtischen Ballungsräumen und Rußemissionen von Dieselfahrzeugen kann es ab dem Jahr 2000 zu einer Verschärfung des § 40 Abs. 2 BimSchG und der Ozonverordnung kommen, so dass bei niedrigeren Immissionsgrenzwerten Fahrbeschränkungen bzw. –verbote ausgesprochen werden. Die Eintrittswahrscheinlichkeit für dieses Ereignis wird mit 15 % angenommen.

Schlüsselfaktor 21: Verkehrsentwicklung *(Trend)*
PJ 21A Zunahme des Verkehrsaufkommens
In Anlehnung an das Shell-Teilszenario „Die Macher" der Studie "Motorisierung - Frauen geben Gas", in dem Individualismus, Wettbewerb und Innovation vorherrschen, nimmt die Gesamtfahrleistung von Otto- und Diesel-Pkw ausgehend vom Jahr 1996 bis zum Jahr 2010 um 13 % auf 586 Mrd. km zu. Für den Transporterbereich wird mit gleichen prozentualen Veränderungen gerechnet. [Shell (1997)]

PJ 21B Stagnation des Verkehrsaufkommens
Für die hier beschriebene Entwicklung wird das Shell-Teilszenario „Gemeinsinn" zugrunde gelegt. Es ergibt sich ein nur sehr leichter Anstieg der Gesamtfahrleistung von rund 1 % bis zum Jahre 2010 in Bezug zum Jahr 1996. Für den Transporterbereich wird ebenfalls mit gleichen prozentualen Veränderungen gerechnet. [Shell (1997)]

	Einheit	1998	1999	2000	2001	2002	2003	2004	2005	2006	2007
PJ 21A	%	0	1	2	3	4	5	6	7	8	9
PJ 21B	%	0	0	0	0	0	1	1	1	1	1

Tab. 6.19 Entwicklung des Straßenverkehrsaufkommens (Basis: Jahr 1998 = 0 %)

Schlüsselfaktor 22: Zahlungsbereitschaft für Umweltschutz *(Trend)*
PJ 22A Verdoppelte Zahlungsbereitschaft
In den Jahren 1998 bis 2002 ist aufgrund der wirtschaftlichen schwierigen anhaltenden Situation in Europa und Deutschland mit keiner Zunahme der Zahlungsbereitschaft für umweltschonende Produkte zu rechnen. Erst nach der Überwindung der anfänglichen Probleme bei der Einführung des Euro, der fortschreitenden Liberalisierung der Märkte und dem Zusammenwachsen der Mitgliedsstaaten der europäischen Union kommt es ab dem Jahr 2003 zu einer merklichen finanziellen Entlastung der Haushalte und zu einer Verringerung der Arbeitslosigkeit. Dies führt dazu, dass sich die Anzahl der Unternehmen und der Personen in der Bevölkerung, die Mehrkosten von 10 % bei der Neuanschaffungen

und der Verwendung von umweltschonenden Gütern akzeptieren, bis zum Jahre 2007 verdoppeln wird.

PJ 22B Zahlungsbereitschaft bleibt niedrig
Zahlungsbereitschaft für teuere umweltfreundliche Güter bleibt niedrig und nimmt ab dem Jahr 2000 sogar um 50 % ab. Zum einen ist die weiterhin kritische wirtschaftliche Situation von Haushalten und Unternehmen, die keinen Spielraum für wirtschaftlich nutzenneutrale Umweltinvestitionen zulassen, dafür verantwortlich. Ein weiterer Grund ist, dass die Bevölkerung und die Unternehmen in Deutschland überwiegend der Meinung sind, dass Deutschland in der EU als Vorreiter genug für den Umweltschutz getan hat und andere Mitgliedsstaaten erst einmal das deutsche Niveau erreichen sollten.

	Einheit	1998	1999	2000	2001	2002	2003	2004	2005	2006	2007
PJ 22A	%	0	-10	-20	-10	10	30	50	70	90	100
PJ 22B	%	0	0	-5	-10	-15	-20	-25	-30	-40	-50

Tab. 6.20 Entwicklung der Zahlungsbereitschaft für den Umweltschutz (Basis: Jahr 1998 = 0 %)

Schlüsselfaktor 23: Dichte des Händlernetzes für CNG-Fahrzeuge *(Trend)*
PJ 23A Verdichtung des Händler- /Wartungsnetzes
Durch weitreichende Kooperationen zwischen Automobilherstellern und Umrüstern werden zunehmend erdgasbetriebene Serienfahrzeuge und umgerüstete Fahrzeuge in den Händlerniederlassungen verkauft, wobei die CNG-Fahrzeuge die volle Werksgarantie wie konventionelle Fahrzeuge besitzen. Händler sehen die Chance, durch das Angebot an umweltfreundlichen CNG-Fahrzeugen Marktsegmente zu sichern und in neue einzusteigen. Das Händlernetz verdichtet sich schnell, so dass ab dem Jahr 2003 40 % der Händler CNG-Fahrzeuge im Angebot haben.

PJ 23B Kein Ausbau des Händler/Wartungsnetzes
Keine konzertierten Aktionen von Händlern, Herstellern und Umrüstern. Händler sehen keinen Absatz von überwiegend nur umgerüsteten und erheblich teureren CNG-Fahrzeugen, da bei der Kaufentscheidung wirtschaftliche Aspekte vor Umweltgesichtspunkten in den Vordergrund treten. Es entsteht kein flächendeckendes Händlernetz.

	Einheit	1998	1999	2000	2001	2002	2003	2004	2005	2006	2007
PJ 23A	%	5	10	15	20	30	40	40	40	40	40
PJ 23B	%	5	10	13	15	15	15	15	15	15	15

Tab. 6.21 Anteil der CNG-Fahrzeuge im Angebot der Händler

Schlüsselfaktor 24: Mineralölsteuerermäßigung auf Erdgas im Verkehr
(Event)
PJ 24   Nachdem die Umweltminister des Bundes und der Länder sich im Mai 1998 für eine Verlängerung der Mineralölsteuerermäßigung für Erdgas ausgesprochen haben, wurde Anfang 1999 die Ermäßigung bis zum Jahr 2009 verlängert. Flotten- und Tankstellenbetreibern wurde somit eine gewisse Planungssicherheit für ihre Investitionen gegeben.

6.3.1 Ermittlung der Konsistenzmaße

Im folgenden Schritt der Szenarioerstellung werden nun durch die Kombination der Projektionen alternative Projektionsbündel gebildet, die zur Erstellung der Rohszenarien benötigt werden. Hierfür wird die in Kapitel 5 beschriebene Konsistenzanalyse verwendet.

In die Konsistenzanalyse gehen dabei nur kritische Schlüsselfaktoren ein. Kritische Schlüsselfaktoren sind hierbei Entwicklungen, die mehr als eine zukünftige Ausprägung aufweisen. Als unkritische Projektionen werden hierbei Trends oder Events angesehen, die nur eine einzige Entwicklung aufzeigen und mit einer gewissen Wahrscheinlichkeit in allen Szenarien eintreten können. Unkritische Projektionen werden daher bei der Konsistenzanalyse nicht einbezogen und erst in der Cross-Impact-Analyse hinzugenommen.

Wie bereits in Kapitel 5 erwähnt ergeben die unterschiedlichen Projektionen der kritischen Schlüsselfaktoren aufgrund von Inkonsistenzen nicht beliebig viele logische Kombinationen. Mit Hilfe der Konsistenzanalyse wird daher die Konsistenz aller möglichen Zweierpaare von kritischen Schlüsselfaktoren nach einer Normierung mit abgestuften Werten auf Inkonsistenz geprüft. Insgesamt gingen 17 kritische Schlüsselfaktoren mit ihren Projektionen in die Konsistenzanalyse ein. Die Konsistenzwerte wurden dabei durch eine Expertenteam in einem zweistufigen Schätzverfahrens bestimmt. In einem ersten Schritt ermittelten fünf Experten die Konsistenzwerte unabhängig voneinander. Die Ergebnisse der einzelnen Experten wurden zusammengeführt. Konsistenzwerte, die die Experten im ersten Schritt sehr unterschiedlich bewerteten, wurden in einem Workshop nochmals diskutiert und überarbeitet. Die hieraus ermittelten Konsistenzwerte der Projektionen sind in der folgenden Konsistenzmatrix wiedergegeben:

6 Berechnung und Interpretation von Szenarien zur Beurteilung der Marktchancen

	1A	1B	2A	2B	3A	3B	4A	4B	5A	5B	6A	6B	7A	7B	9A	9B	12A	12B	13A	13B	14A	14B	15A	15B	17A	17B	19A	19B	21A	21B	22A	22B	23A	23B
1A																																		
1B																																		
2A	4	0																																
2B	1	3																																
3A	4	1	4	2																														
3B	1	3	1	3																														
4A	4	0	4	1	2	3																												
4B	0	4	0	3	3	3																												
5A	4	0	4	2	3	2	4	0																										
5B	0	3	0	3	2	3	0	3																										
6A	4	0	4	3	2	3	4	1	3	0																								
6B	0	4	1	2	2	1	0	4	0	3																								
7A	4	1	4	3	4	2	4	1	3	1	3	0																						
7B	1	4	1	2	0	3	0	4	0	3	1	4																						
9A	2	3	1	3	3	2	2	2	2	2	2	2	2	2																				
9B	1	3	4	3	4	0	3	2	3	1	2	3	3	1																				
12A	3	2	3	2	2	2	2	2	2	2	1	3	1	3	4																			
12B	1	3	1	3	3	1	1	3	1	2	1	3	1	3	1	3																		
13A	4	0	4	3	3	3	3	0	3	3	2	2	3	1	2	2	3	1																
13B	1	3	3	3	3	1	1	3	1	1	2	2	1	3	3	3	1	3																
14A	0	4	1	3	0	3	0	3	0	0	2	1	0	4	2	1	1	3	2	3														
14B	2	2	2	2	3	1	3	2	2	2	2	3	2	2	2	2	2	2	2	2														
15A	2	2	4	3	2	2	2	2	3	3	2	2	3	1	2	1	3	4	1	2	2	2												
15B	2	2	3	4	3	2	2	2	2	2	2	2	2	3	2	3	2	2	2	2														
17A	4	2	4	3	2	3	1	2	2	3	1	2	2	2	3	4	2	3	3	1	2	2	2											
17B	1	3	1	2	3	3	1	1	3	1	2	1	2	2	1	1	2	3	2	3	2	2	2											
19A	4	1	3	2	4	2	3	2	3	2	2	2	4	2	2	2	3	2	2	2	0	3	3	2	3	2								
19B	1	3	1	2	3	2	1	2	1	2	2	2	2	2	2	2	2	2	3	2	1	2	1	3										
21A	3	2	2	2	3	2	3	2	3	3	2	2	3	1	2	2	1	2	2	2	2	2	2	3	3	2	2	3	1					
21B	2	2	2	2	3	3	2	2	2	2	2	2	2	2	2	2	2	2	2	2	2	2	2	2	2	2	2	2	2					
22A	3	2	2	2	2	2	3	2	3	2	2	2	2	2	2	2	2	3	1	3	2	2	3	2	2	3	2	2	3	2	3	2		
22B	1	2	2	2	2	2	3	1	2	3	1	3	2	2	3	1	3	3	2	2	3	2	3	2	3	2	2	2	2	2				
23A	4	1	3	3	3	2	4	1	4	1	3	1	3	1	2	2	3	2	2	0	2	2	3	1	3	1	2	1	2	3	1			
23B	1	3	1	2	2	2	0	4	0	3	1	3	1	2	2	1	2	2	4	2	2	2	1	3	1	3	2	2	1	3	

0 = totale Inkonsistenz
1 = partielle Inkonsistenz
2 = neutral
3 = gegenseitige Begünstigung
4 = sehr starke Begünstigung

Abb. 6.5 Konsistenzmatrix für das Geschäftsfeld „Erdgas im Verkehr"

Mit einem EDV-Programm wird die erstellte Konsistenzmatrix ausgewertet. Bei 17 kritischen Schlüsselfaktoren, von denen jeweils eine Projektion in jedes Projektionsbündel eingeht, entstehen insgesamt 136 Konsistenzmaße je Projektionsbündel. Verwendet man, wie in diesem Fall geschehen, je kritischen Schlüsselfaktor zwei Projektionen, ergeben sich kombinatorisch insgesamt 131.072 Projektionsbündel.

6.3.2 Projektionsbündelreduktion

Projektionsbündel mit mindestens einer Inkonsistenz, d. h. eine Zweierkombination wurde mit 0 bewertet, schieden als Rohszenario aus, da zwischen ihren Projektionen unvereinbare Widersprüche existierten. Nach Abzug der inkonsistenten Projektionsbündel blieben 896 Bündel übrig, die keine totalen Inkonsistenzen aufwiesen. Als weiteres Reduktionskriterium werden nun Projektionsbündel eliminiert, die eine zu definierende Anzahl kleinere

Widersprüche aufwiesen. Als Prämisse wurde festgelegt, dass weniger als 10 partielle Inkonsistenzen (PI) in den Projektionsbündeln vorhanden sein dürfen. Die Anzahl der berücksichtigten Projektionsbündel wird somit von 896 auf 65 vermindert. Die folgende Abb. 6.6 zeigt, dass bei diesem Vorgehen nicht nur die Projektionsbündel mit den geringsten partiellen Inkonsistenzen sondern auch die mit besonders hohen Konsistenzwerten übrigbleiben, was eine Grenzziehung bei diesem Wert als plausibel erscheinen lässt.

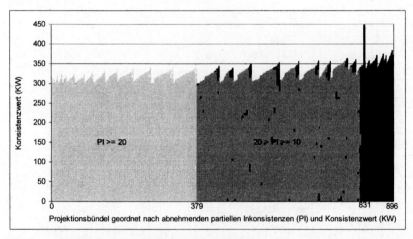

Abb. 6.6 Reduktion und Auswahl der Projektionsbündel

6.3.3 Auswahl der Projektionsbündel für die Erstellung der Rohszenarien

Zur Eingrenzung des Geschäftsfelds „Erdgas im Verkehr" sollen insgesamt drei Szenarien erstellt werden. Zwei der drei Szenarien sollen hierbei als „Best Case Szenario" und „Worst Case Szenario" dienen. Ausgehend von diesen Szenarien wird ein Basisszenario gewählt, das sich zwischen diesen beiden Fällen befindet.

Als Kurznamen für die drei Szenarien werden folgende Bezeichnungen verwendet:

- Positive Entwicklung   Beste Chancen für CNG

- **Basisszenario**   **Offener Markt für CNG**

- Negative Entwicklung   Starker Wettbewerb gegenüber CNG

Für die Auswahl der zwei Extremszenarien wird jede einzelne Projektionen der Schlüsselfaktoren auf ihre positive oder negative Auswirkung bezüglich des

Absatz von Erdgas bewertet (siehe Tab. 6.22). Die Beurteilung der einzelnen Projektionen wurde innerhalb einer Expertenrunde durchgeführt.

	Bezeichnung	Auswirkung auf Erdgas im Verkehr	
		Positiv	Negativ
1A	Entwicklungssprung bei CNG-Fahrzeugen	x	
1B	Stagnation auf heutigem technischen Niveau		x
2A	Wirtschaftliche Vorteile von CNG-Fahrzeugen	x	
2B	Wirtschaftlichkeit wie bei Benzinfahrzeugen		x
3A	Förderung von CNG und Infrastruktur	x	
3B	Rückgang der Fördermittel		x
4A	Schnelle Erhöhung der Angebots/Modellvielfalt	x	
4B	Keine Modellvielfalt durch fehlende Serienproduktion		x
5A	Schnelle Zunahme der Bekanntheit	x	
5B	Nur regionale Bekanntheit		x
6A	Vergleichbare Preise für CNG-Fahrzeuge	x	
6B	Anschaffungspreis von Umrüstfahrzeugen bleibt hoch		x
7A	Gasverbände sehen neues Geschäftsfeld	x	
7B	Gasverbände verharren in Wartestellung		x
9A	Preisorientierung am Diesel		x
9B	Niedriger Einführungspreis für Erdgas	x	
12A	Signifikante Nutzervorteile	x	
12B	Kein Vorhandensein von Nutzervorteilen		x
13A	Sparsame Erdgasfahrzeuge	x	
13B	Verbrauchsminderung bei Erdgasfahrzeugen gering		x
14A	Neue Technologien verdrängen CNG		x
14B	Langsame Entwicklung neuer Antriebstechnologien	x	
15A	Hohe Preissteigerung für Benzin/Diesel	x	
15B	Moderate Preissteigerung für Benzin/Diesel		x
17A	Zufriedene Kunden	x	
17B	Nur in wenigen Nutzersegmenten Kundenzufriedenheit		x
19A	Flächendeckender Ausbau der Infrastruktur	x	
19B	Punktueller Ausbau der Infrastruktur		x
21A	Zunahme des Verkehrsaufkommens	x	
21B	Stagnation des Verkehrsaufkommens		x
22A	Verdoppelte Zahlungsbereitschaft	x	
22B	Zahlungsbereitschaft bleibt niedrig		x
23A	Verdichtung des Händler/Wartungsnetzes	x	
23B	Kein Ausbau des Händler/Wartungsnetzes		x

Tab. 6.22 Auswirkung der Projektionen für den Absatz von Erdgas im Verkehr

In einem zweiten Schritt untersucht das Expertenteam den negativen oder positiven Einfluss der einzelnen Projektionen in den einzelnen 65 konsistentesten Bündeln und wählt jeweils ein positiv und eine negativ auf den Absatz von Erdgas im Straßenverkehr wirkendes Extremszenario aus. In einem weiteren Zwischenschritt wird analysiert, welches der 63 zwischen den Extremszenarien liegenden Szenarien sich von beiden möglichst gleichmäßig durch seine positiven und negativen Auswirkungen unterscheidet und ein leicht

6 Berechnung und Interpretation von Szenarien zur Beurteilung der Marktchancen

positive Entwicklung für Erdgas im Verkehr darstellt. Das sich ergebende Basisszenario ist mit seiner Ausprägungsliste zusammen mit den beiden Extremszenarien auf den folgenden Seiten dargestellt.

Szenario: "Beste Chancen für CNG"	
Projektionsbündel-Nr.: 577	
Konsistenzwert: 383	
Anzahl der partiellen Inkonsistenzen: 3	
Vorkommende Projektionsbündel	
1A	Entwicklungssprung bei CNG-Fahrzeugen
2A	Wirtschaftliche Vorteile von CNG-Fahrzeugen
3A	Förderung von CNG und Infrastruktur
4A	Schnelle Erhöhung der Angebots/Modellvielfalt
5A	Schnelle Zunahme der Bekanntheit
6A	Vergleichbare Preise für CNG-Fahrzeuge
7A	Gasverbände sehen neues Geschäftsfeld
9B	Niedriger Einführungspreis für Erdgas
12A	Signifikante Nutzervorteile
13A	Sparsame Erdgasfahrzeuge
14B	Langsame Entwicklung neuer Antriebstechnologien
15A	Hohe Preissteigerung für Benzin/Diesel
17A	Zufriedene Kunden
19A	Flächendeckender Ausbau der Infrastruktur
21A	Zunahme des Verkehrsaufkommens
22A	Verdoppelte Zahlungsbereitschaft für Umweltprodukte
23A	Verdichtung des Händler/Wartungsnetzes

Tab. 6.23 Ausprägungsliste für das Szenario „Besten Chancen für CNG"

Szenario: "Offener Markt für CNG"	
Projektionsbündel-Nr.: 49255	
Konsistenzwert: 336	
Anzahl der partiellen Inkonsistenzen: 7	
Vorkommende Projektionsbündel	
1A	Entwicklungssprung bei CNG-Fahrzeugen
2B	Wirtschaftlichkeit wie bei Benzinfahrzeugen
3B	Rückgang der Fördermittel
4A	Schnelle Erhöhung der Angebots/Modellvielfalt
5A	Schnelle Zunahme der Bekanntheit
6A	Vergleichbare Preise für CNG-Fahrzeuge
7A	Gasverbände sehen neues Geschäftsfeld
9A	Preisorientierung am Diesel
12A	Signifikante Nutzervorteile
13A	Sparsame Erdgasfahrzeuge
14B	Langsame Entwicklung neuer Antriebstechnologien
15B	Moderate Preissteigerung für Benzin/Diesel
17A	Zufriedene Kunden
19A	Flächendeckender Ausbau der Infrastruktur
21B	Stagnation des Verkehrsaufkommens
22B	Zahlungsbereitschaft für Umweltprodukte bleibt niedrig
23A	Verdichtung des Händler/Wartungsnetzes

Tab. 6.24 Ausprägungsliste für das Szenario „Offener Markt für CNG"

6 Berechnung und Interpretation von Szenarien zur Beurteilung der Marktchancen

Szenario: "Starker Wettbewerb gegenüber CNG"	
Projektionsbündel-Nr.: 130560	
Konsistenzwert: 322	
Anzahl der partiellen Inkonsistenzen: 8	
Vorkommende Projektionsbündel	
1B	Stagnation auf heutigem technischen Niveau
2B	Wirtschaftlichkeit wie bei Benzinfahrzeugen
3B	Rückgang der Fördermittel
4B	Keine Modellvielfalt durch fehlende Serienproduktion
5B	Nur regionale Bekanntheit
6B	Anschaffungspreis von Umrüstfahrzeugen bleibt hoch
7B	Gasverbände verharren in Warteschlange
9A	Preisorientierung am Diesel
12B	Kein Vorhandensein von Nutzervorteilen
13B	Verbrauchsminderung bei Erdgasfahrzeugen gering
14B	Langsame Entwicklung neuer Antriebstechnologien
15B	Moderate Preissteigerung für Benzin/Diesel
17B	Nur in wenigen Nutzersegmenten Kundenzufriedenheit
19B	Punktueller Ausbau der Infrastruktur
21B	Stagnation des Verkehrsaufkommens
22B	Zahlungsbereitschaft für Umweltprodukte bleibt niedrig
23B	Kein Ausbau des Händler/Wartungsnetzes

Tab. 6.25 Ausprägungsliste für das Szenario „Starker Wettbewerb gegenüber CNG"

6.4 Szenario-Interpretation

Auf Basis der einzelnen Projektionsbündel werden die drei Szenarien im Folgenden allgemeinverständlich ausformuliert, so dass die Adressaten, die nicht an der Szenarioerstellung beteiligt waren, die Szenarien ohne Kenntnis der einzelnen Ausprägungen interpretieren können. Die unkritischen Projektionen, die in der Konsistenzanalyse nicht einbezogen wurden, werden nun bei der Formulierung der Szenarien mitberücksichtigt. Die Ausformulierung der einzelnen Szenarien wird so vorgenommen, dass die Szenarien in überschaubaren Zeitstufen von der Gegenwart in die Zukunft hinein entwickelt werden. Dies ist von Vorteil, da somit zeitpunktbezogen Veränderungen in der Zukunft besser berücksichtigt werden können und somit die Plausibilität und Identifikationsbereitschaft der Planer und Auftraggeber erhöht werden. Im Anschluss an die Ausformulierung der Szenarien werden für die einzelnen Projektionen (Trends und Events) vom Jahr 1998 bis zum Jahr 2007 mit Hilfe des CRIMP-Algorithmus in sich konsistente mathematische Modelle der Szenarien geschaffen.

Mit den erzeugten konsistenten Szenarien wird es nun möglich, neben der qualitativen Darstellung der Szenarien auch quantitative Absatz- und Investitionsentwicklungen für das Geschäftsfeld „Erdgas im Verkehr" der swb AG abzugeben. Zu diesem Zweck werden für die drei Stammszenarien die zeitliche Entwicklung des Erdgasabsatzes und der benötigte Tankstellenzubau berechnet und eine wirtschaftliche Ergebnisrechnung durchgeführt.

6.4.1 Beschreibung des Szenarios „Beste Chancen für CNG"

Die Gesamtfahrleistung von Otto- und Diesel-Pkw und Transportern nimmt ausgehend vom Jahr 1996 bis zum Jahr 2010 um 13 % zu. Effizienzsteigerungen und Verminderung von Emissionen im Straßenverkehr bleiben somit weiterhin von Bedeutung. Die restriktivere Anwendung der Bundesimmissionsschutzverordnung zur weiteren Emissionsverminderung in Innenstädten wird dennoch als unwahrscheinlich angesehen.

Durch die anhaltende wirtschaftlich schwierige Situation in Deutschland kommt es in den Jahren 1998 bis 2002 zu keiner Zunahme der Zahlungsbereitschaft für umweltschonende Produkte. Gleichzeitig steigen in den Jahren von 1999 bis 2001 die Benzin- und Dieselpreise aufgrund steigender Rohölpreise und einer Mehrwertsteuererhöhung sowie der erfolgten Einführung der Ökosteuer um 30 %.

Erst nach der Überwindung der anfänglichen Probleme bei der Einführung des Euro, der fortschreitenden Liberalisierung der Märkte und dem Zusammenwachsen der Mitgliedsstaaten der Europäischen Union kommt es ab dem Jahr 2003 zu einer merklichen finanziellen Entlastung der Haushalte und zu einer Verringerung der Arbeitslosigkeit. Dies führt dazu, dass bei Benzin und Diesel keine Mehrwertsteuererhöhungen und somit nur mäßige Preissteigerungen von 5 % pro Jahr zu erwarten sind und sich die Anzahl der Unternehmen und der Personen in der Bevölkerung, die Mehrkosten für umweltschonenden Güter akzeptieren, bis zum Jahre 2007 verdoppeln werden.

Der technische Entwicklungsstand von CNG-Fahrzeugen erreicht im Laufe der nächsten fünf Jahre ähnliche technische Standards und Komfort wie konventionelle Fahrzeuge. Durch die Verwendung der sequentiellen Einspritzung werden die Verbräuche auf annähernd Dieselniveau gesenkt. Im monovalenten Betrieb beträgt die Reichweite der Fahrzeuge rund 500 km. Intelligente Lösungen wie die Unterbodenanordnung für die Fahrzeugtanks führen zu keinen Platzeinbußen und nur geringen Zuladeproblemen. Durch Serienproduktion sowie Optimierung der Motoren und des Tanksystems von bi- und monovalenten Fahrzeugen sinken die Mehrkosten gegenüber konventionellen Fahrzeugen bis zum Jahr 2005 im Mittel auf 10 %. Monovalente CNG-Serienfahrzeuge haben sich somit am Markt durchgesetzt.

Durch weitreichende Kooperationen zwischen Automobilherstellern und Umrüstern werden zunehmend CNG-Fahrzeuge in den Händlerniederlassungen verkauft, wobei die Fahrzeuge die volle Werksgarantie wie bei konventionellen Fahrzeugen besitzen. Händler wie Fahrzeughersteller präsentieren Erdgasfahrzeuge in ihren Broschüren und Ausstellungsflächen neben Diesel- und Benzinfahrzeugen. Durch Werbung und Reportagen in den Medien sowie dem schnellen Zuwachs der Angebotspalette an CNG-Fahrzeugen und der Betankungsinfrastruktur nimmt der Bekanntheitsgrad von CNG-Fahrzeugen in der Öffentlichkeit auf 75 % zu. Händlern sehen so die Chance, durch das Angebot an umweltfreundlichen CNG-Fahrzeugen Marktsegmente zu sichern und in neue einzusteigen. Das Händlernetz verdichtet sich schnell, so dass ab dem Jahr 2003 40 % der Händler CNG-Fahrzeuge im Angebot haben.

Allgemein wird Erdgas als wirtschaftlicher und umweltfreundlicher Kraftstoff erkannt. Automobilhersteller wie Volvo und Honda konnten sich mit technisch ausgereiften Serienmodellen in neuen Marktsegmenten wie Taxis und gehobener Mittelklasse mit ihren CNG-Fahrzeugen etablieren. Dies führte zur Wettbewerbsbelebung bei anderen Automobilherstellern. Politisch bekommt Erdgas als umweltfreundlicher Kraftstoff weiteren Rückenwind, wobei Gasverbände, die Erdgasfahrzeuge als attraktive Möglichkeit zur Verdichtung des Absatzmarktes sehen, die Einflussnahme auf politische Institutionen und Personen, Automobilindustrie sowie Mineralölwirtschaft erfolgreich forciert haben. Folglich werden Investitionen für öffentliche Erdgastankstellen von Gemeinden und Städten vermehrt gefördert. Auf Landesebene werden verstärkt Fördermittel für Modellvorhaben bereitgestellt. Gasversorgungsunternehmen (GVU) haben die niedrige Besteuerung von Erdgas als positives politisches Signal verstanden und fördern ebenfalls für die nächsten drei Jahre die Anschaffung von Erdgasfahrzeugen. Im Anschluss an das Jahr 2003 wird zum großen Teil auf die Förderung verzichtet, da sich die Wirtschaftlichkeit von Erdgasfahrzeugen und die Infrastruktur so verbessert haben, dass sie keine weitere Förderung benötigen.

Automobilindustrie, Gaswirtschaft und Mineralölwirtschaft haben sich weiterhin darauf geeinigt, Erdgas als zusätzlichen Kraftstoff flächendeckend an Tankstellen einzuführen. Durch Standardisierung und problemlose TÜV-Abnahme der Betankungsanlagen können die Investitionskosten und Wartungskosten gesenkt werden. Eine flächendeckende Infrastruktur von rund 1.200 Tankstellen wird in 10 Jahren erreicht. Erdgas wird die ersten fünf Jahre angeboten, um die Penetration von CNG als Kraftstoff voranzutreiben. Nach dieser Einführungsphase wird der Abgabepreis von CNG nur noch 10 % preiswerter als Diesel angeboten.

Die Senkung des Verbrauchs und der Anschaffungskosten, die Befreiung von der Kfz-Steuer aufgrund sehr guter Abgaswerte sowie Preissteigerungen bei Benzin und Diesel führen ab dem Jahr 2003 zu einer erhöhten Wirtschaftlichkeit

6 Berechnung und Interpretation von Szenarien zur Beurteilung der Marktchancen

von CNG-Fahrzeugen. Danach werden CNG-Fahrzeuge ab dem Jahr 2003 rund 10 % günstigere Vollkosten als Dieselfahrzeuge aufweisen. Erdgasfahrzeuge bieten dem Nutzer neben einer besseren Wirtschaftlichkeit weitere Vorteile, wie Fahrverbotsbefreiung durch geringe Emissionswerte und Benutzung von Sonderspuren und –parkplätzen sowie eine Erhöhung des Images und Status durch die Nutzung einer innovativen und umweltfreundlichen Technologie.

Die Verbesserung der Infrastruktur, der Modellvielfalt, des Komforts, der Zuverlässigkeit und des Preisniveaus gegenüber konventionellen Fahrzeugen führen somit dazu, dass die Zufriedenheit von CNG-Kunden von geschätzten 30 % heute auf 80 % ansteigt.

Die Entwicklungszeiten für alltagstaugliche Brennstoffzellentechnologie mit Benzinreformer sind länger als geplant. Fahrzeuge mit diesem Antriebssystem kommen frühestens 2010 auf den Markt. Für Hybridfahrzeuge werden im Pkw- und Transporterbereich keine nennenswerten Absatzpotentiale gesehen, die einen hohen Kapitaleinsatz für neue Produktionsanlagen rechtfertigen. Im Zuge der Agrarreform der Agenda 2000 der Europäischen Kommission wird die Subvention von Rapsanbau um 5 % verringert und die völlige Mineralölsteuerbefreiung für RME durch einen verminderten Mindeststeuersatz ersetzt. Bei konventionellen Fahrzeugen kommt es dagegen ebenfalls zu Fortschritten bei der Verbrauchsminderung und der Reduzierung der Emissionen. Fristgerecht zur EURO 4 Einführung erfüllen alle Neufahrzeuge diesen Standard.

6.4.2 Beschreibung des Szenarios „Offener Markt für CNG"

Die Gesamtfahrleistung von Otto- und Diesel-Pkw und Transportern nimmt ausgehend vom Jahr 1996 bis zum Jahr 2010 nur um 1 % zu. Durch diese Stagnation wird allgemein davon ausgegangen, dass im Straßenverkehr die Emissionen und der Energieverbrauch nicht weiter zunehmen werden. Die restriktivere Anwendung der Bundesimmissionsschutzverordnung wird als unwahrscheinlich angesehen. Auf europäischer Ebene werden die Abgasnormen EURO 3 im Jahre 2000 und EURO 4 im Jahre 2005 planmäßig umgesetzt.

Die Zahlungsbereitschaft für teurere umweltfreundliche Güter bleibt niedrig und nimmt ab dem Jahr 2000 sogar um 50 % ab. Zum einen ist die weiterhin kritische wirtschaftliche Situation von Haushalten und Unternehmen, die keinen Spielraum für wirtschaftliche Umweltinvestitionen zulassen, dafür verantwortlich. Zum anderen sind die Bevölkerung und die Unternehmen in Deutschland überwiegend der Meinung sind, dass Deutschland in der EU als Vorreiter genug für den Umweltschutz getan hat und andere Mitgliedsstaaten erst einmal das deutsche Niveau erreichen sollten.

6 Berechnung und Interpretation von Szenarien zur Beurteilung der Marktchancen

Aufgrund sehr niedriger Rohölpreise wird mit einer moderaten Preissteigerung von Benzin/Diesel von jeweils vier Prozent in den nächsten 10 Jahren gerechnet. Da Benzin und Diesel schon durch die Ökosteuer belastet werden, findet sich im Bundestag keine Mehrheit, zusätzlich die Mehrwertsteuer zur Haushaltsdeckung zu erhöhen.

Der technische Entwicklungsstand von CNG-Fahrzeugen erreicht im Laufe der nächsten 5 Jahre ähnliche technische Standards und Komfort wie bei konventionellen Fahrzeugen. Durch die Verwendung der sequentiellen Einspritzung werden die Verbräuche auf annähernd Dieselniveau gesenkt. Im monovalenten Betrieb beträgt die Reichweite der Fahrzeuge rund 500 km. Intelligente Lösungen für die Fahrzeugtanks führen zu keinen Platzeinbußen und nur geringen Zuladeproblemen. Durch Serienproduktion sowie Optimierung der Motoren und des Tanksystems von bi- und monovalenten Fahrzeugen sinken die Mehrkosten gegenüber konventionellen Fahrzeugen bis zum Jahr 2005 im Mittel auf 10 %.

Durch weitreichende Kooperationen zwischen Automobilherstellern und Umrüstern werden zunehmend CNG-Fahrzeuge in den Händlerniederlassungen verkauft, wobei die Fahrzeuge die volle Werksgarantie wie konventionelle Fahrzeuge besitzen. Händler wie Fahrzeughersteller präsentieren Erdgasfahrzeuge in ihren Broschüren und Ausstellungsflächen neben Diesel- und Benzinfahrzeugen. Durch Werbung und Reportagen in den Medien sowie dem schnellen Zuwachs der Angebotspalette an CNG-Fahrzeugen und der Betankungsinfrastruktur nimmt der Bekanntheitsgrad von CNG-Fahrzeugen in der Öffentlichkeit auf 75 % zu. Händler sehen so die Chance, durch das Angebot an umweltfreundlichen CNG-Fahrzeugen Marktsegmente zu sichern und in neue einzusteigen. Das Händlernetz verdichtet sich schnell, so dass ab dem Jahr 2003 40 % der Händler CNG-Fahrzeuge im Angebot haben.

Allgemein wird Erdgas als wirtschaftlicher und umweltfreundlicher Kraftstoff erkannt. Automobilhersteller konnten sich mit technisch ausgereiften Serienmodellen in neuen Marktsegmenten wie Taxis und gehobener Mittelklasse mit ihren CNG-Fahrzeugen etablieren. Dies führte zur Wettbewerbsbelebung bei anderen Automobilherstellern.

Automobilindustrie, Gaswirtschaft und Mineralölwirtschaft haben sich weiterhin darauf geeinigt, Erdgas als zusätzlichen Kraftstoff flächendeckend an Tankstellen einzuführen. Durch Standardisierung und problemlose TÜV-Abnahme der Betankungsanlagen können die Investitionskosten und Wartungskosten gesenkt werden. Fördermittel für den Aufbau der Betankungsinfrastruktur werden aber aufgrund der schlechten Finanzlage der

Städte und Gemeinden nur in Ausnahmefällen genehmigt. So kommt es, dass sich die Fördergelder bis zum Jahr 2007 um 70 % vermindern. Eine flächendeckende Infrastruktur von rund 1.200 Tankstellen wird in 10 Jahren dennoch erreicht. Der Abgabepreis für Erdgas orientiert sich am Dieselpreis und ist ab dem Jahr 2000 um etwa 10 % günstiger als Diesel. Das Erreichen der Wirtschaftlichkeit der Tankstelle durch höhere Einnahmen steht bei der Preisgestaltung im Vordergrund.

Erdgasfahrzeuge werden zwar in Serie mit nur geringen Mehrkosten produziert, es sind aber keine wirtschaftlichen Vorteile gegenüber konventionellen benzinbetriebenen Fahrzeugen vorhanden. Zum einen wird die Förderung von Erdgasfahrzeugen gesenkt, zum anderen kann Erdgas nur geringfügig günstiger als Diesel angeboten werden, da der Preis für einen Barrel Erdöl sich in den nächsten 10 Jahren um 10 $ bewegen wird und keine Verständigung unter den Marktpartnern zustande kommt, Erdgas mit einem sehr günstigen Einführungspreis an den Tankstellen anzubieten.

Erdgasfahrzeuge bieten dem Nutzer somit keine wirtschaftlichen Vorteile aber durch Fahrverbotsbefreiung aufgrund geringer Emissionswerte und Benutzung von Sonderspuren und -parkplätzen kommt es zu einer Erhöhung des Images als technologie- und umweltfreundlicher Nutzer.

Die Entwicklungszeiten für alltagstaugliche Brennstoffzellenantriebe mit Benzinreformer sind länger als geplant. Fahrzeuge mit diesem Antriebssystem kommen frühestens 2010 auf dem Markt. Für Hybridfahrzeuge werden im Pkw- und Transporterbereich keine nennenswerten Absatzpotentiale gesehen, die einen hohen Kapitaleinsatz für neue Produktionsanlagen rechtfertigen. Die völlige Mineralölsteuerbefreiung für RME wird durch einen verminderten Mindeststeuersatz ersetzt. Bei konventionellen Fahrzeugen kommt es ebenfalls zu Fortschritten bei der Verbrauchsminderung und der Reduzierung der Emissionen.

6.4.3 Beschreibung des Szenarios „Starker Wettbewerb gegenüber CNG"

Die Gesamtfahrleistung von Otto- und Diesel-Pkw und Transportern nimmt ausgehend vom Jahr 1996 bis zum Jahr 2010 nur um 1 % zu. Durch diese Stagnation wird allgemein davon ausgegangen, dass im Straßenverkehr die Emissionen und der Energieverbrauch nicht weiter zunehmen wird. Die restriktivere Anwendung der Bundesimmissionsschutzverordnung wird als unwahrscheinlich angesehen. Auf europäischer Ebene werden die Abgasnormen EURO 3 im Jahre 2000 und EURO 4 im Jahre 2005 planmäßig umgesetzt.

Die Zahlungsbereitschaft für teurere umweltfreundliche Güter bleibt niedrig und nimmt ab dem Jahr 2000 sogar um 50 % ab. Zum einen ist die weiterhin kritische wirtschaftliche Situation von Haushalten und Unternehmen, die keinen Spielraum für wirtschaftliche Umweltinvestitionen zulassen, dafür verantwortlich. Ein weiterer Grund ist, dass die Bevölkerung und die Unternehmen in Deutschland überwiegend der Meinung sind, dass Deutschland in der EU als Vorreiter genug für den Umweltschutz getan hat und andere Mitgliedsstaaten erst einmal das deutsche Niveau erreichen sollten.

Die CNG-Technologie wird nur als mittelfristige Interimslösung angesehen, deren Entwicklungsstand sich in den nächsten 10 Jahren nur langsam um 15 % erhöht. Neben der konstanten Weiterentwicklung von Brennstoffzellen- und Hybridfahrzeugen kommt es zusätzlich zu einer Optimierung der konventionellen Fahrzeuge. Die Automobilhersteller ziehen sich aus dem Markt für Erdgasfahrzeuge zurück, so dass CNG-Fahrzeuge in der Regel nur von Umrüstfirmen angeboten werden. So kommt es, dass die Mehrkosten in den nächsten 10 Jahren nur langsam von rund 20 % auf 15 % gesenkt werden können. Bei neuen Erdgasfahrzeugen werden nur Verbrauchsminderungen von bis zu 15 % erreicht, so dass die Verbrauchswerte ähnlich wie bei modernen Benzinfahrzeugen liegen.

Erdgasfahrzeuge bieten so keine nennenswerten Umwelt- oder Wirtschaftsvorteile. Aufgrund dessen herrschen umgerüstete CNG-Fahrzeuge gegenüber Serienfahrzeugen auf dem Markt vor. CNG-Fahrzeuge lassen sich nur in Nischenmärkten absetzen. Es gibt keine konstatierten Aktionen von Händlern, Herstellern und Umrüstern. Automobilhändler sehen keinen Absatz für die überwiegend nur umgerüsteten und erheblich teureren CNG-Fahrzeuge, da bei der Kaufentscheidung wirtschaftliche Aspekte vor Umweltgesichtspunkten in den Vordergrund treten. Es entsteht kein flächendeckendes Händlernetz. Der breiten Öffentlichkeit sind Erdgasfahrzeuge nicht bekannt. Regional bringen aber 20 % Erdgasfahrzeuge mit dem ÖPNV und Fahrzeugflotten von Energieversorgern in Verbindung. Der Anteil der verkauften CNG-Fahrzeuge im Markt für alternative Antriebe sinkt ab 2001 schnell auf 20 %.

Hinzu kommt, dass Erdgas nur geringfügig günstiger als Diesel angeboten werden kann, da der Preis für einen Barrel Erdöl sich in den nächsten 10 Jahren weiterhin um 10 $ bewegen wird und keine Verständigung unter den Marktpartnern zustande kommt, Erdgas mit einem sehr günstigen Einführungspreis an den Tankstellen anzubieten.

Mineralölwirtschaftsunternehmen, die Hauptanteilseigner der großen Gasverteilungsunternehmen sind und CNG-Fahrzeugen weiterhin kritisch gegenüber stehen, nehmen mittelbar Einfluss auf die Gasverbände. Aufgrund dieser Einflussnahme gehen keine weiteren positiven Signale von der Gaslobby aus. Zusätzlich werden Fördermittel für den Aufbau der Betankungsinfrastruktur aufgrund der schlechten Finanzlage der Städte und Gemeinden nur in Ausnahmefällen genehmigt. So kommt es, dass sich die Fördergelder bis zum Jahr 2007 um 70 % vermindern.

Beim Aufbau einer Betankungsinfrastruktur kommt keine Kooperation zwischen den Marktbeteiligten zustande. Die Mineralölwirtschaft scheut den kostenintensiven Ausbau der Infrastruktur vor dem Hintergrund der langjährigen Bereitstellung der Betankungsanlagen, wenn sich die Automobilindustrie schon aus dem Markt zurückgezogen hat. Öffentliche Schnellbetankungsanlagen werden nur noch vereinzelt gebaut, wenn zuvor Flottenbetreiber zur Umrüstung bewegt werden konnten. Die Zahl der Tankstellen wird sich in den nächsten 10 Jahren nur auf rund 360 Tankstellen erhöhen. Der Abgabepreis für Erdgas orientiert sich am Dieselpreis und ist ab dem Jahr 2000 um etwa 10 % günstiger. Das Erreichen der Wirtschaftlichkeit der Tankstellen durch höhere Einnahmen steht bei der Preisgestaltung im Vordergrund. Hinzu kommt, dass durch den sehr niedrigen Rohölpreise für Diesel und Benzin nur mit einer mittleren Preissteigerung von jeweils vier Prozent in den nächsten 10 Jahren gerechnet wird. Da Benzin und Diesel schon durch die Ökosteuer belastet werden, findet sich im Bundestag keine Mehrheit, zusätzlich die Mehrwertsteuer zur Haushaltsdeckung drastisch zu erhöhen.

Durch die Weiterentwicklung konventioneller Techniken werden wirtschaftliche und umweltrelevante Nutzervorteile aufgezehrt. Image- oder Statuserhöhungen sind durch CNG-Fahrzeuge nicht mehr zu erreichen. Aufgrund von nur geringen technischen Verbesserungen des Antriebssystems und der Betankungsinfrastruktur nimmt die Kundenzufriedenheit nur geringfügig auf 50 % zu.

6.4.4 Quantitative Szenarioentwicklung mittels der Cross-Impact-Analyse

Um das Geschäftsfeld auch quantitativ zu erfassen, wird an dieser Stelle die Entwicklung der Erdgasfahrzeugzahlen in Bremen als zusätzliche exogene Szenariovariable eingeführt. Die Anzahl der Fahrzeuge ist für die Investitionsüberlegung der swb AG Voraussetzung, da sie hauptsächlich Auskunft darüber gibt, inwieweit der Kapitaleinsatz erhöht werden muss, um das lokale Tankstellennetz in Bremen auszubauen.

Für das Szenario „Offener Markt für CNG" wurde für das Jahr 2007 ein Anteil von rund 0,75 % am Fahrzeugbestand in Bremen angenommen. Für das Szenario „Beste Chancen für CNG" wurde unter der Prämisse bester

6 Berechnung und Interpretation von Szenarien zur Beurteilung der Marktchancen

Voraussetzungen für Erdgas im Verkehr ein Marktanteil von rund einem Prozent im Jahre 2007 angenommen. Im Szenario „Starker Wettbewerb für CNG" kommt es nur zur einer langsamen Erhöhung der CNG-Fahrzeugzahlen auf bis zu 0,5 % des Gesamtbestandes. Die Annahmen werden so gewählt, dass sie konsistent mit den anderen exogenen Szenariovariablen sind.

Die Entwicklung der Fahrzeugzahlen ist in den vorliegenden Szenarien eine exogene Variable, da EVU alleine keinen wesentlichen Einfluss darauf haben können. Würde die Untersuchung aus Sicht eines Fahrzeugherstellers durchgeführt, wäre diese Variable nicht sinnvoller Weise exogen.

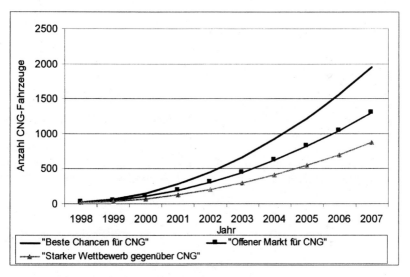

Abb. 6.7 Exogen vorgegebene Entwicklung der Fahrzeugzahlen in Bremen

Wie bereits erwähnt, ist es mit Hilfe der Cross-Impact-Analyse nun möglich, die Abhängigkeiten von quantitativen Annahmen der einzelnen Projektionen untereinander für die Zukunftsszenarien sichtbar zu machen. Es sei darauf hingewiesen, dass die hier dargestellten Ergebnisse auf möglichen zukünftigen Entwicklungen und Geschehnissen basieren. Die Zahlenwerte geben deshalb nur einen Hinweis darauf, wie sich z. B. bei einer sehr positiven Entwicklung der Erdgasfahrzeugzahlen (Szenario „Beste Chancen für CNG") die Absatzmengen für CNG, die Investitionen für Erdgastankstellen, der Erlös aus dem Verkauf von CNG und somit die Vorteilhaftigkeit dieses Geschäftsfeldes verhalten können und nicht müssen.

Im Folgenden wird die ermittelte konsistente Cross-Impact-Matrix vorgestellt (Abb. 6.8). Die Matrix ist für alle drei Szenarien („Beste Chancen für CNG", „Offener Markt für CNG" und „Starker Wettbewerb gegenüber CNG") gültig. Für die Berechnungen wurde der Algorithmus jeweils 250 mal je Szenario durchlaufen. Zur Ermittlung der konsistenten Szenarien werden im CRIMP-Algorithmus für jede Projektionen sogenannte „a-priori-Werten" mit sogenannten „average-Werte" verglichen, die sich nach dem mehrmaligen Durchlaufen des CRIMP-Algorithmus unter Einbeziehung der Cross-Impacts ergeben.

Liegen die „average-Werte" sehr nahe an den „a-priori-Werten", so wurden die Cross-Impacts gut geschätzt und das Szenario ist in sich konsistent. Ist dies nicht der Fall, so müssen in einem iterativen Prozess die Impacts geprüft und angepasst werden.

In der vorliegenden Arbeit werden die Cross-Impacts soweit angepasst, dass in den simulierten Szenarien die Abweichungen in der Regel zwischen null und drei Prozent liegen. Es werden somit sehr konsistente Szenarien gewonnen, mit denen weitere Wirtschaftlichkeitsberechnungen und Störgrößenanalysen durchgeführt werden können.

In Anhang C sind im einzelnen die zeitlich und qualitativ angenommenen Entwicklungen aller Projektionen mit ihren „a-priori-Werten" und „average-Werte" für die Szenarien tabellarisch wiedergegeben.

6 Berechnung und Interpretation von Szenarien zur Beurteilung der Marktchancen

Abb. 6.8 Cross-Impact Matrix für das Geschäftsfeld „Erdgas im Verkehr"

6.4.5 Berechnung des Cash-Flows für das Geschäftsfeld „Erdgas im Verkehr"

Für die drei konsistenten Szenarien werden im Folgenden die Ergebnisse der Cash-Flow-Rechnung für das Geschäftsfeld „Erdgas im Verkehr" dargestellt. Die Wirtschaftlichkeitsberechnung bezieht sich dabei auf die Errichtung und den Betrieb der Betankungsinfrastruktur für Erdgas.

Grundlage sind die Ergebnisse der Simulationsrechnung. Neben den aus der Szenarioentwicklung stammenden quantifizierten exogenen Variablen sind für die Entwicklung der Erdgasfahrzeugzahlen zusätzlich Planungsdaten für den Fuhrpark der swb AG berücksichtigt worden. Als Ergebnis der Wirtschaftlichkeitsrechnung stellt sich der diskontierte Cash-Flow dar, der sich als kumulierter Barwert ergibt. Für die Cash-Flow-Rechnung werden folgende Parameter berücksichtigt:

- Einnahmen und Ausgaben der swb AG, aus dem An- und Verkauf des Erdgases
- Investitionskosten der Tankstellen
- Stromkosten bei der Komprimierung des Erdgases zu CNG
- Instandhaltungskosten
- Personal- und Marketingkosten
- Ertragssteuern

Entscheidungsgrundlage für den Investitionsbedarf der Tankstellen ist die sichere Versorgung der CNG-Fahrzeuge, d. h. alle CNG-Fahrzeuge können auch während Spitzenlastzeiten betankt werden. Aus Erfahrungswerten werden eine stündliche Betankungsspitzenlast am Wochentag von 12,5 % des Tagesbedarfs und eine durchschnittliche Abgabekapazität der Kompressoranlage von 180 kg/h angenommen. Mit den genannten Prämissen wird für jeden Zeitschritt der stündliche Spitzenbedarf errechnet. Überschreitet der stündliche Spitzenbedarf die Kompressorkapazitäten der bestehenden Anlagen, so muss eine neue Tankstelle gebaut werden. Die sich ergebende Bedarfscharakteristik in den einzelnen Szenarien ist in den Tabellen 6.26, 6.28 sowie 6.30 wiedergegeben.

Mineralölkonzerne, auf deren öffentlichen Tankstellengeländen die CNG-Betankungsanlagen stehen und die am Verkaufserlös von CNG teilhaben, werden an den Investitionskosten beteiligt. Zusätzlich vermindern Fördergelder des Bundes und des Landes Bremen die Investitionssumme der swb AG für den Bau der ersten drei Tankstellen. Die sich hieraus ergebenden Kosten sind die Nettoinvestitionen der swb AG. Für die Berechnung wird von einem Abschreibungszeitraum von 15 Jahren für die Tankstellen sowie einem Kalkulationszinssatz von sieben Prozent ausgegangen.

6 Berechnung und Interpretation von Szenarien zur Beurteilung der Marktchancen

Ausschlaggebender Punkt für die Vorteilhaftigkeit des Geschäftsfeldes ist die Auslastung der errichteten Tankstellen und die mögliche Marge der swb AG am Verkauf von CNG. Die Marge ergibt sich aus der Differenz vom Einkaufspreis sowie Steuern und dem Verkaufspreis. Als Durchschnittswert ist von einer Marge in Höhe von 55 % des Endverkaufspreises ausgegangen worden. In einer sich anschließenden Sensitivitätsanalyse wird dargestellt, inwieweit sich das Ergebnis für die swb AG durch die Veränderung der Marge verbessert oder verschlechtert.

Zur Zeit befinden sich fast ausschließlich bivalente Pkw auf dem Markt, die aufgrund der geringen Reichweite mit Erdgas und der unzureichenden CNG-Betankungsinfrastruktur nicht zu 100 % mit Erdgas fahren. Es wurde daher angenommen, dass sich aufgrund der schnellen Verbesserung der Fahrzeuge und der Betankungsinfrastruktur in den Szenarien „Beste Chancen für CNG" und „Offener Markt für CNG" die Betankungshäufigkeit für CNG gegenüber Benzin von derzeit geschätzten 60 % auf 90 % im Jahre 2007 erhöht. Für das Szenario „Starker Wettbewerb gegenüber CNG" kommt es nur zu einem leichten Anstieg auf 70 %.

Da Transporter überwiegend im Stadtgebiet von Flottenbetreibern genutzt werden, wurde für sie durchgehend eine CNG-Betankungshäufigkeit von 90 % angenommen.

6.4.5.1 Quantifizierung der exogenen Variablen des Szenarios „Beste Chancen für CNG"

Kalenderjahr		1996	1997	1998	1999	2000	2001	2002	2003	2004	2005	2006	2007
Fahrleistung Pkw	km/a	12600	12600	12600	12730	12850	12980	13100	13230	13360	13480	13610	13730
spezifischer Verbrauch Pkw	kg/100km	7,2	7,2	7,2	6,8	6,5	6,1	5,8	5,4	5,4	5,4	5,4	5,4
Anzahl Pkw	Stück	0	3	18	52	117	216	348	512	710	938	1205	1510
Fahrleistung Transporter	km/a	20000	20000	20000	20200	20400	20600	20800	21000	21200	21400	21600	21800
spezifischer Verbrauch Transporter	kg/100km	10,2	10,2	10,2	9,7	9,2	8,7	8,1	7,6	7,6	7,6	7,6	7,6
Anzahl Transporter	Stück	2	4	6	15	35	65	104	153	212	280	360	451
Anzahl Pkw Swb AG (310kg/a)	Stück	3	31	35	39	42	42	42	42	42	42	42	42
Anzahl Kleintransporter Swb AG (3.700kg/a)	Stück	4	5	9	11	13	13	13	13	13	13	13	13
Fahrzeuge gesamt	Stück	9	43	65	117	207	336	507	720	977	1273	1620	2016
Gasabsatzpotential	1000 kg/a	19	37	65	109	187	289	417	567	785	1.046	1.366	1.744
Täglicher Bedarf Tb (wochentags)	kg/d	75	144	251	412	696	1.062	1.522	2.064	2.847	3.789	4.939	6.301
stündlicher Spitzenbedarf (12,5% des Tb)	kg/h	9	18	31	51	87	133	190	258	356	474	617	788
Anzahl an Tankstellen	Stück	1	1	1	2	2	3	3	3	3	3	4	5
Kapazität der Tankstellen	kg/h	180	180	180	360	360	540	540	540	540	540	720	900

Tab. 6.26 Entwicklung des Erdgasabsatzes und der Tankstellenzahl im Szenario „Beste Chancen für CNG"

6 Berechnung und Interpretation von Szenarien zur Beurteilung der Marktchancen

Kalenderjahr		1996	1997	1998	1999	2000	2001	2002	2003	2004	2005	2006	2007
Einnahmen													
Gasabsatzpotential	1000 kg/a	19	37	65	109	187	289	417	567	785	1.046	1.366	1.744
Tankstellenpreis CNG (Siehe Trend CNG)	DM/kg	1,28	1,19	1,00	1,01	1,10	1,19	1,24	1,44	1,49	1,54	1,60	1,65
Verkauf von CNG	TDM/a	25	44	65	110	206	344	515	817	1.172	1.616	2.180	2.874
55,0 % Marge Swb AG*	TDM/a	14	24	36	60	113	189	283	450	644	889	1.199	1.581
Ausgaben													
Wartung, Instandsetzung, Entstörung 3 % von Investk. Tankst.	TDM/a	24	24	24	48	48	72	72	72	72	72	96	120
Stromkosten für Verdichtung: Arbeitspreis (2,0 DM/l)	TDM/a	0	0	0	0	0	1	1	1	2	2	3	3
Stromleistungspreis (185 DM/kW, Anlagenleistung 40 kW)	TDM/a	0	0	0	7	7	15	15	15	15	15	22	30
Personalkosten (2 % Steigerung)	TDM/a	100	102	154	157	160	163	112	114	116	118	120	122
Marketing	TDM/a	62	28	100	100	50	50	20	20	20	20	20	20
Summe jährliche Ausgaben	TDM/a	186	154	278	313	266	301	220	222	225	227	261	295
Überschuß= Einnahmen- Ausgaben	TDM/a	-173	-130	-242	-253	-153	-112	63	228	419	662	938	1.286
Investitionen													
Tankstelle	TDM	808			800		800					800	800
- Wirtschaftsförderung Swb AG	TDM	-330			-400		-400						
- Zuschüsse durch UBA, Dritte	TDM	-150			-240		-100						
- Nutzungsüberlassung Shell, Esso, Aral	TDM				-160		-160					-160	-160
= Nettoinvestition jährlich	TDM	328	0	0	0	0	140	0	0	0	0	640	640
Afa (Abschreibungszeitraum = 15 a)	TDM/a	22	22	22	22	22	31	31	31	31	31	74	117
Zeitwert der Nettoinvestition kumuliert (Restwert)	TDM	306	284	262	241	219	327	296	265	234	203	769	1.292
Saldo (vor Steuern) = Überschuß - Afa	TDM/a	-194	-152	-264	-274	-174	-143	32	196	388	630	864	1.170
Ertragssteuersatz: 54 %	TDM/a	0	0	0	0	0	0	0	0	0	0	466	632
Saldo (nach Steuern) = Überschuß - Ertragssteuer	TDM/a	-173	-130	-242	-252	-153	-112	63	228	419	662	471	655
Ergebnis**	TDM/a	-501	-130	-242	-252	-153	-252	63	228	419	662	-169	1.307
Ergebnis kumuliert	TDM	-501	-631	-873	-1.125	-1.278	-1.530	-1.467	-1.239	-820	-158	-327	980
Barwert	TDM/a	-468	-114	-198	-192	-109	-168	39	132	228	336	-80	580
Barwert kumuliert	TDM	-468	-581	-779	-972	-1.080	-1.248	-1.209	-1.077	-848	-512	-592	-12

Kalkulatorischer Zinssatz: 7 %
Abschreibungsdauer: 15 a
*Marge Swb AG = Verkauf - Einkauf - Anteil Tankstelle-Steuern
**Ergebnis = Saldo (nach Steuern) - Investitionen (+ Restwert im Jahr 2007)

Interner Zinssatz: 6,86%

Tab. 6.27 Ergebnisentwicklung für die swb AG im Szenario „Beste Chancen für CNG"

6 Berechnung und Interpretation von Szenarien zur Beurteilung der Marktchancen

Die Ergebnisse zeigen, dass bei einer außerordentlich positiven Einschätzung der Randbedingungen für Erdgas im Verkehr im Jahr 2006 und 2007 zwei zusätzliche Tankstellen zu den drei bis dahin errichteten Tankstellen in Bremen zugebaut werden müssten. Wobei die stündliche Kapazität der Tankstellen von 900 kg/h durch den Bedarf von 788 kg/h im Jahr 2007 noch Möglichkeiten für rund 250 Fahrzeuge bietet. Trotz der sehr guten Auslastung der drei Tankstellen bis zum Jahr 2005 ist auf Grundlage der angenommenen Daten kein positiver Cash-Flow erreicht worden. Er beläuft sich im Jahr 2005 auf –512 TDM.

Durch den hohen Anstieg der Fahrzeugzahlen in den letzten Jahren erreicht der Cash-Flow unter Einbeziehung des Restwerts der Betankungsanlagen im Jahr 2007 ein Wert von -12 TDM, wobei für das Jahr 2006 schon Gewinnsteuern gezahlt werden müssen. Der interne Zinsfuß beläuft sich in diesem Szenario auf 6,86 %.

Wie die Ergebnisse der Sensitivitätsanalyse in der folgenden Abbildung 6.9 zeigen, führt die Verminderung der Marge um fünf Prozentpunkte auf 50 % zu einer Verminderung des Cash-Flow auf -207 TDM. Bei einer Erhöhung der Marge auf 60 % kommt es im Jahr 2007 zu keiner Verbesserung des kumulierten Barwertes, da in diesem Fall schon im Jahr 2005 Ertragssteuer bezahlt werden müsste.

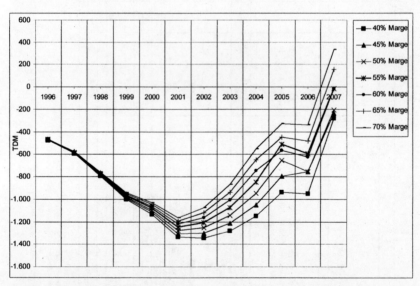

Abb. 6.9 Sensitivitätsanalyse: Cash-Flow in Abhängigkeit von der swb-Marge im Szenario „Beste Chancen für CNG"

6.4.5.2 Quantifizierung der exogenen Variablen des Szenarios „Offener Markt für CNG"

Kalenderjahr		1996	1997	1998	1999	2000	2001	2002	2003	2004	2005	2006	2007
Fahrleistung Pkw	km/a	12600	12600	12600	12600	12600	12600	12600	12730	12730	12730	12730	12730
spezifischer Verbrauch Pkw	kg/100km	7,2	7,2	7,2	6,8	6,5	6,1	5,8	5,4	5,4	5,4	5,4	5,4
Anzahl Pkw	Stück	0	3	18	34	79	145	232	344	476	633	821	1032
Fahrleistung Transporter	km/a	20000	20000	20000	20000	20000	20000	20000	20200	20200	20200	20200	20200
spezifischer Verbrauch Transporter	kg/100km	10,2	10,2	10,2	9,7	9,2	8,7	8,1	7,6	7,6	7,6	7,6	7,6
Anzahl Transporter	Stück	2	4	6	10	23	43	69	103	142	189	245	308
Anzahl Pkw Swb AG (310kg/a)	Stück	3	31	35	39	42	42	42	42	42	42	42	42
Anzahl Kleintransporter Swb AG (3.700kg/a)	Stück	4	5	9	11	13	13	13	13	13	13	13	13
Fahrzeuge gesamt	Stück	9	43	68	94	157	243	356	502	673	877	1121	1395
Gasabsatzpotential	1000 kg/a	19	37	65	90	144	206	269	389	523	669	892	1.127
Täglicher Bedarf Tb (wochentags)	kg/d	75	144	251	341	539	773	1.061	1.421	1.906	2.502	3.234	4.080
stündlicher Spitzenbedarf (12,5% des Tb)	kg/h	9	18	31	43	67	97	133	178	238	313	404	510
Anzahl an Tankstellen	Stück	1	1	1	2	2	3	3	3	3	3	3	3
Kapazität der Tankstellen	kg/h	180	180	180	360	360	540	540	540	540	540	540	540

Tab. 6.28 Entwicklung des Erdgasabsatzes und der Tankstellenzahl im Szenario „Offener Markt für CNG"

6 Berechnung und Interpretation von Szenarien zur Beurteilung der Marktchancen

Kalenderjahr		1996	1997	1998	1999	2000	2001	2002	2003	2004	2005	2006	2007
Einnahmen													
Gasabsatzpotential	1000 kg/a	19	37	65	90	144	209	289	389	523	689	892	1.127
Tankstellenpreis CNG (Siehe Trend CNG)	DM/kg	1,28	1,19	1,00	1,07	1,11	1,15	1,19	1,24	1,28	1,32	1,36	1,40
Verkauf von CNG	TDM/a	25	44	65	96	160	241	345	480	668	908	1.212	1.579
55,0 % Marge Swb AG*	TDM/a	14	24	36	53	88	132	189	264	368	499	667	869
Ausgaben													
Wartung, Instandsetzung, Entstörung 3 % von Investit. Tankst.	TDM/a	24	24	24	48	48	72	72	72	72	72	72	72
Stromkosten für Verdichtung, Arbeitspreis (2,0 DM/l)	TDM/a	0	0	0	0	0	0	1	1	1	1	2	5
Stromleistungspreis (185 DM/kW, Anlagenleistung 40 kW)	TDM/a	0	0	0	7	7	15	15	15	15	15	15	15
Personalkosten (2 % Steigerung)	TDM/a	100	102	154	157	160	163	112	114	116	118	120	122
Marketing	TDM/a	62	28	100	100	50	50	20	20	20	20	20	20
Summe jährliche Ausgaben	TDM/a	186	154	278	313	266	300	220	222	224	226	229	231
Überschuß = Einnahmen - Ausgaben	TDM/a	-173	-130	-242	-260	-178	-168	-31	42	143	273	438	638
Investitionen													
Tankstelle	TDM	808			800		800						
- Wirtschaftsförderung Swb AG	TDM				-400		-400						
- Zuschüsse durch UBA, Dritte	TDM	-330			-240		-100						
- Nutzungsüberlassung Shell, Esso, Aral	TDM	-150			-160		-160						
= Nettoinvestition jährlich	TDM	328	0	0	0	0	140	0	0	0	0	0	0
Afa (Abschreibungszeitraum = 15 a)	TDM/a	22	22	22	22	22	31	31	31	31	31	31	31
Zeitwert der Nettoinvestition kumuliert (Restwert)	TDM	306	284	262	241	219	327	296	265	234	203	171	140
Saldo (vor Steuern) = Überschuß - Afa	TDM/a	-194	-152	-264	-282	-200	-199	-62	11	112	242	407	606
Ertragssteuersatz 54 %	TDM/a	0	0	0	0	0	0	0	0	0	0	0	0
Saldo (nach Steuern) = Überschuß - Ertragssteuer	TDM/a	-173	-130	-242	-260	-178	-168	-31	42	143	273	438	638
Ergebnis	TDM/a	-501	-130	-242	-260	-178	-308	-31	42	143	273	438	638
Ergebnis kumuliert	TDM	-501	-631	-873	-1.133	-1.311	-1.618	-1.649	-1.607	-1.464	-1.190	-752	-114
Barwert	TDM/a	-501	-114	-198	-198	-127	-205	-19	24	78	139	208	345
Barwert kumuliert	TDM	-468	-581	-779	-977	-1.104	-1.309	-1.328	-1.304	-1.226	-1.087	-879	-533

Abschreibungsdauer: 15 a
Kalkulatorischer Zinssatz: 7 %

*Marge Swb AG = Verkauf - Einkauf - Anteil Tankstelle-Steuern
**Ergebnis = Saldo (nach Steuern) - Investitionen (+ Restwert im Jahr 2007)

Tab. 6.29 Ergebnisentwicklung für die swb AG im Szenario „Offener Markt für CNG"

Interner Zinssatz 0,20%

6 Berechnung und Interpretation von Szenarien zur Beurteilung der Marktchancen

Bei einer nur leicht positiven Entwicklung des Szenarioumfeldes müssten in Bremen drei Tankstellen bis zum Jahr 2007 installiert werden. Die Kapazität der Tankstellen würde im Jahre 2007 sehr gut ausgelastet sein. Der Cash-Flow beläuft sich im Szenario "Offener Markt für CNG" im Jahre 2007 auf –533 TDM. Da das Ergebnis in der gesamten Zeitreihe negativ ist, fallen für diesen Zeitraum auch keinerlei Gewinnsteuern an. Der interne Zinsfuß ist mit -0,20 % leicht negativ, d. h., unter den angegebenen Rahmenbedingungen ist das Ergebnis als neutral zu bewerten.

Die Sensitivitätsanalyse macht deutlich, dass selbst unter der unrealistischen Annahme einer Marge von 70 % im Jahr 2007 mit keinem positiven Cash-Flow zu rechnen ist.

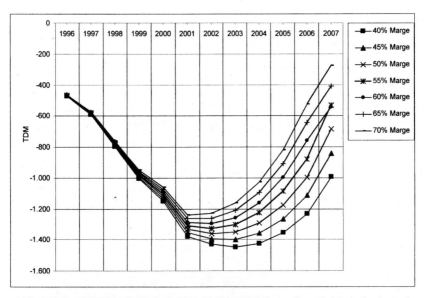

Abb. 6.10 Sensitivitätsanalyse: Cash-Flow in Abhängigkeit von der swb-Marge im Szenario „Offener Markt für CNG"

6.4.5.3 Quantifizierung der exogenen Variablen des Szenarios „Starker Wettbewerb gegenüber CNG"

Kalenderjahr		1996	1997	1998	1999	2000	2001	2002	2003	2004	2005	2006	2007
Fahrleistung Pkw	km/a	12600	12600	12600	12600	12600	12600	12600	12730	12730	12730	12730	12730
spezifischer Verbrauch Pkw	kg/100km	7,2	7,2	7,2	6,8	6,5	6,3	6,2	6,1	6,1	6,1	6,1	6,1
Anzahl Pkw	Stück	0	3	18	22	52	96	154	229	318	420	543	679
Fahrleistung Transporter	km/a	20000	20000	20000	20000	20000	20000	20000	20200	20200	20200	20200	20200
spezifischer Verbrauch Transporter	kg/100km	10,2	10,2	10,2	9,7	9,2	8,9	8,8	8,7	8,7	8,7	8,7	8,7
Anzahl Transporter	Stück	2	4	6	7	16	29	46	68	95	125	162	203
Anzahl Pkw Swb AG (310kg/a)	Stück	3	31	35	39	42	42	42	42	42	42	42	42
Anzahl Kleintransporter Swb AG (3.700kg/a)	Stück	4	5	9	11	13	13	13	13	13	13	13	13
Fahrzeuge gesamt	**Stück**	**9**	**43**	**63**	**79**	**123**	**180**	**255**	**352**	**463**	**600**	**760**	**937**
Gesamtabsatzpotential	**1000 kg/a**	**19**	**37**	**55**	**77**	**114**	**166**	**212**	**286**	**377**	**480**	**608**	**781**
Täglicher Bedarf Tb (wochentags)	kg/d	75	144	250	295	433	583	784	1.051	1.378	1.751	2.210	2.725
stündlicher Spitzenbedarf (12,5% des Tb)	kg/h	9	18	31	37	54	73	98	131	172	219	276	341
Anzahl an Tankstellen	**Stück**	**1**	**1**	**1**	**2**	**2**	**3**	**3**	**3**	**3**	**3**	**3**	**3**
Kapazität der Tankstellen	kg/h	180	180	180	360	360	540	540	540	540	540	540	540

Tab. 6.30 Entwicklung des Erdgasabsatzes und der Tankstellenzahl im Szenario „Starker Wettbewerb gegenüber CNG"

6 Berechnung und Interpretation von Szenarien zur Beurteilung der Marktchancen

Kalenderjahr		1996	1997	1998	1999	2000	2001	2002	2003	2004	2005	2006	2007
Einnahmen													
Gasabsatzpotential	1000 kg/ a	19	37	65	77	114	156	212	286	377	480	608	751
Tankstellenpreis CNG (Siehe Trend CNG)	DM/kg	1,28	1,19	1,00	1,07	1,11	1,15	1,19	1,24	1,28	1,32	1,36	1,40
Verkauf von CNG	TDM / a	25	44	65	82	127	180	253	353	481	633	826	1.050
55,0 % Marge Swb AG*	TDM / a	**14**	**24**	**36**	**45**	**70**	**99**	**139**	**194**	**264**	**348**	**454**	**578**
Ausgaben													
Wartung, Instandsetzung, Entstörung 3 % von Investk. Tankst.	TDM / a	24	24	24	48	48	72	72	72	72	72	72	72
Stromkosten für Verdichtung: Arbeitspreis (2,0 DM/l)	TDM / a	0	0	0	0	0	0	0	1	1	1	1	2
Stromleistungspreis (185 DM/kW, Anlagenleistung 40 kW)	TDM / a	0	0	0	7	7	15	15	15	15	15	15	15
Personalkosten (2 % Steigerung)	TDM / a	100	102	154	157	160	163	112	114	116	118	120	122
Marketing	TDM / a	62	28	100	100	50	50	20	20	20	20	20	20
Summe jährliche Ausgaben	TDM / a	**186**	**154**	**278**	**313**	**266**	**300**	**219**	**222**	**224**	**226**	**228**	**231**
Überschuß Einnahmen- Ausgaben	TDM / a	**-173**	**-130**	**-242**	**-267**	**-196**	**-201**	**-80**	**-28**	**40**	**122**	**226**	**347**
Investitionen													
Tankstelle	TDM	808					800						
- Wirtschaftsförderung Swb AG	TDM	-330					-400						
- Zuschüsse durch UBA, Dritte	TDM	-150					-100						
- Nutzungsüberlassung Shell, Esso, Aral	TDM						-160						
= Nettoinvestition jährlich	TDM	**328**	**0**	**0**	**0**	**0**	**140**	**0**	**0**	**0**	**0**	**0**	**0**
Afa (Abschreibungszeitraum = 15 a)	TDM/a	22	22	22	22	22	31	31	31	31	31	31	31
Zeitwert der Nettoinvestition kumuliert (Restwert)	TDM	306	284	262	241	219	327	296	265	234	203	171	140
Saldo (vor Steuern) = Überschuß - Afa	TDM/a	**-194**	**-152**	**-264**	**-289**	**-218**	**-232**	**-111**	**-59**	**9**	**91**	**195**	**316**
Ertragssteuersatz: 54 %	TDM/a	0	0	0	0	0	0	0	0	0	0	0	0
Saldo (nach Steuern) = Überschuß - Ertragssteuer	TDM/a	**-173**	**-130**	**-242**	**-267**	**-196**	**-201**	**-80**	**-28**	**40**	**122**	**226**	**347**
Ergebnis**	TDM/a	**-501**	**-130**	**-242**	**-267**	**-196**	**-341**	**-80**	**-28**	**40**	**122**	**226**	**487**
Ergebnis kumuliert	TDM	-501	-631	-873	-1.140	-1.336	-1.677	-1.757	-1.785	-1.745	-1.623	-1.396	-910
Barwert	TDM/a	-468	-114	-198	-204	-140	-227	-50	-16	22	62	108	216
Barwert kumuliert	TDM	-468	-581	-779	-983	-1.123	-1.350	-1.400	-1.416	-1.394	-1.332	-1.225	-1.009

Kalkulatorischer Zinssatz: 7 %
Abschreibungsdauer: 15 a
*Marge Swb AG = Verkauf - Einkauf - Anteil Tankstelle-Steuern
**Ergebnis = Saldo (nach Steuern) - Investitionen (+ Restwert im Jahr 2007)

Interner Zinssatz: -3,96%

Tab. 6.31 Ergebnisentwicklung für die swb AG im Szenario „Starker Wettbewerb gegenüber CNG"

6 Berechnung und Interpretation von Szenarien zur Beurteilung der Marktchancen

Im vorliegenden Szenario „Starker Wettbewerb gegenüber CNG" werden neben der 1996 errichteten Tankstelle nur noch die zwei heute schon in der Planung befindlichen Tankstellen hinzugebaut. Für das Jahr 2007 wären mit diesen drei Anlagen noch Kapazitäten für 400 – 450 weitere Fahrzeuge vorhanden. Aufgrund der sehr niedrigen Fahrzeugzahlen würde das Geschäftsfeld „Erdgas im Verkehr" starke Verluste verursachen. Der Cash-Flow beläuft sich im Jahre 2007 auf –1.009 TDM.

Die Sensitivitätsanalyse zeigt, dass das Geschäftsfeld bei diesem Szenario tief in der Verlustzone liegt.

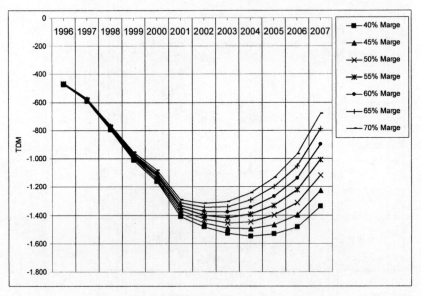

Abb. 6.11 Sensitivitätsanalyse: Cash-Flow in Abhängigkeit von der swb-Marge im Szenario „Starker Wettbewerb gegenüber CNG"

6.5 Störereignisanalyse – Auswirkungen auf das Cash-Flow-Ergebnis

In der bisherigen Betrachtung sind von außen einwirkende Störereignisse nicht berücksichtigt worden. Störereignisse sind unerwartet auftretende Ereignisse, welche (trendmäßige) Entwicklungen in völlig andere Richtungen lenken können. Bei den Störfällen handelt es sich sowohl um negative als auch positive Ereignisse. Die relevanten Störgrößen werden isoliert interpretiert, in die Szenarien integriert und bezüglich ihrer Auswirkungen untersucht. Die Stabilität von Trends gegenüber exogenen Einflüssen kann durch Störereignisse getestet werden. Für die Analyse werden folgende vier Störereignisse untersucht:

6 Berechnung und Interpretation von Szenarien zur Beurteilung der Marktchancen

1. Die Weiterführung der Mineralölsteuerermäßigung wird im Jahr 2005 zurückgenommen.
2. Die Ökosteuer wird im Jahr 2003 aufgrund eines Regierungswechsels ausgesetzt.
3. Die niedrige Eintrittswahrscheinlichkeit der verschärften Immissionsschutzbestimmung steigt ab dem Jahr 2001 von 15 % auf 100 %.
4. Die Einführung der EURO 4 Norm findet bis zum Jahre 2007 in Deutschland nicht statt.

Die einzelnen Auswirkungen dieser vier Störereignisse werden mit dem CRIMP-Algorithmus simuliert. In den folgenden Abbildungen sind zum einen die Auswirkungen auf die Fahrzeugzahlen und zum anderen die sich ergebenen Veränderungen auf das wirtschaftliche Gesamtergebnis der swb AG dargestellt.

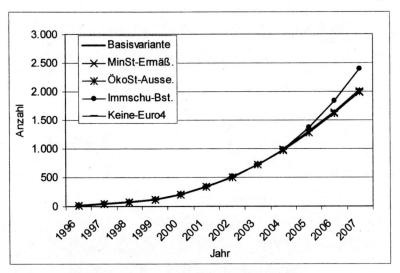

Abb. 6.12 Störereignisanalyse: Auswirkungen auf die Fahrzeugzahlen im Szenario "Beste Chancen für CNG"

6 Berechnung und Interpretation von Szenarien zur Beurteilung der Marktchancen

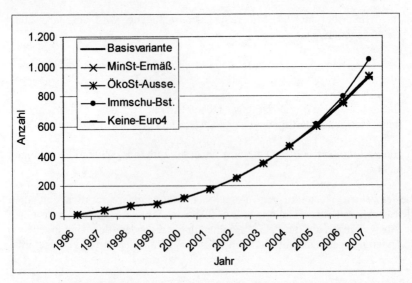

Abb. 6.13 Störereignisanalyse: Auswirkungen auf die Fahrzeugzahlen im Szenario "Offener Markt für CNG"

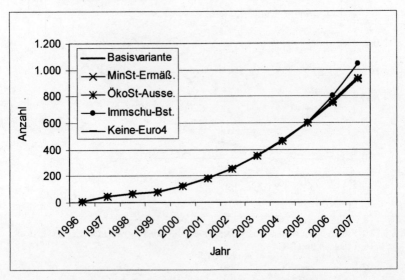

Abb. 6.14 Störereignisanalyse: Auswirkungen auf die Fahrzeugzahlen im Szenario "Starker Wettbewerb gegenüber CNG"

6 Berechnung und Interpretation von Szenarien zur Beurteilung der Marktchancen

Die Ergebnisse der Störereignisanalyse zeigen, dass das zukunftsnah wirkende Störereignis 3 (Einführung verschärfter Immisionsschutzbestimmungen) einen positiven Einfluss auf die Fahrzeugzahlen in allen drei Szenarien hat. So erhöht sich die Zahl der Fahrzeuge im Abschlussjahr 2007 aufgrund der Einführung verschärfter Immisionsschutzbestimmungen in den Szenarien um rund 11 bis 19 %. Die Störereignisse 1 (Zurücknahme der Mineralölsteuerermäßigung für Erdgas), 2 (Aussetzung der Ökosteuer) sowie 4 (Nichteinführung der EURO 4 Norm) haben dagegen in allen drei Szenarien keine wesentlichen Auswirkungen auf die Fahrzeugzahlen.

Betrachtet man dagegen nicht nur die Auswirkungen der Störereignisse auf die Fahrzeugzahlen sondern auch auf das wirtschaftliche Gesamtergebnis der swb AG, zeigt sich, dass eine hohe Zunahme der Fahrzeugzahlen bei der Einführung verschärfter Immissionsschutzbestimmungen dennoch zu keinen wesentlichen Veränderungen in den einzelnen Szenarien führt. Gegenüber allen weiteren untersuchten Störereignissen zeigen sich die Systeme ebenso sehr stabil.

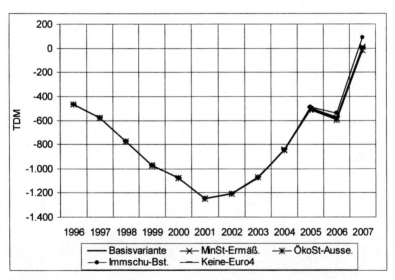

Abb. 6.15 Störereignisanalyse: Auswirkungen auf den Cash-Flow im Szenario "Beste Chancen für CNG"

6 Berechnung und Interpretation von Szenarien zur Beurteilung der Marktchancen

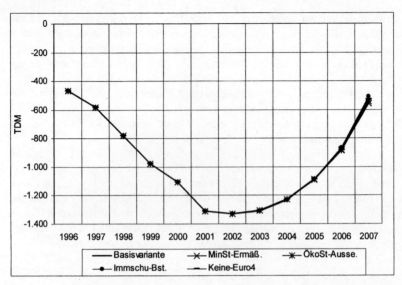

Abb. 6.16 Störereignisanalyse: Auswirkungen auf den Cash-Flow im Szenario "Offener Markt für CNG"

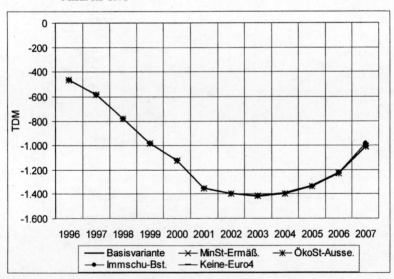

Abb. 6.17 Störereignisanalyse: Auswirkungen auf den Cash-Flow im Szenario "Starker Wettbewerb gegenüber CNG"

6.6 Szenario-Transfer

Die Ergebnisse aller drei untersuchten Szenarien zeigen trotz ihrer unterschiedlichen Eingangsgrößen eine einheitliche Tendenz: Alle drei Szenarien zeigen ein sehr stabiles Bild, d. h. Störereignisse verändern den Verlauf der Szenarien nicht grundlegend. Außerdem sind bei keinem der Szenarien größere Entwicklungssprünge oder Impulse für die einzelnen Einflussfaktoren zu erkennen.

Der geplante Bau von zwei zusätzlichen Tankstellen in Bremen zu der bereits bestehenden Anlage reicht bis zum Jahre 2005 aus, die in den Szenarien beschriebene Anzahl von CNG-Fahrzeugen mit Erdgas zu versorgen. Dies deckt sich gut mit den Ergebnissen aus der durchgeführten Marktbefragung unter 500 Bremer Wirtschaftsunternehmen. Hier ergab sich, dass aufgrund der geographischen Lage Bremens für eine flächendeckende Versorgung anfänglich drei Tankstellen notwendig sind. Nur im Szenario „Beste Chancen für CNG" müssten in den Jahren 2006 und 2007 zwei zusätzliche Anlagen errichtet werden. Ein wesentlicher Kostenfaktor neben den Anlagenkosten sind die Kosten für Personal und Marketing.

Der Cash-Flow ist bei allen Szenarien negativ, d. h. es werden innerhalb der untersuchten 12 Jahre bei einem Kapitalzins von 7 % keine Gewinne gemacht. Deutlich wird die schwierige Lage für das Geschäftsfeld „Erdgas im Verkehr" bei der Betrachtung des internen Zinssatzes. Nur im Szenario „Beste Chancen für CNG" wird ein zufriedenstellender interner Zinssatz von 6,86 % erreicht. Im Basisszenario käme es nur zu einer internen Verzinsung von -0,20 %. Der interne Zinssatz im Szenario „Starker Wettbewerb gegenüber CNG" ist dagegen sehr negativ.
Die Sensitivitätsanalyse zeigt in Bezug auf die Marge der swb AG, dass auch bei einer unrealistischen Erhöhung der Marge von mehr als 15 % auf 70 %, z. B. aufgrund von günstigeren Erdgaseinkaufspreisen im Basisszenario und im Szenario „Starker Wettbewerb gegenüber CNG" mit keinem positiven kumulierten Barwert gerechnet werden kann.

Auch durch den Eintritt von positiv wirkenden Ereignissen wie der Einführung verschärfter Immissionsschutzverordnungen, wie sie bei der Störgrößenanalyse untersucht werden, wird das Gesamtergebnis nicht grundlegend verbessert. Betrachtet man die Einflussgrößen des Gesamtsystems „Erdgas im Verkehr" im einzelnen, so wird deutlich, dass es sich überwiegend um externe Größen handelt. Die Einflussnahme der swb AG auf diese Einflussfaktoren ist also sehr gering und ihre Aktivitäten begrenzen sich im Allgemeinen auf den Ausbau der Betankungsinfrastruktur und Bereitstellung von Fördermitteln für Erdgasfahrzeuge. Dies stellt ein Risiko dar, da hierdurch nur eingeschränkte Handlungsspielräume entstehen.

6 Berechnung und Interpretation von Szenarien zur Beurteilung der Marktchancen

Geht man von der Einschätzung aus, dass das Basisszenario „Offener Markt für CNG" am wahrscheinlichsten ist und die Szenarien „Beste Chancen für CNG" und „Starker Wettbewerb gegenüber CNG" mit einer geringeren Wahrscheinlichkeit eintretende Abweichungen darstellen, ist das Geschäftsfeld „Erdgas im Verkehr" aus wirtschaftlicher Sicht nicht zu empfehlen. Als Chance zeigt sich aber im Szenario „Beste Chancen für CNG", dass bei einer sehr positiven Entwicklung des Umfeldes für Erdgasfahrzeuge und somit der Fahrzeugzahlen mit einer zufriedenstellenden Verzinsung des eingesetzten Kapitals gerechnet werden kann. Auf der anderen Seite käme es bei der im Szenario „Starker Wettbewerb gegenüber CNG" beschriebenen Entwicklung zu einem negativen Ergebnis des Geschäftsfeldes.

Eventualplanungen für die swb AG gestalten sich als schwierig. Das Geschäftsfeld wird überwiegend von externen Einflussgrößen beeinflusst, die die swb AG nicht verändern kann. Durch Förderprogramme und Bereitstellung der Infrastruktur können sie in der Anfangszeit bis zum Jahr 2001 zwar die notwendigen Voraussetzungen für eine Markteinführung für Erdgas erbringen, nach dieser Einführungsperiode sind es aber die Marktakteure Automobilindustrie und Mineralölwirtschaft, die durch ihr Verhalten den Markt bestimmen. Dieser Umstand bedeutet, dass die Entscheidung für das Eingehen der Risiken und Chancen durch kurz- und mittelfristige Investitionen für die spätere Zeit in allen Szenarien gleichermaßen getroffen werden muss. Die spezifischen Eventualplanungen für die Entwicklung in den Szenarien können deshalb zu einer Geschäftsfeldstrategie zusammengefasst werden.

Eine derartige Strategie sähe so aus, dass die swb AG wie oben beschrieben in den nächsten drei Jahren die notwendige Betankungsinfrastruktur in Bremen und durch Förderung und Werbekampagnen Anreize für den Kauf von Erdgasfahrzeugen schafft. Hiernach kann die swb AG überwiegend nur noch auf die Marktgeschehnisse reagieren und sollten nur bei Zusatzbedarf die Infrastruktur weiter ausbauen (siehe Szenario „Beste Chancen für CNG"). Die Weiterführung der kostenintensiven Förderung (Personalkosten und Fördergelder) sollte eingestellt werden, da der Markt sich nach einer Anlaufphase selber tragen muss. Zusätzlich sollte die swb AG das Geschäftsfeld "Erdgas im Verkehr" verstärkt als Umweltschutzmaßnahme kommunizieren.

7 Zusammenfassung und Ausblick

Ziel dieser Arbeit ist es, für EVU die Marktchancen im Treibstoffmarkt aufzuzeigen. Als Treibstoffmarkt wird die Bereitstellung von Strom und Erdgas als Kraftstoffe für den nicht schienengebundenen Straßenverkehr definiert. Die Untersuchung dieser Marktchancen wird dabei am Fallbeispiel der swb AG mit Hilfe von Szenarien durchgeführt und auf die bundesdeutschen Verhältnisse übertragen.

Als erstes Ergebnis zeigt sich, dass von den untersuchten alternativen Antrieben - Elektro- und Erdgasfahrzeuge - nur der Kraftstoffmarkt für Erdgasfahrzeuge in den nächsten Jahren für EVU wirtschaftlich attraktiv erscheint. Ausschlaggebend für die Vorteilhaftigkeit von Erdgasfahrzeugen gegenüber Elektrofahrzeugen sind die technischen Beschränkungen sowie die hohen Anschaffungskosten von batteriebetriebenen Elektrofahrzeugen, die den Interessen der Nutzer nicht entsprechen.

Die Systemanalyse ergibt aber auch, dass bis heute Erdgasfahrzeuge in puncto Reichweite, Zuladung und Betankungsinfrastruktur die Nutzerinteressen schlechter als konventionelle Fahrzeuge erfüllen.

Erdgasbusse sowie erdgasbetriebene Lkw oder Müllfahrzeuge eignen sich aufgrund der sehr hohen Mehrkosten bei der Anschaffung und Nutzung besonders schlecht für einen wirtschaftlichen Betrieb. Da für diese Fahrzeuge keine neuen Motorentwicklungen in Deutschland geplant sind, werden sie für die Marktpotentialstudie nicht weiter berücksichtigt. Zur weiteren Betrachtung bleiben somit nur Pkw, Lieferfahrzeuge und Transporter übrig, da für sie in den nächsten drei Jahren mit optimierten, den Nutzerinteressen weitgehend entsprechenden Modellen gerechnet werden kann.

Aufgrund der auch in den nächsten fünf Jahren nicht flächendeckenden Infrastruktur in Deutschland wird der innerstädtische Verkehr - speziell der Wirtschaftsverkehr - als Absatzmarkt identifiziert. In diesem Bereich ergeben sich für die drei Fahrzeugtypen Pkw, Lieferfahrzeuge und Transporter folgende potentielle Nutzersegmente: Serviceflotten, Paketdienst/Versandhandel, Taxiunternehmen, Unternehmen ohne Erwerbscharakter, Autovermieter/Car Sharing und private Nutzer.

Eine Marktbefragung unter 500 Bremer Wirtschaftsunternehmen ergibt dann auch, dass als Grundvoraussetzung für eine breite Akzeptanz von Erdgasfahrzeugen eine flächendeckende Betankungsinfrastruktur vorhanden sein muss.

7 Zusammenfassung und Ausblick

Um die Entwicklung des Antriebssystems für Erdgas nicht isoliert von den Entwicklungen weiterer Antriebssysteme zu betrachten, wurde ein ausführlicher Systemvergleich durchgeführt. Der Vergleich zeigt, dass sich bis auf die mit Biodiesel betriebenen Fahrzeuge kein konkurrierendes alternatives Antriebssystem auf dem deutschem Markt etablieren konnte. Bis Ende 1998 fuhren jeweils nur rund 5.000 Flüssiggas-, Elektro- und Erdgasfahrzeuge auf öffentlichen Straßen in Deutschland. Eine flächendeckende Betankungsinfrastruktur bestand zu diesem Zeitpunkt für keines der Antriebssysteme.

Unter ökologischen Gesichtspunkten kann anhand des Systemvergleichs festgestellt werden, dass Erdgasfahrzeuge kurz- bis mittelfristig das größte Potential haben, bei moderaten Zusatzkosten einen relevanten Beitrag zur Emissionsreduzierung im Straßenverkehr zu leisten.

Ob sich der Aufbau einer Betankungsinfrastruktur für Erdgas aus Sicht von EVU auch wirtschaftlich darstellen lässt, wird anhand einer Szenarioanalyse untersucht, die am Fallbeispiel swb AG durchgeführt wird.

Hierfür werden drei Szenarien mit den Namen „Beste Chancen für CNG", „Offener Markt für CNG" und „Starker Wettbewerb gegenüber CNG" entwickelt, die eine positive, eine leicht positive sowie eine negative Marktentwicklung für den Erdgas-Treibstoffmarkt darstellen. Der Betrachtungszeitraum erstreckt sich dabei von dem Jahr 1998 bis zum Jahr 2007.

Die Ergebnisse der Szenarioanalyse zeigen, dass eine Wirtschaftlichkeit des Geschäftsfeldes „Erdgas im Verkehr" nur bei einer positiven Entwicklung der Erdgasfahrzeugzahlen gegeben ist. So müßten mindestens ein Prozent der Pkw, Lieferfahrzeuge und Transporter im Jahre 2007 mit Erdgas betrieben werden, damit sich der Einstieg in den Treibstoffmarkt für EVU gewinnbringend gestaltet. Im gleichen Zeitraum müssten bundesweit mindestens 1.200 öffentliche Erdgasbetankungsanlagen errichtet werden, um eine flächendeckende Versorgung zu gewährleisten. Dies entspricht einem Anteil von ungefähr 10 Prozent der im Jahr 2007 bestehenden öffentlichen Tankstellen. Verbunden wäre dies mit einer weitreichenden Angebotspalette an optimierten Erdgasfahrzeugen bei Kfz-Händlern.

Speziell für Bremen sieht es so aus, dass die swb AG unabhängig vom gewählten Szenario bis zum Jahr 2001 aufgrund der geographisch langgestreckten Form Bremens insgesamt drei Tankstellen betreiben müsste, um eine ausreichende Treibstoffversorgung in der Einführungsphase zu garantieren. Die anfängliche kostenintensive Förderung von Erdgasfahrzeugen sollte dabei nach der Einführungsphase ab dem Jahr 2001 eingestellt werden, um das Ergebnis des Geschäftsfeldes nicht unnötig zu belasten.

Als relevante Entscheidungsgröße für ein Engagement von EVU im Treibstoffmarkt ist der Cash-Flow anzusehen, der sich aus der Bereitstellung der Betankungsinfrastruktur und dem Absatz von Erdgas ergibt. Am Beispiel der swb AG wird in Abhängigkeit vom Szenario untersucht, inwieweit sich ein zufriedenstellender Cash-Flow ergibt.

Im Szenario "Beste Chancen für CNG" kann auch nach 10 Jahren bei einem kalkulatorischen Zinssatz von sieben Prozent mit keinem positiven Cash-Flow gerechnet werden. Die im Treibstoffmarkt abgesetzte Erdgasmenge würde rund 0,2 % der im Jahr 1996 gesamten verkauften Erdgasmenge betragen. Erdgas im Verkehr stellt somit - ausgehend von der Angebotsseite - einen Nischenmarkt dar, der durch seine möglichen Absatzmengen nicht wesentlich zum Ausbau des Erdgasgeschäfts beitragen kann.

Schon im Szenario "Offener Markt für CNG" sinkt der Cash-Flow auf −533 TDM. Im Szenario "Starker Wettbewerb gegenüber CNG" beträgt der Cash-Flow im Jahr 2007 sogar nur noch weniger als -1.000 TDM, wodurch die interne Verzinsung negativ wird und hohe Verluste in diesem Geschäftsfeld anfallen. Auch eine Erhöhung der Marge der swb AG am Erdgasverkauf um 15 % auf 70 %, z. B. aufgrund von günstigeren Erdgasbezugspreisen, kann die negative Bilanz nicht grundlegend verbessern.

Zudem macht die Störgrößenanalyse deutlich, dass die Szenarien ein sehr stabiles Bild gegenüber Störereignissen zeigen. Untersuchte Störereignisse wie die Aussetzung der Ökosteuer oder die Einführung verschärfter Immissisonsschutzbedingung können in keinem der Szenarien die Gesamtentwicklung wesentlich beeinflussen und den Cash-Flow verbessern.

Die Ergebnisse der Szenarioanalyse machen weiterhin deutlich, dass die positive Entwicklung des Geschäftsfelds „Erdgas im Verkehr" stark von den Marktaktivitäten der Fahrzeughersteller und der Mineralölwirtschaft abhängt. Nach dem anfänglichen Aufbau der notwendigen Treibstoffinfrastruktur können die EVU die Marktentwicklung nicht mehr wesentlich aktiv bestimmen.

Generell zeigt sich auch hier das bekannte Bild, dass zur Einführung eines neuen innovativen Produktes wie dem Erdgasfahrzeug sowohl hohe Anfangsinvestitionen für das Produkt selber als auch für seine Infrastruktur anfallen, deren wirtschaftliche Vorteilhaftigkeit sich erst langfristig herausstellt.

7 Zusammenfassung und Ausblick

EVU sollten daher überlegen, ob das Geschäftsfeld „Erdgas im Verkehr" trotz des wirtschaftlichen Risikos nicht zusätzlich als Kundenbindungsinstrument und als aktive Umweltschutzmaßnahme zu betrachten wäre.

Es stellt sich also die Frage, ob eine mit Mehrkosten verbundene Penetration von Erdgasfahrzeugen in einen besetzten Markt zum wirtschaftlichen Erfolg führen kann oder Erdgasfahrzeuge auch langfristig nur in subventionierten ökologisch ausgerichteten Nischenmärkten bestehen können. Der Vorteil von Erdgasfahrzeugen - der minimale Schadstoffausstoß - wird dabei zusätzlich durch immer emissionsärmere konventionelle Fahrzeuge und neue Technologien wie Brennstoffzellenfahrzeuge geschmälert werden.

So setzt ein Großteil der Automobilindustrie ihren F&E-Schwerpunkt bei alternativen Antriebskonzepten auf die Weiterentwicklung von Brennstoffzellenfahrzeugen und der Optimierung konventioneller Fahrzeugantriebe. Dies führt dazu, dass viele potentielle Nutzer Erdgasfahrzeuge nur als Interimslösung ansehen und sich nicht zu einem Kauf entschließen können.

Für eine erfolgreiche Marktpenetration von Erdgasfahrzeugen ergeben sich bei einer Übertragung der Ergebnisse auf dem deutschen Energiemarkt folgende Konsequenzen:

- Die Anschaffungskosten von Erdgasfahrzeugen können nur durch in Serie produzierte monovalente Fahrzeugantriebe im größeren Rahmen gesenkt werden.
- Das Fahrzeugangebot muss deutlich ausgeweitet werden, damit Fahrzeughändler Erdgasfahrzeuge in gleicher Weise wie Benzin- und Dieselfahrzeuge anbieten können.
- Die Betankungsinfrastruktur muss von heute 100 auf 1200 öffentliche Tankstellen ausgebaut werden. Hierfür müssen EVU und die Mineralölindustrie eng zusammen arbeiten.
- Fördergelder zur Anschaffung von Erdgasfahrzeugen und zum Aufbau der Betankungsinfrastruktur sollten in der jetzigen Einführungsphase für zwei weitere Jahre gewährt werden.

Abschließend ist anzumerken, dass der Eintritt von Erdgasfahrzeugen in einen schon durch Benzin- und Dieselfahrzeuge besetzten Markt als problematisch anzusehen ist, da der Aufbau der Betankungsinfrastruktur mit erheblichen Kosten verbunden ist, die sich erst langfristig durch eine unsichere Nachfrage nach Erdgas als Treibstoff amortisieren können. Ein Engagement von EVU im

7 Zusammenfassung und Ausblick

Geschäftsfeld „Erdgas im Verkehr" aus rein wirtschaftlichen Gesichtspunkten ist daher nur bedingt zu empfehlen.

Falls aus gesellschaftlichen Umweltgesichtspunkten eine Erschließung des Marktes mit Erdgasfahrzeugen gewollt ist, sollten die sich ergebenden ungedeckten Kosten bei der Bereitstellung der Betankungsinfrastruktur zum Großteil von der Gesellschaft und nicht alleine von den EVU getragen werden.

Literaturverzeichnis

ANGERMEYER-NAUMANN, REGINE, „SZENARIEN UND UNTERNEHMENSPOLITIK – GLOBALSZENARIEN FÜR DIE EVOLUTION DES UNTERNEHMENSPOLITISCHEN RAHMENS", -DISSERTATIONSREIHE- PLANUNGS- UND ORGANISATIONSWISSENSCHAFTLICHE SCHRIFTEN, PROF. DR. W. KIRSCH (HRSG.), MÜNCHEN, 1985.

AP/DDP/ADN, „VOLKSWAGEN FÄHRT MIT NEUEM ALU-MOTOR", DER TAGESSPIEGEL, NR.15742, 11. SEPTEMBER 1996.

ARAL, „DIE TANKSTELLE VON MORGEN", ARAL-PRESSEMITTEILUNGEN IM INTERNET, <URL: HTTP://www.benzin.de/presse/index0.htm >, SEPTEMBER 1998 A.

ARAL, „KRAFTSTOFFE FÜR DIE AUTOS VON MORGEN UND ÜBERMORGEN", ARAL-PRESSEMITTEILUNGEN IM INTERNET, <URL: HTTP://www.benzin.de/presse/index0.htm>, SEPTEMBER 1998.

ASUE, „ERDGASEINSATZ IN KRAFTFAHRZEUGEN", ASUE, HAMBURG, 1994.

BAEHR, H.D., „DIE ENERGIEBEZOGENE CO_2-ERZEUGUNG DER BRENNSTOFFE", BWK BRENNSTOFF WÄRME KRAFT, BD. 44, NR. 7/8, S. 337-339, 1992.

BALLARIN FREDES, EDUARD, ET ALII, „SISTEMAS DE PLANIFICATIÓN Y CONTROL"BIBLIOTECA DE GESTIÓN, EDITORIAL DESCLEE DE BROUWER, BILBAO, 1989.

BAMBERGER, I. UND MAIR, L. „DIE DELPHI-METHODE IN DER PRAXIS", MANAGEMENT INTERNATIONAL REVIEW, VOL. 16, S. 81-91, 1976.

BARTSCH, C., „EIN DIESEL MACHT GESCHICHTE - DIREKTEINSPRITZUNG SETZT SICH DURCH", SCOPE, NR. 1, S. 36-39, JANUAR 1996.

BAUER KOMPRESSOREN GMBH, „HOCHDRUCK - INFO CNG - TANKSTATIONEN FÜR FAHRZEUGE", MÜNCHEN, APRIL 1996.

BAUMBACH, GÜNTHER, „LUFTREINHALTUNG", 3.AUFLAGE, SPRINGER-VERLAG, BERLIN, 1994.

BDI, „DREIZEHNTE VERORDNUNG ZUR DURCHFÜHRUNG DES BUNDES-IMMISSIONSSCHUTZGESETZES (VERORDNUNG ÜBER GROBFEUERUNGSANLAGEN - 13. BIMSCHV), BUNDESMINISTERIUM DES INNEREN, BONN, 25.JUNI 1983.

BECK, P. W., „CORPORATE PLANNING FOR AN UNCERTAIN FUTURE", LONG RANGE PLANNING, VOL. 15, S. 12 – 21, 1982.

BECKER, K ET AL., „KONZEPT UND ERGEBNISSE DES RUSSFILTER-GROSSVERSUCHS DER BUNDESREPUBLIK DEUTSCHLAND", XI. INTERNATIONAL HEAVY VEHICLE CONFERENCE, BUDAPEST, SEPTEMBER 1994.

BEITZ, W. UND KÜTTNER, K.-H., „DUBBEL TASCHENBUCH FÜR DEN MASCHINENBAU", 17.AUFLAGE, SPRINGER-VERLAG, BERLIN, 1990.

BERGERSTUDIE, „MARKTEINFÜHRUNGSKONZEPT "ERDGASFAHRZEUGE", ERGEBNISÜBERSICHT", ,ROLAND BERGER & PARTNER GMBH, INTERNATIONAL MANAGEMENT CONSULTANTS, IN ZUSAMMENARBEIT MIT DEM BGW UND VERTRETERN DER DEUTSCHEN GASWIRTSCHAFT, 1998.

BGBL, „23. BIMSCHV - VERORDNUNG ÜBER DIE FESTLEGUNG VON KONZENTRATIONS-WERTEN", BUNDESGESETZBLATT I, S. 1962, BONN, 16. DEZEMBER 1996.

BGW, „ERDGASFAHRZEUGE IN DEUTSCHLAND", BUNDESVERBAND DER DEUTSCHEN GAS- UND WASSERWIRTSCHAFT. DÜSSELDORF, 1998.

BGW, „VERTRIEBSMAPPE ERDGASFAHRZEUGE – BGW-INTENSIVTRAINING „VERTRIEB ERDGASFAHRZEUGE"", BUNDESVERBAND DER DEUTSCHEN GAS- UND WASSERWIRTSCHAFT IN ZUSAMMENARBEIT MIT MCT, KÖLN, OKTOBER 1998 A.

BGW, „MARKTEINFÜHRUNGSSTRATEGIE FÜR ERDGASFAHRZEUGE", BUNDESVERBAND DER DEUTSCHEN GAS- UND WASSERWIRTSCHAFT. DÜSSELDORF, 1998 B.

Literaturverzeichnis

BILLIG, A., „ERMITTLUNG DES ÖKOLOGISCHEN PROBLEMBEWUßTSEINS DER BEVÖLKERUNG", UMWELTBUNDESAMT, TEXTE 7/94, BERLIN, 1994.

BIRKLE, DR. S. ET ALI., „BRENNSTOFFZELLENANTRIEB FÜR DEN STRAßENVERKEHR", ENERGIEWIRTSCHAFTLICHE TAGESFRAGEN, S. 441-448, JG. 44, HEFT 7, 1994.

BIRNBAUM, K.U. UND WAGNER, H.-J., „EINHEITLICHE BERECHNUNG VON CO_2-EMISSIONEN", ENERGIEWIRTSCHAFTLICHE TAGESFRAGEN 42. JG. HEFT 1/2, S. 78-80, 1992.

BIRNBREIER, H., „VERGLEICH DES PRIMÄRENERGIEVERBRAUCHS UND DER CO_2-EMISSIONEN EINES NAHVERKEHRS-PKW MIT KONVENTIONELLEN UND ALTERNATIVEN ANTRIEBEN", VDI-BERICHTE NR. 1020, VDI-VERLAG, DÜSSELDORF, 1992.

BMFT, „WASSERSTOFF TREIBT UMWELTFREUNDLICHE AUTOS AN", BMFT-JOURNAL, NR. 5, S. 4, 1984.

BMFT, DER BUNDESMINISTER FÜR FORSCHUNG UND TECHNOLOGIE (HRSG.), „ALTERNATIVE ENERGIEN FÜR DEN STRAßENVERKEHR - METHANOL - VORAUSSETZUNGEN FÜR DIE EINFÜHRUNG VON ALKOHOLKRAFTSTOFFEN", VERLAG TÜV RHEINLAND, KÖLN, 1983.

BMU, „FAHRVERBOT BEI "SOMMERSMOG": SCHLÜSSELNUMMER BEACHTEN!", BUNDESMINISTERIUM FÜR UMWELTSCHUTZ, BONN, 1998. <URL: HTTP://WWW.BMU.DE>

BMU, „ÖKOLOGISCHER AUFBAU - KOMMUNALE KONZEPTE ZUR MINDERUNG DES STRAßENVERKEHRSLÄRMS", BUNDESUMWELTMINISTERIUM, BONN, JUNI 1995.

BMW, „WASSERSTOFFANTRIEB", BMW AG, MÜNCHEN, 1993.

BÖHLING, H. AND PESTEL, R., „IMPACT ON THE BUSINESS ENVIRONMENT, PROCEEDINGS OF WORKSHOP ECONOMIC EVALUATION OF INVESTMENT TOWARD CIM, RESULTS AND EVALUATION TOOLS FROM ESPRIT PROJECT 909, LEUVEN, BELGIUM, 1989.

BOHN, K., „UMSTEIGEN AUF ERDGAS ...", STADTWERKE MAINZ AG, FB CNG-TECHNIK, MAINZ, 1996.

BORUP, M., „THE APPLICATION OF SWITCHED RELUCTANCE MOTORS", BLACKPOOL TRAMCAR 651, S. 180-184, GEC REVIEW, 1986.

BOSCH, „KRAFTFAHRTECHNISCHES TASCHENBUCH", 22.AUFLAGE, VDI-VERLAG, DÜSSELDORF, 1995.

BP, „VERFÜGBARKEIT VON LPG UNTER BEACHTUNG DER GEWINNUNG UND DER VERTEILUNG", 245.SEMINAR „ALTERNATIVE KRAFTSTOFFE FÜR FAHRZEUGE AUS UMWELTSICHT" DER FGU (FORTBILDUNGSZENTRUM GESUNDHEITS- UND UMWELTSCHUTZ BERLIN E.V.), BERLIN, 7.- 8. OKT. 1991.

BRACHA, .M., „KONZEPT UND TECHNIK DER LINDE WASSERSTOFF-VERFLÜSSIGUNGSANLAGE INGOLSTADT", VDI-BERICHTE NR. 912, VDI-VERLAG, DÜSSELDORF, 1992.

BRAUERS, D. W., „MODELL BUILDING IN MATHEMATICAL PROGRAMMING – ESSAY REVIEW ARTICLE", LONG RANGE PLANNING, VOL. 19, S. 106 – 110, 1986.

BRAUERS, J. UND WEBER, M., „SZENARIOANALYSE ALS HILFSMITTEL DER STRATEGISCHEN PLANUNG: METHODENVERGLEICH UND DARSTELLUNG EINER NEUEN METHODE", ZEITSCHRIFT FÜR BETRIEBSWIRTSCHAFT, 56. JG., S. 631 – 652, 1986.

BRIEM, M. ET AL., „ABSCHLUSSBERICHT - UNTERSUCHUNG DES EMISSIONS- UND VERBRAUCHSVERHALTENS GASBETRIEBENER NUTZFAHRZEUGE", FORSCHUNGSINSTITUT FÜR KRAFTFAHRTWESEN UND FAHRZEUGMOTOREN STUTTGART, MÄRZ 1992.

BROCKHOFF. DR. KLAUS, „PROGNOSEVERFAHREN FÜR DIE UNTERNEHMENSPLANUNG", S. 17, DR. TH. GABLER-VERLAG, WIESBADEN, 1977.

BRUNNERT, STEFAN, „WIRTSCHAFTLICHKEIT VON ERDGAS- UND DIESELBETRIEBENEN BUSSEN IM ÖFFENTLICHEN NAHVERKEHR", GAS, HEFT 2/97, SEITE 38 –42, 1997.

BUCHHEIM, R., „EXPERIENCES OF VOLKSWAGEN WITH ELECTRIC AND HYBRID VEHICLES", AUFSATZ IN „DIE ZUKUNFT DES ELEKTROAUTOS", INFORMATIONEN ZUR ELEKTRIZITÄT, FRANKFURT, 1996.

BUNDESMINISTERIUM FÜR UMWELT, NATURSCHUTZ UND REAKTORSICHERHEIT: UMWELT NR. 7-8/1998, DRUCKHAUS AM TREPTOWER PARK GMBH, BERLIN, 1998.

Literaturverzeichnis

BUNDESZENTRALE FÜR POLITISCHE BILDUNG: DATENREPORT 1997,VERLAG BONN AKTUELL, MÜNCHEN U. LANDSBERG AM LECH, BONN, 1997.

BURCKHARDT, J., STOCKMANN, R.; ZOLLNER, H., „FLÜSSIGERDGASANLAGEN"; GWF-GAS/ERDGAS, HEFT 6, S. 221-228,1986.

BVM (BUNDESVERKEHRSMINISTERIUM), „VERKEHR IN ZAHLEN 1995", 24. JAHRGANG, BONN, (BEZUG ÜBER DEUTSCHES INSTITUT FÜR WIRTSCHAFTSFORSCHUNG, BERLIN) SEPTEMBER 1995.

BMWI, „ENERGIEDATEN'99", BUNDESMINISTERIUM FÜR WIRTSCHAFT, BONN, 1999.

CALSTART, „ELECTRIC FUEL SIGNS SCANDINAVIAN AGREEMENT", CALSTART, INC., USA, 16.04.97.

CEC, „ENERGY IN EUROPE – A VIEW TO THE FUTURE", COMISSION OF THE EUROPEAN COMMUNITIES, DIRECTORATE GENERAL FOR ENERGY (DG XVII), SPECIAL ISSUE, BRUSSELS, SEPTEMBER 1992.

CERBE, GÜNTER., "GRUNDLAGEN DER GASTECHNIK", 3. AUFLAGE, HANSER VERLAG, 1990.

CHOU, W., POWELL, J.D. AND BRAGG, A. W., „COMPARATIVE EVALUATION OF DETERMINISTIC AND ADAPTIVE ROUTING" IN GRANGÉ, J.-L. UND GIEN, M., „FLOW CONTROL IN COMPUTER NETWORKS", S. 257 - 285, AMSTERDAM, 1979.

CULSHAW, FAITH, BUTLER, CLARE, „A REVIEW OF THE POTENTIAL OF BIOFUEL AS A TRANSPORT FUEL", ENERGY TECHNOLOGY SUPPORT UNIT, HARWELL OXFORDSHIRE OX11 ORA, SEPTEMBER 1992.

DAF, „HORIZONTAL 8.65 SERIE GG 170 LPG - TECHNISCHE BESCHREIBUNG", DAF COMPONENTS, EINDHOVEN, NIEDERLANDE, SEPTEMBER 1996.

DAHLERN VON, I., „GROSSER SPRUNG NACH VORN BEIM DIESEL", DER TAGESSPIEGEL, NR. 15703, BERLIN, 3. AUGUST 1996.

DAIMLERBENZ, „BRENNSTOFFZELLEN - MOBIL MIT POWER AUS DEM ALL", HIGHTECH REPORT SPEZIAL, DAIMLER-BENZ AG, STUTTGART, 1996 B.

DAIMLERBENZ, „NECAR II - FAHREN OHNE EMISSIONEN", DAIMLER-BENZ AG, STUTTGART, 1996 A.

DAIMLERBENZ, „WASSERSTOFF - EIN ALTERNATIVER TREIBSTOFF", DAIMLER-BENZ AG, STUTTGART, 1992.

DAIMLERBENZ, „WASSERSTOFF, BIOGAS UND PFLANZENÖLESTER FÜR MOTOREN - UMWELTSCHONENDE ENERGIEN", DAIMLER-BENZ AG ÖFFENTLICHKEITSARBEIT, STUTTGART.

DALKEY, N. C., „AN ELEMANTARY CROSS-IMPACT METHOD", TECHNOLOGICAL FORECASTING AND SOCIAL CHANGE, VOL. 3, S. 341 – 351, 1972.

DECKEN, VON DER, C.B. ET AL., „ENERGIE-ALKOHOLE HERSTELLUNG UND NUTZUNG EINES SYNTHETISCHEN FLÜSSIGEN ENERGIETRÄGERS", KERNFORSCHUNGSANLAGE JÜLICH, MÄRZ 1987.

DEEBA, M. ET AL., „CATALYTIC ABATEMENT OF NO_X FROM DIESEL ENGINES: DEVELOPMENT OF FOUR WAY CATALYST", SAE TECHNICAL PAPER SERIES 952491, WARRENDALE, USA, 1995.

DER SPIEGEL, „HOFFNUNG AUF KNALLGAS", DER SPIEGEL, S.155, NR.3, HAMBURG. 13.01.1997.

DEUTSCHER BUNDESTAG, „DRITTER BERICHT DER ENQUETE-KOMMISSION VORSORGE ZUM SCHUTZ DER ERDATMOSPHÄRE - ZUM THEMA SCHUTZ DER ERDE - ", DRUCKSACHE 11/**8030**, SACHGEBIET 2129, BONN, 24.05.1990.

DGMK (DEUTSCHE GESELLSCHAFT FÜR MINERALÖLWIRTSCHAFT UND KOHLECHEMIE E.V.), „DIE WIRTSCHAFTLICHEN UND ROHSTOFFPOLITISCHEN ASPEKTE DES EINSATZES VON ALKOHOL- UND ALKOHOLMISCHKRAFTSTOFFEN - ABSCHLUßBERICHT- FÜR DAS BFT (FÖRDERUNGSKENNZEICHEN: TV 79376)", HAMBURG, 1982.

DIE WOCHE, „STINKER DER MEERE", DIE WOCHE, AUSGABE DES 9.AUGUST 1996.

DIE ZEIT, „WAS DIE ÖKOSTEUER BEWEGEN KANN", VON FRITZ VORHOLZ, DIE ZEIT, S. 34, NR. 43, HAMBURG, 15. OKTOBER 1998.

Literaturverzeichnis

DINO, RICHARD N., „PRICE FORECASTING USING EXPERIENCE CURVES AND THE PRODUCT LIFE-CYCLE CONCEPT", S. 292-320, IN THE HANDBOOK OF FORECASTING – A MANAGER'S GUIDE, SECOND EDITION, EDITED BY MAKRIDAKIS, SPYROS AND WHEELWRIGHT, STEVEN C., JOHN WILEY & SONS, 1987.

DIW, „VERKEHR IN ZAHLEN", DEUTSCHES INSTITUT FÜR WIRTSCHAFTSFORSCHUNG, BERLIN, SEPTEMBER 1995.

DP, „NEUE GENERATION VON ELEKTROFAHRZEUGEN", PRESSEMITTEILUNG DER DEUTSCHEN POST AG, BREMEN, 14.12.1995 A.

DP, „UNSER TEST FÜR DIE ZUKUNFT, DAS ZINK-LUFT-SYSTEM", DEUTSCHE POST AG, 1995.

DREWITZ, H.-J., „ERDGASMOTOREN MIT GEREGELTEM DREIWEGEKATALYSATOR IN STADTBUSSEN UND KOMMUNALFAHRZEUGEN", ERDGASBETRIEBENE KRAFTFAHRZEUGE ZUR MINDERUNG INNERSTÄDTISCHER SCHADSTOFF- UND LÄRMBELASTUNG, UTECH-BERLIN, FEBR. 1994.

DREWITZ, H.-J., „VERTEILER-LKW MIT DIESELANTRIEB UND ELEKTROBATTERIEANTRIEB", VORTRAG VON MAN AUF DER EUROFORUM-KONFERENZ „DIE ZUKUNFT VON KFZ-ANTRIEBSSYSTEMEN", DÜSSELDORF, 6. UND 7. MAI 1996.

DUIN, H., „THE CROSS-IMPACT MODELLING AND SIMULATION APPROACH" PROCEEDINGS OF WORKSHOP „ANALYSIS OF SOCIO-TECHNICAL SYSTEMS, SCENARIO TECHNIQUES AND TOOLS", BIBA, BREMEN, 23. – 24. MARCH 1995.

DUPPERIN, J. C. AND GODET, M., „SMIC 74 – A METHOD FOR CONSTRUCTING AND RANKING SCENARIOS", FUTURES, VOL. 7, S. 302 – 312, 1975.

DURAN, B. S. AND ODELL, P. L., „CLUSTER ANALYSIS", LECTURE NOTES IN ECONOMICS AND MATHEMATICAL SYSTEMS, SPRINGER VERLAG, BERLIN, HEIDELBERG, NEW YORK, 1974

DUSTMANN, C.-H., „MOBILE STROMQUELLEN", SPEKTRUM DER WISSENSCHAFT, AUSGABE 10/1996.

DVFG, „AUTOGAS-SYSTEME", DEUTSCHER VERBAND FLÜSSIGGAS E.V., KRONBERG/TAUNUS, 1996.

DVFG, „AUTOGAS-TANKSTELLEN IN DEUTSCHLAND - STAND 06/96 -", DEUTSCHER VERBAND FLÜSSIGGAS E.V, KRONBERG/ TAUNUS, OKTOBER 1996 A.

DVFG, „JAHRESBERICHT 1995", DEUTSCHER VERBAND FLÜSSIGGAS, KRONBERG/ TS., 31.12.95.

DVGW, „GASBESCHAFFENHEIT DK: 533.1", TECHNISCHE REGELN ARBEITSBLATT G 260/L, DEUTSCHER VEREIN DES GAS- UND WASSERFACHES E.V., ESCHBORN, APRIL 1983.

DVGW, „GEMESSENE KOMPRESSIBILITÄTSZAHL VON ERDGAS UND ANDEREN GASEN (WASSERSTOFF)", PERSÖNLICHE MITTEILUNG DES DEUTSCHEN VEREIN DES GAS- UND WASSERFACHES E.V., BONN, 1996.

EBERL, U., „BRUMMIS OHNE LASTER", DIE WOCHE, AUSGABE DES 9.AUGUST 1996.

EDEL, „LOBBYARBEIT DER GASWIRTSCHAFT", TELEFONISCHES GESPRÄCH VOM 26.10.1998, BUNDESVERBAND DER DEUTSCHEN GAS- UND WASSERWIRTSCHAFT, BONN, 1998.

EFL, „BATTERIES THAT DELIVER", ELECTRICFUEL, JERUSALEM, 1995.

EFL, „ZINC-AIR BATTERY SPEZIFICATIONS FOR DEUTSCHE POST FIELD TEST VEHICLES", MITTEILUNG VOM 4.12.1995 A.

EID, „BIODIESEL FÜHRT DIE KUNDEN AN DIE ZAPFSÄULE", ERDÖL INFORMATIONSDIESNST, NR. 37., S. 3-4, 1996 C.

EID, „EID TANKSTELLENUMFRAGE: 600 STATIONEN WENIGER – KNAPP ZWEI DRITTEL MIT SAUGRÜSSEL AUSGERÜSTET ", NR. 7, S. 3, ERDÖL-/ENERGIE-INFORMATIONSDIENST, 1998.

EID, „ADL: GAS-TO-LIQUID JETZT ALTERNATIVE ZU LNG ", NR. 31, S. 19, ERDÖL-/ENERGIE-INFORMATIONSDIENST, 1998 A.

EID, „HABEN ERDGASFAHRZEUGE NUR ZUKUNFT IN ENTWICKLUNGSLÄNDERN?", ERDÖL INFORMATIONSDIENST, NR. 36, S. 3-4, 1996 A.

Literaturverzeichnis

EID, „KEIN VERSTÄNDNIS FÜR UNGLEICHBEHANDLUNG VON ERDGAS UND FLÜSSIGGAS", ERDÖL-/ENERGIE-INFORMATIONSDIENST, NR. 44, S. 19-20, 1996 B.

EID, „MAZDA-WASSERSTOFF-AUTO MARKTREIF", ERDÖL-/ENERGIE- INFORMATIONSDIENST, NR. 5., S. 17, 1996 E.

EID, „WULF BERNOTAT: TANKSTELLENZAHL WIRD BIS 2010 AUF 10.000 SINKEN", ERDÖL INFORMATIONSDIENST, NR. 40, S. 4, ERDÖL-/ENERGIE-INFORMATIONSDIENST, 1996.

ELSTNER, E.F., „WIRKUNG VON ABGASKOMPONENTEN, OZONWIRKUNG." VDI-FORTSCHRITTSBERICHTE REIHE 12, NR. 183, S.74. VDI-VERLAG, DÜSSELDORF, 1994.

ENQUETE-KOMISSION, „SCHUTZ DER ERDATMOSPHÄRE" DES DEUTSCHEN BUNDESTAGES (HRSG.), „MEHR ZUKUNFT FÜR DIE ERDE - NACHHALTIGE ENERGIEPOLITIK FÜR DAUERHAFTEN KLIMASCHUTZ -", ECONOMICA VERLAG, BONN, 1995.

ENZER, S., „INTERAX – AN INTERACTIVE MODEL FOR STUDYING FUTURE BUSINESS ENVIRONMENTS – PART I AND PART II", TECHNOLOGICAL FORECASTING AND SOCIAL CHANGE, VOL. 17, S. 141 – 159, S. 211 - 242, 1980.

ENZER, S. AND ALTER, L., „CROSS-IMPACT ANALYSIS AND CLASSICAL PROBABILITY. THE QUESTION OF CONSISTENCY", FUTURES, VOL. 10, S. 227 – 239, 1972.

EPA (ENVIRONMENTAL PROTECTION AGENCY), „ATMOSPHERIC POLLUTION POTENTIAL FROM FOSSIL RESOURCE EXTRACTION, ONSITE PROCESSING, AND TRANSPORTATION", REPORT EPA-600/2-76-064, WASHINGTON D.C., 1976.

EPA (ENVIRONMENTAL PROTECTION AGENCY), „ENERGY FROM THE WEST - ENERGY RESOURCE DEVELOPMENT SYSTEMS REPORT", EPA OFFICE OF ENERGY, MINERALS AND INDUSTRY, REPORT EPA-600/7-79-060E, WASHINGTON D.C., 1979.

ERDMANN, GEORG, „ENERGIEÖKONOMIK – THEORIE UND ANWENDUNG", HOCHSCHULVERLAG AG AN DER ETH ZÜRICH UND B.G. TEUBNER VERLAG, STUTTGART, 1995.

ERDMANN, GEORG UND WIESENBERG, RALF, „EMISSIONSGESETZGEBUNG UND ALTERNATIVE AUTOMOBILANTRIEBE IN KALIFORNIEN", ATZ – AUTOMOBILTECHNISCHE ZEITSCHRIFT, S. 356 – 362, NR. 5, 100. JAHRGANG, MAI 1998.

ESSO, „TANKSTELLEN IN DEUTSCHLAND", ESSO AG, HAMBURG, 1995.

ESSO, „ENERGIEPROGNOSE 98 – MEHR INTELLIGENZ IM VERKEHR", ESSO AG, HAMBURG, 1998.

FIRTH, MICHAEL , „FORECASTING METHODS IN BUSINESS AND MANAGEMENT", EDWARD ARNOLD (PUBLISHERS) LTD., LONDON, 1977.

FORRESTER, JAY W., „INDUSTRIAL DYNAMICS", 6TH EDITION, WRIGHT-ALLEN PRESS, CAMBRIDGE, MASSACHUSETTS, 1969.

FORRESTER, JAY W., „PRINCIPLES OF SYSTEMS", WRIGHT-ALLEN PRESS, CAMBRIDGE, MASSACHUSETTS, 1968.

FORRESTER, JAY W., „WORLD DYNAMICS", SECOND EDITION, WRIGHT-ALLEN PRESS, CAMBRIDGE, MASSACHUSETTS, 1973.

FRIEDRICH, A. ET ALII., „ÖKOLOGISCHE BILANZ VON RAPSÖL BZW. RAPSÖLMETHYLESTER ALS ERSATZ VON DIESELKRAFTSTOFF", UMWELTBUNDESAMT, BERLIN, 1992.

FRITSCHE, U. R. ET ALII., „ GESAMT-EMISSIONS-MODELL INTEGRIERTER SYSTEME (GEMIS) VERSION 2.1 - ERWEITERTER ENDBERICHT", ÖKO-INSTITUT, DARMSTADT/FREIBURG/BERLIN/KASSEL, DEZEMBER 1994.

GANSER, B. „VERFAHRENSANALYSE: WASSERSTOFF AUS METHANOL UND DESSEN EINSATZ IN BRENNSTOFFZELLEN FÜR FAHRZEUGANTRIEBE", BERICHTE DES FORSCHUNGSZENTRUMS JÜLICH, NR. 2748, DISS. RWTH AACHEN, 1992.

GAUSEMEIER, FINKE, SCHLAKE, „SZENARIO-MANAGEMENT – PLANEN UND FÜHREN MIT SZENARIEN – 2., BEARBEITETE AUFLAGE", CARL HANSER VERLAG, MÜNCHEN WIEN, 1996.

GERLACH, T. „ABGASWERTE GOLF-LPG", PERSÖNLICHE MITTEILUNG DER IAV GMBH, BERLIN, 10.12.96.

Literaturverzeichnis

GESCHKA, H. UND HAMMER, R., „DIE SZENARIO-TECHNIK IN DER STRATEGISCHEN UNTERNEHMENSPLANUNG", IN STRATEGISCHE UNTERNEHMENSPLANUNG – STRATEGISCHE UNTERNEHMENSFÜHRUNG, HRSG. DIETGER HAHN UND BERNARD TAYLOR, 7. AUFLAGE, PHYSICA-VERLAG, HEIDELBERG, 1997.

GESCHKA, H. UND REIBNITZ, U. VON, „DIE SZENARIO-TECHNIK – EIN INSTRUMENT DER ZUKUNFTSANALYSE UND DER STRATEGISCHEN PLANUNG", IN TÖPFER, A. UND AHLFELD, H. (HRSG.) „PRAXIS DER STRATEGISCHEN UNTERNEHMENSPLANUNG", 2. AUFLAGE, S. 125 – 170, STUTTGART, 1986.

GESCHKA, H. UND WINCKLER, B., „SZENARIEN ALS GRUNDLAGE STRATEGISCHER UNTERNEHEMNSPLANUNG", TECHNOLOGIE & MANAGEMENT, VOL. 4, S. 16 – 23, 1989.

GET, „BIODIESEL - HERSTELLUNG VON METHYLESTER AUS PFLANZENÖLEN IN EUROPA ALS ALTERNATIVE ZUR VERWENDUNG VON FOSSILEM DIESEL", GESELLSCHAFT FÜR ENTWICKLUNGSTECHNOLOGIE MBH (GET), JÜLICH, OKTOBER 1995.

GOLDFARB, D. L. AND HUSS, W. R., „BUILDING SCENARIOS FOR AN ELECTRIC UTILITY", LONG RANGE PLANNING, VOL. 21, S. 78 – 85, 1988.

GORDON, T. J., BECKER, H.S. AND GERJUOY, H., „TREND-IMPACT ANALYSIS: A NEW FORECASTING TOOL", THE FUTURE GROUP, GLASTONBURY, CONETTICUT, 1974

GORDON, T.J. AND HAYWARD, H., „INITIAL EXPERIMENTS WITH THE CROSS IMPACT MATRIX METHOD OF FORECASTING", FUTURES, S. 100 – 116, DECEMBER 1968.

GÖTZE, UWE, „SZENARIO-TECHNIK IN DER STRATEGISCHEN UNTERNEHMENSPLANUNG – 2., AKTUALISIERTE AUFLAGE", DEUTSCHERUNIVERSITÄTSVERLAG, WIESBADEN, 1993.

GRANGER, C.W.J., „FORECASTING IN BUSINESS AND ECONOMICS", SECOND EDITION, ACADEMIC PRESS, INC., SAN DIEGO, 1989.

GRETZ, J., AND WURSTER, R. "HYDROGEN ACTIVITIES IN EUROPE", VDI BERICHTE NR. 1201, VDI VERLAG, DÜSSELDORF, 1995.

GSPANDL, R., „BESTAND AN AUTOGASFAHRZEUGEN UND TANKSTELLEN", DEUTSCHER VERBAND FLÜSSIGGAS E.V., KRONBERG/TAUNUS, TELEFONISCHES GESPRÄCH VOM 22.05.1997.

GSPANDL, R., „INFORMATIONEN ÜBER AUTOGAS", PERSÖNLICHE MITTEILUNG, DEUTSCHER VERBAND FLÜSSIGGAS E.V., KRONBERG/TAUNUS, 28.08.1996.

HAHN, D. „ STRATEGISCHE UNTERNEHMUNGSFÜHRUNG - GRUNDKONZEPTE", IN STRATEGISCHE UNTERNEHMENSPLANUNG – STRATEGISCHE UNTERNEHMENSFÜHRUNG, HRSG. DIETGER HAHN UND BERNARD TAYLOR, 5. AUFLAGE, PHYSICA-VERLAG, HEIDELBERG, 1990.

HAMILTON, H. R., „SCENARIOS IN CORPORATE PLANING", OCCASIONAL PAPER NO. 14, BATTLE COLUMBUS DIVISION, COLUMBUS, OHIO, SEPTEMBER 1980.

HAMMAN, PETER, „MARKTFORSCHUNG", UNI-TASCHENBUCH GMBH, 3. AUFLAGE, STUTTGART, 1994

HANEL, F.-J., „ELECTRICALLY HEATED CATALYTIC CONVERTER (EHC) IN THE BMW ALPINA B12 5.7 SWITCH-TRONIC", SAE TECHNICAL PAPER SERIES 960349, 1996 SAE INTERNATIONAL CONGRESS AND EXPOSITION DETROIT, MICHIGAN (COBO CENTER), FEBRUARY 26 - 29, 1996.

HANSEN. F. X., „SPEZIFISCHE VERDICHTUNGSARBEIT VON H_2-VERDICHTERN IM VERGLEICH ZU VERDICHTERN VON ERDGAS", PERSÖNLICHE MITTEILUNG DER FA. SULZER BURCKHARDT, BASEL, AUGUST 1996.

HANSSMANN, F., „EINFÜHRUNG IN DIE SYSTEMFORSCHUNG – METHODIK DER MODELLGESTÜTZTEN ENTSCHEIDUNGSVORBEREITUNG", 3. AUFLAGE, OLDENBOURG VERLAG, MÜNCHEN, 1987.

HARTL, R., „ERDÖL - WIE LANGE NOCH?", NEUE ZÜRICHER ZEITUNG, AUSGABE VOM 7.3.1996.

HECK, VOLKER, SCHIFFER, HANS-WILHELM, „NEUE ENERGIE-/ÖKOSTEUERN ALS PATENTREZEPT FÜR DEN STANDORT DEUTSCHLAND?", WIRTSCHAFTSDIENST, HWWA-INSTITUT FÜR WIRTSCHAFTSFORSCHUNG, NR. 11/1995, S. 618-627, HAMBURG, 1995.

HEILBRONNER, H., „ERST SPEICHERN - DANN REINIGEN", DER TAGESSPIEGEL, BERLIN, AUSGABE 20. APRIL 1996.

Literaturverzeichnis

HEINE, P., „ABSCHLUßBERICHT ZUM FORSCHUNGSVORHABEN VERDAMPFUNGS- UND VERDUNSTUNGSEMISSIONEN", UNVERÖFFENTLICHT, RHEINISCH-WESTFÄLISCHER TÜV, ESSEN, 1993.

HEINRICH, W., SCHÄFER, A., „ RAPSÖLFETTSÄUREMETHYLESTER ALS KRAFTSTOFF FÜR NUTZFAHRZEUG-DIESELMOTOREN", ATZ AUTOMOBILTECHNISCHE ZEITSCHRIFT 92 , NR. 4, S. 168-173, 1990.

HELMER, O., „PROBLEMS IN FUTURES RESEARCH: DELPHI AND CAUSAL CROSS-IMPACT ANALYSIS", FUTURES, VOL. 9, S. 17 – 31, 1977.

HENSELDER, R., „TA LUFT VORSCHRIFTEN ZUR REINHALTUNG DER LUFT", BUNDESANZEIGER, BONN, 25.MÄRZ 1986.

HINTERHUBER, H.H., „ STRUKTUR UND DYNAMIK DER STRATEGISCHE UNTERNEHMUNGSFÜHRUNG", S.77, IN STRATEGISCHE UNTERNEHMENSPLANUNG – STRATEGISCHE UNTERNEHMENSFÜHRUNG, HRSG. DIETGER HAHN UND BERNARD TAYLOR, 5. AUFLAGE, PHYSICA-VERLAG, HEIDELBERG, 1990.

HOFFMANN, VOLKER U., „WASSERSTOFF - ENERGIE MIT ZUKUNFT", VDF VERLAG DER FACHVEREINE, ZÜRICH, 1994.

HÖHER, ROBIN, „VERGLEICHENDE BETRACHTUNG VON DIESEL- UND ERDGASANTRIEBEN FÜR NUTZFAHRZEUGE – SCHADSTOFF- UND KLIMAGASEMISSIONEN SOWIE KOSTENEFFIZIENZ", DIPLOMARBEIT AM FACHBEREICH 14 – WIRTSCHAFT UND MANAGEMENT, FACHGEBIET ENERGIE- UND ROHSTOFFWIRTSCHAFT, TU BERLIN, 23.APRIL 1997.

HÖHLEIN, DR. BERND ET AL., „ENERGIEUMWANDLUNGSKETTEN FÜR DEN STRAßENVERKEHR", SONDERDRUCK AUS ENERGIEWIRTSCHAFTLICHE TAGESFRAGEN, S. 828-835, HEFT 12, 1993.

HOMBURG, CHRISTIAN, „MODELLGESTÜTZE UNTERNEHEMENSPLANUNG", BETRIEBSWIRTSCHAFTLICHER VERLAG DR. TH. GABLER GMBH, WIESBADEN, 1991.

HOUSE, WILLIAM C, „BUSINESS SIMULATION FOR DECISION MAKING", A PETROCELLI BOOK, NEW YORK, 1977.

HOWARD, PAUL F., „BALLARD ZERO-EMISSION FUEL CELL ENGINE", BALLARD POWER SYSTEMS INC. PRESENTED AT COMMERCIALIZING FUEL CELL VEHICLES", CHIKAGO, SEPTEMBER 17- 19, 1996

HUSS, W. R. AND HONTON, E. J., „SCENARIO-PLANNING – WHAT STYLE SHOULD YOU USE?", LONG RANG PLANNING, VOL. 20, S. 21 – 29, 1987.

HÜTTEBRÄUCKER, D. ET AL., „DAS FLEXIBLE-FUEL-KONZEPT VON MERCEDES-BENZ", VDI-BERICHTE NR.1020, VDI-VERLAG, DÜSSELDORF, 1992.

IAV, „ABGASWERTE EINES VW GOLF IM LPG-BETRIEB", PERSÖNLICHE MITTEILUNG VOM 10.12.96. INGENIEURGESELLSCHAFT AUTO UND VERKEHR GMBH, BERLIN, 1996 B.

IAV, „INFORMATIONEN ZU ERDGASFAHRZEUGEN", PERSÖNLICHE MITTEILUNG VOM 12.06.96. INGENIEURGESELLSCHAFT AUTO UND VERKEHR GMBH, BERLIN, 1996.

IAV, „UMRÜSTKOSTEN VON PKW AUF AUTOGAS", PERSÖNLICHE MITTEILUNG VOM 13.11.96. INGENIEURGESELLSCHAFT AUTO UND VERKEHR GMBH, BERLIN, 1996 A.

IISD, „TAX DIFFERENTIALS FOR CATALYTIC CONVERTERS AND UNLEADED GASOLINE IN GERMANY", INTERNATIONAL INSTITUTE FOR SUSTAINABLE DEVELOPMENT (HRSG.), <URL: HTTP://IISD1.IISD.CA/GREENBUD/CATCONV.HTM>, MANITOBA, KANADA, 1998.

ISENBERG, G., „BRENNSTOFFZELLEN-LEITPROJEKTE „PEM"", VDI-BERICHTE NR. 1201, VDI-VERLAG, DÜSSELDORF, 1995.

ISHIKAWA, M. ET ALII, „AN APPLICATION OF THE EXTENDED CROSS IMPACT METHOD TO GENERATING SCENARIOS OF SOCIAL CHANGE IN JAPAN", TECHNOLOGICAL FORCASTING AND SOCIAL CHANGE, VOL. 18, S. 217 – 233, 1980.

IVT HEILBRONN INSTITUT FÜR ANGEWANDTE VERKEHRS UND TOURISMUSFORSCHUNG E.V., „ELEKTROAUTO UND MOBILITÄT - DAS EINSATZPOTENTIAL VON ELEKTROAUTOS", HEILBRONN, 1992.

JACKSON, J. EDWARD AND LAWTON, WILLIAM H., „SOME PROBABILITY PROBLEMS ASSOCIATED WITH CROSS-IMPACT ANALYSIS", TECHNOLOGICAL FORCASTING AND SOCIAL CHANGE, VOL. 8, S. 263 – 273, 1976.

Literaturverzeichnis

JAESCKE, „KOMPRESSIBILITÄTSZAHL VON L-GAS IN BREMEN", PERSÖNLICHE MITTEILUNG, RUHRGAS AG, DORSTEN, 12.09.1996.

JAGGI, D., „GUTE CHANCEN FÜR HYBRIDANTRIEBE?", MOBILE, NR. 3, S. 12 - 16, JUNI/JULI 1996.

JAKOWSKI, J. UND MATTHE, R., „ELEKTROFAHRZEUGENTWICKLUNG BEI GENERAL MOTORS", ADAM OPEL AG, RÜSSELSHEIM, 18.10.96.

JANDEL, A.-S., „DIESELMOTOR ARBEITET REIN MIT BIOKOST", VDI-NACHRICHTEN, NR.43, 25. OKTOBER 1996.

JESS, A, „DER ENERGIEVERBRAUCH ZUR HERSTELLUNG VON MINERALÖLPRODUKTEN", ERDÖL ERDGAS KOHLE, 112. JAHRGANG, NR. 5, SEITE 201 – 205, MAI 1996.

JOSEWITZ, W., ET ALII., „DER EINWELLEN-PARALLELHYBRID VON VOLKSWAGEN IM EUROPÄISCHEN STADTSZENARIO", CONFERENCE ON HYBRID TECHNOLOGY, ETH ZÜRICH, 6. NOVEMBER 1996.

JUFFERNBRUCH, ROLF UND KOLKE, REINHARD, „ENERGIEUMWANDLUNGSKETTEN FÜR DEN VERKEHR: VERGLEICH VON ENERGIEBILANZEN UND CO2-EMISSIONEN", DIPLOMARBEIT FACHHOCHSCHULE AACHEN, ABTEILUNG JÜLICH, JANUAR 1993.

JUNGERMANN, H. ET ALII, „DIE ARBEIT MIT SZENARIEN BEI DER TECHNOLOGIEABSCHÄTZUNG", INSTITUT FÜR PSYCHOLOGIE, TU BERLIN, BERLIN, 1986,

KAHN, HERMAN UND WIENER, ANTHONY J., „IHR WERDET ES ERLEBEN – VORAUSSAGEN DER WISSENSCHAFT BIS ZUM JAHRE 2000", ROWOLTH TASCHENBUCH VERLAG GMBH, REINBECK BEI HAMBURG, 1971.

KAHN, HERMAN, „ANGRIFF AUF DIE ZUKUNFT – DIE 70ER UND 80ER JAHRE: SO WERDEN WIR LEBEN", ROWOLTH TASCHENBUCH VERLAG GMBH, REINBECK BEI HAMBURG, 1975.

KALBERLAH, A., „ELEKTRO-HYBRIDANTRIEBE FÜR STRAßENFAHRZEUGE", ELEKTRISCHE STRAßENFAHRZEUGE, 2. AUFLAGE, EXPERT VERLAG, 1994.

KAMP, PROF. DR. MATHIAS ERNST, FRERICHS, DR. WALTER UND NAUJOKS, DR. WILFRIED, „DIAGNOSE- UND PROGNOSEVERFAHREN ALS HILFSMITTEL DER WIRTSCHATS- UND FINANZPOLITIK", FORSCHUNGSBERICHT DES LANDES NORDRHEIN-WESTFALEN, NR. 2575, WESTDEUTCHER VERLAG, OPLADEN, 1976.

KANE, J., „A PRIMER FOR A NEW CROSS-IMPACT LANGUAGE – KSIM", TECHNOLOGICAL FORECASTING AND SOCIAL CHANGES 4, S. 129 – 142, 1972.

KBA, „STATISTISCHE MITTEILUNGEN – BESTAND AN PERSONENKRAFTWAGEN UND NUTZKRAFTWAGEN", REIHE 2: KRAFTFAHRZEUGBESTAND SONDERHEFT 4 1996 KRAFTFAHRT-BUNDESAMT, FLENSBURG, 1997

KELLY, P., „ COMMENTS ON CROSS-IMPACT ANALYSIS", FUTURES, VOL. 8, S. 341 – 345, 1976

KESTEN, DR. M., „EQUIPMENT FOR THE ON-BOARD GAS STORAGE AND THE REFUELLING OF LNG VEHICLES", MESSER GRIESHEIM GMBH, KÖLN, 1995.

KESTEN, DR. M., TELEFONISCHES GESPRÄCH ÜBER LNG/LCNG, MESSER GRIESHEIM, ENTWICKLUNGSZENTRUM IN KÖLN, AUGUST 1996.

KESTEN, DR. M., „LNG FOR REFRIGERATED DELIVERY TRUCKS ", INT. CONFERENCE FOR NATURAL GAS VEHICLES, KÖLN, 16 – 28 MAI 1998.

KHARAS, K.C.C. ET AL., „PERFORMANCE DEMONSTRATION OF A PRECIOUS METAL LEAN NO_x CATALYST IN NATIVE DIESEL EXHAUST", SAE TECHNICAL PAPER SERIES 950751, WARRENDALE, USA, 1995.

KIEHME, H.-A., „ERWARTUNGEN AN DIE BATTERIE VON ELEKTRISCHEN STRAßENFAHRZEUGEN IN VERSCHIEDENEN EINSATZGEBIETEN", 2.AUFLAGE, EXPERT VERLAG, RENNINGEN-MALMSHEIM, 1994.

KLUYVER, C.A. DE AND MOSKOWITZ, H., „ASSESSING SCENARIO PROBABILITIES VIA INTERACTIVE GOAL PROGRAMMING", MANAGEMENT SCIENCE, VOL. 30, S. 273 – 278, 1984.

KNORR, H., „KOMPRIMIERTES ERDGAS (CNG) - EIN KRAFTSTOFF FÜR STADTBUSSE UND KOMMUNALE-LKWS", VDI-BERICHTE NR. 1020, VDI-VERLAG, DÜSSELDORF, 1992.

KNYPHAUSEN, DODO ZU, „ÜBERLEBEN IN TURBULENTEN UMWELTEN: ZUR BEHANDLUNG DER ZEITPROBLEMATIK IM STRATEGISCHEM MANAGEMENT", ZEITSCHRIFT FÜR PLANUNG, NR. 2, S. 143-162, 1993.

Literaturverzeichnis

KOBE, G., "BATTERY OF THE FUTURE", AUTOMOTIVE INDUSTRIES, S. 75-76, SEP. 1996.

KÖHLER, U. ET AL., "ENTWICKLUNGSFORTSCHRITTE BEI BLEI-, NICKEL-METALLHYDRID- UND LITHIUM-IONEN-BATTERIEN", IN ELEKTROFAHRZEUGE: TECHNOLOGIE-INNOVATION FÜR DEN ZUKÜNFTIGEN VERKEHR, FACHTAGUNG IN BERLIN 24. UND 25 APRIL 1997.

KOHLHAMMER, "WAS SIE SCHON IMMER ÜBER AUTO UND UMWELT WISSEN WOLLTEN", VERLAG W. KOHLHAMMER, STUTTGART, BERLIN, KÖLN, 1996.

KOLKE, R., "ELEKTRO-OTTO-DIESEL-PKW -SYSTEMVERGLEICH-", UMWELTBUNDESAMT, BERLIN, 20.JANUAR 1995.

KOLKE, R., PERSÖNLICHE GESPRÄCHSNOTIZ ÜBER DEN STAND DER METHANOLMOTOREN IM STRAßENVERKEHR, UMWELTBUNDESAMT, AUGUST 1996.

KOLMOGOROFF, A. N., "GRUNDBEGRIFFE DER WAHRSCHEINLICHKEITSRECHNUNG", BERLIN, 1933, 1. REPRINT, BERLIN, HEIDELBERG, NEW YORK, 1977.

KORETZ, B. ET AL., "OPERATIONAL ASPECTS OF THE ELECTRIC FUEL ZINC-AIR BATTERY SYSTEM FOR EV'S", THE 12TH INTERNATIONAL SEMINAR ON PRIMARY AND SECONDARY BATTERY TECHNOLOGY AND APPLICATION, DEERFIELD BEACH, FLORIDA, USA, MARCH 6-9, 1995.

KORFF, P. VON, "DER ERDGASMOTOR E 2866 MIT DREIWEGEKATALYSATOR IM VERGLEICH ZUM DIESELMOTOR", VDI-BERICHTE NR. 885, VDI-VERLAG, DÜSSELDORF, 1991.

KOST, "LNG - POWERED VEHICLES", MITTEILUNG, KREFELD, MÄRZ.1996.

KRAPP. R., "INTERKONTINENTALER TRANSPORT VON WASSERSTOFF IM EURO-QUEBEC HYDRO-HYDROGEN PILOT PROJEKT", VDI-BERICHTE 912, VDI-VERLAG, DÜSSELDORF, 1992.

KRAUSE, I., "FLÜSSIGGAS UND ERDGAS ALS FAHRZEUGTREIBSTOFF", ALTERNATIVE KRAFTSTOFFE FÜR FAHRZEUGE AUS UMWELTSICHT, FGU (FORTBILDUNGSZENTRUM GESUNDHEITS- UND UMWELTSCHUTZ BERLIN E.V.), BERLIN, 1991.

KUKKONEN, C.A., SHELEF, M., "HYDROGEN AS AN ALTERNATIVE AUTOMOTIVE FUEL: 1993 UPDATE", SAE PAPER NR. 940766, 1994.

LBS (LUDWIG-BÖLKOW-STIFTUNG) (HRSG.), "EURO-QUEBEC HYDRO-HYDROGEN PILOT-PROJEKT, PHASE II FEASIBILITY STUDY, FINAL REPORT.", OTTOBRUNN, 1991.

LBS (LUDWIG-BÖLKOW-STIFTUNG), UNTERSUCHUNG ZUM KENNTNISSTAND ÜBER METHANEMISSIONEN BEIM EXPORT VON ERDGAS AUS RUßLAND NACH DEUTSCHLAND", STUDIE IM AUFTRAG DER RUHRGAS AG – ENDBERICHT - , OTTOBRUNN, 12. MÄRZ 1997.

LDJEFF, K., "BATTERIEN FÜR ELEKTROFAHRZEUGE IM VERGLEICH", VDI-BERICHTE NR. 1020, VDI-VERLAG, DÜSSELDORF, 1992.

LEHMANN, JÖRG, "EINSATZPOTENTIAL UND KOSTENANALYSE VON ERDGAS-NUTZFAHRZEUGEN BEI EINEM BERLINER RECYCLINGUNTERNEHMEN", DIPLOMARBEIT AM FACHBEREICH WIRTSCHAFT UND MANAGEMENT, INSTITUT FÜR ENERGIE- UND ROHSTOFFWESEN, TU BERLIN, 9. JULI 1997.

LIBEL, DR. FRANZ, "SIMULATION –PROBLEMORIENTIERTE EINFÜHRUNG", 2. ÜBERARBEITET EINFÜHRUNG, OLDENBOURG VERLAG, MÜNCHEN, 1995.

LINESTONE, HAROLD A. AND SIMMONDS, W.H. CLIVE, "FUTURE RESEARCH. NEW DIRECTIONS", S.254, ADDISON-WESLEY, 1997.

LINNEMAN, ROBERT E., ET ALII, "THE USE OF MULTIPLE SCENARIOS BY U.S. INDUSTRIAL COMPANIES: A COMPARISON STUDY, 1977-1981*", LONG RANGE PLANNING, VOL. 16, NO. 6, PP. 94 TO 101, GREAT BRITAIN, 1983.

LÜCK, "ANFRAGE: MARKTEINFÜHRUNG DES GOLF-HYBRID", TELEFONISCHES GESPRÄCH MIT DER VOLKSWAGEN AG, WOLFBURG, VOM 19.11.1996.

LUHMANN, DR. HANS-JOCHEN, "ÖKOLOGISCHE REFORM DER KFZ-STEUER: EINE HALBE SACHE", WUPPERTAL BULLETIN ZUR ÖKOLOGISCHEN STEUERREFORM, JG. 3, NR. 2, SOMMER 1997, S. 13F., WUPPERTAL, 1997.

Literaturverzeichnis

MAKRIDAKIS, SPYROS G., „FORECASTING, PLANNING AND STRATEGY FOR THE 21TH CENTURY", THE FREE PRESS, NEW YORK, 1990.

MAN, „DIE ZUKUNFT MITGESTALTEN - MAN-WASSERSTOFFANTRIEB FÜR STADTBUS", MAN NUTZFAHRZEUGE AG, NÜRNBERG, 1995.

MAN, „MAN-NUTZFAHRZEUGE MIT ERDGASANTRIEB", VORTRAG VON H. KNORR, EUROFORUM-KONFERENZ, FRANKFURT/MAIN, 04./05. FEBRUAR 1997.

MANNESMANN, „ERDGAS-TANKSTELLEN", MANNESMANN DEMAG, MÜNCHEN, 1996.

MARCHETTI, C. AND NAKICENOVIC, N., „THE DYNAMICS OF ENERGY SYSTEMS AND THE LOGISTIC SUBSTITUTION MODEL, LAXENBURG: IIASA, RR-79-13, 1979.

MARCHETTI, C., „ON A FIFTY YEARS PULSATION IN HUMAN AFFAIRS", LAXENBURG, IIASA PROFESSIONAL PAPER, 1983.

MARCHETTI, C., „PRIMARY ENERGY SUBSTITUTION MODEL: ON THE INTERACTION BETWEEN ENERGY AND SOCIETY", NORDHAUS, W. D. (ED.) PROCEEDINGS OF THE WORKSHOP ON ENERGY DEMAND, REPORT CP761, LAXENBURG, IIASA, S. 803 – 844, 1976.

MARTINO, J. P. AND CHEN K.-L., „CLUSTER ANALYSIS OF CROSS IMPACT MODEL SCENARIOS", TECHNOLOGICAL FORECASTING AND SOCIAL CHANGES 12, S. 61 – 71, 1978.

MAURACHER, P. UND SPORCKMANN, B., „ENERGIENUTZUNGSGRADE EINES ELEKTRO-PKW", ENERGIEWIRTSCHAFTLICHE TAGESFRAGEN, S. 838-843, 43. JG. HEFT 12, 1993.

MAY, H. ET. AL., „ABSCHÄTZUNG DER KOHLENWASSERSTOFFEMISSIONEN WÄHREND DES BETRIEBES EINES KRAFTFAHRZEUGES MIT OTTOMOTOR (RUNNING LOSSES) IN DER BUNDESREPUBLIK DEUTSCHLAND", UBA FB 105 06 030 (KAISERSLAUTERN: FORSCHUNGSSTELLE FÜR VERBRENNUNGSKRAFTMASCHINEN UND KRAFTSTOFFE), 1993.

MB, „ABGAS-EMISSIONEN - GRENZWERTE, VORSCHRIFTEN UND MESSUNG DER ABGAS-EMISSIONEN SOWIE BERECHNUNG DES KRAFTSTOFFVERBRAUCHS AUS DEM ABGASTEST - PKW", MERCEDES BENZ AG, STUTTGART, 1995.

MB, „ABGAS-EMISSIONEN - GRENZWERTE, VORSCHRIFTEN UND TESTVERFAHREN FÜR NUTZFAHRZEUGE UND GELÄNDEGÄNGIGE FAHRZEUGE", MERCEDES BENZ AG, STUTTGART, 1992.

MB, „DER NGT-SPRINTER MIT SEQUENTIELLER ERDGAS-TECHNOLOGIE", MERCEDES BENZ AG, STUTTGART, 1996.

MCLEAN, MICK, „DOES CROSS-IMPACT ANALYSIS HAVE A FUTURE?", FUTURES, VOL. 8, S. 345 – 349, 1976.

MERCER, DAVID, „SCENARIOS MADE EASY", LONG RANGE PLANNING, VOL. 28, NO. 4, PP. 81 TO 86, GREAT BRITAIN, 1995.

MESSER GRIESHEIM, „FLÜSSIGWASSERSTOFF - EINE NEUE PRODUKTLINIE", SONDERDRUCK AUS GAS AKTUELL 36, MESSER GRIESHEIM GMBH, KREFELD, 1989.

MEYER-SCHÖNHERR, MIRKO, „SZENARIO-TECHNIK ALS INSTRUMENT DER STRATEGISCHEN PLANUNG", SCHRIFTENREIHE UNTERNEHMENSFÜHRUNG, (HRSG.) PROF. DR. HARTMUT KREIKEBAUM, BAND 7, VERLAG WISSENSCHAFT & PRAXIS, LUDWIGSBURG – BERLIN, 1992.

MG (MESSER GRIESHEIM), „LNG FÜR INNOVATIONEN, DIE SIE WEITER BRINGEN", SACHNR. 0.813.161 AUSGABE 9045/II/1, MESSER GRIESHEIM GMBH, KREFELD, 1996.

MG (MESSER GRIESHEIM), „WASSERSTOFF", KREFELD, 1989 A.

MILLET, S. M., „HOW SCENARIOS TRIGGER STRATEGIC THINKING", LONG RANG PLANNING, VOL. 21, S. 61 – 68, 1988.

MITCHELL, R. B. AND TYDEMAN, J., „NOTE ON SMIC 74", FUTURES, VOL. 8, S. 64 – 67, 1976.

MITSUBISHI, „ELEGANTER ANSATZ", DER SPIEGEL, NR. 34 , S. 146-148, HAMBURG, 1996.

Literaturverzeichnis

MULLICK, SATINDER K. ET ALII, „LIFE-CYCLE FORECASTING", S. 321-335, IN THE HANDBOOK OF FORECASTING – A MANAGER'S GUIDE, SECOND EDITION, EDITED BY MAKRIDAKIS, SPYROS AND WHEELWRIGHT, STEVEN C., JOHN WILEY & SONS, 1987.

MWV (MINERALÖLWIRTSCHAFTSVERBAND E.V.), „MINERALÖL UND RAFFINERIE", HAMBURG, JANUAR 1996.

MWV, „JAHRESBERICHT 1995", MINERALÖLWIRTSCHAFTSVERBAND E.V., HAMBURG, MAI 1996.

NABU, „OZON/SOMMERSMOG - NABU: OZON-FAHRVERBOT HAT PRAXISTEST NICHT BESTANDEN BILLEN: "SAMMLUNG VON SCHLUPFLÖCHERN"" NATURSCHUTZBUND DEUTSCHLAND E.V., PRESSEMITTEILUNG NR. 73/98, <URL: HTTP://WWW.NABU.ORG/ARCHIV98/ARCHIV104.HTM>, REFELD, 12. AUGUST 1998.

NAGEL, J. „ANFORDERUNGEN AN ELEKTROSTRAßENFAHRZEUGE - EIN ERFAHRUNGSBERICHT", SOLAR + E-MOBIL, TAGUNG AUF DER UTECH BERLIN '96, G. REICHEL VERLAG, WEILERSBACH, 1996.

NALLINGER, S. ET AL., „MÖGLICHKEITEN UND RANDBEDINGUNGEN ZUR UMWELTVERTRÄGLICHEN GESTALTUNG STÄDTISCHER GÜTER-, WIRTSCHAFTS- UND DIENSTLEISTUNGSVERKEHRE - ABSCHLUSSBERICHT ZUR PROJEKTPHASE II - I.A. DES BAYRISCHEN STAATSMINISTERIUMS FÜR LANDESENTWICKLUNG UND UMWELTFRAGEN", VERKEHR-TECHNOLOGIE-INNOVATION-CONSULT, MÜNCHEN, OKTOBER 1995.

NAUNIN, D., „WIRTSCHAFTLICHE, INFRASTRUKTURELLE UND VERKEHRSPOLITISCHE ASPEKTE FÜR DEN EINSATZ ELEKTRISCHER STRAßENFAHRZEUGE", 2.AUFLAGE, EXPERT VERLAG, RENNINGEN-MALMSHEIM, 1994.

NECAM, „MEGA MULTI-POINT ELECTRONIC GASINJEKTION", NECAM B.V., AMERSFOORT, NIEDERLANDE, 1996.

NEIDHART, FELIX, „SIMULATION EINES INDUSTRIELLEN PRODUKTIONS-, VERTEILUNGS- UND VERTRIEBSSYSTEMS", ABHANDLUNG ZUR ERLANGUNG DES TITELS EINES DOKTORS DER TECHNISCHEN WISSENSCHAFT DER ETH ZÜRICH, ZÜRICH, 1974.

NEOPLAN, „SAUBERE LÖSUNGEN", GOTTLOB AUWÄRTER GMBH + CO., STUTTGART, 1994.

NITZSCH, R. VON ET ALII, „KINMACA, EIN PROGRAMMSYSTEM ZUR UNTERSTÜTZUNG DER SZENARIOANALYSE", ARBEITSBERICHT NR. 85/03 DES LEHR- UND FORSCHUNGSGEBIETS ALLGEMEINE BETRIEBSWIRTSCHAFTSLEHRE, RWTH AACHEN, AACHEN, 1985.

NOREIKAT, K., „NECAR II: STATE OF THE ART AND DEVELOPMENT TRENDS FOR FUEL CELL VEHICLES", DAIMLER BENZ AG PRESENTED AT COMMERCIALIZING FUEL CELL VEHICLES", CHICAGO, SEP. 17-19, 1996.

NOVEM, „LPG AS AN AUTOMOTIVE FUEL", NETHERLANDS AGENCY FOR ENERGY AND THE ENVIRONMENT", UTRECHT, 1996.

NREL, „KEEPING THE HEAT ON COLD-START EMISSIONS", ADVANCES IN THE TECHNOLOGY AT THE NATIONAL RENEWABLE ENERGY LABORATORY NREL/MK-336-21116 5/96, GOLDEN, COLORADO, USA, 1996.

NZZ, „NICKEL-CADMIUM-AKKUMULATOREN", NEUE ZÜRICHER ZEITUNG, AUSGABE VOM 28.2.96.

OBERKAMPF, VOLKER, „SYSTEMTHEORETISCHE GRUNDLAGEN EINER THEORIE DER UNTERNEHMENSPLANUNG", BETRIEBSWIRTSCHAFTLICHE SCHRIFTEN, DUNCKER UND HUMBLOT VERLAG, BERLIN, 1976.

ÖSER, P, „NOVEL EMISSION TECHNOLOGIES WITH EMPHASIS ON CATALYST COLD START IMPROVEMENTS - STATUS REPORT ON VW-PIERBURG BURNER/CATALYST SYSTEMS", SAE TECHNICAL PAPER SERIES 940474, WARRENDALE, USA, 1994.

PEHR, K., „EXPERIMENTELLE UNTERSUCHUNGEN ZUM WORST-CASE-VERHALTEN VON LH_2-TANK FÜR PKW", VDI-BERICHTE NR. 1201, VDI-VERLAG, DÜSSELDORF, 1995.

PEPELS, WERNER, „HANDBUCH MODERNE MARKETINGPRAXIS – BAND 1: DIE STRATEGIEN IM MARKETING", S. 138, ECON VERLAG, DÜSSELDORF, 1993.

PFALZGRAF, B., „THE SYSTEM DEVELOPMENT OF ELECTRICALLY HEATED CATALYST (EHC) FOR THE LEV AND EU-III LEGISLATION", SAE TECHNICAL PAPER SERIES 951072, WARRENDALE, USA, 1995.

PIDD, M., „COMPUTER SIMULATION IN MANAGEMENT SCIENCE", JOHN WILEY & SONS, 1984.

PORTNOV, S. I., „EIN GASDIESELMOTOR ARBEITET WEICHER", RUSSISCH, AVTOMOBILNAJA PROMYSLENNOST, HEFT 4, SEITE 17-18, 1992.

Literaturverzeichnis

PREUSSENELEKTRA, „GESCHÄFTSBERICHT 1994", HANNOVER, 1995.

PREUSSENELEKTRA, PERSÖNLICHE MITTEILUNG. HANNOVER, 1996.

PROGNOS, „DIE ENERGIEMÄRKTE DEUTSCHLAND IM ZUSAMMENWACHSENDEN EUROPA - PERSPEKTIVEN BIS ZUM JAHR 2020 -KURZFASSUNG- " IM AUFTRAG DES BUNDESMINISTERIUMS FÜR WIRTSCHAFT (BMWI), HERAUSGEBER BMWI DOKUMENTATION NR. 387, BONN, FEBRUAR 1996.

PRÜFER, M., „MARKTÜBERSICHT UND TECHNIK DER ZUGELASSENEN ELEKTROFAHRZEUGE UND DER AUFGESTELLTEN STROMTANKSTELLEN IN DER BUNDESREPUBLIK DEUTSCHLAND - STAND. OKTOBER 1994 - ", STUDIE IM AUFTRAG DER BERLINER KRAFT- UND LICHT AG, BERLIN,1994.

RAUSER, „LOBBYARBEIT DER GASWIRTSCHAFT ZUM THEMA MINERALÖLSTEUERERMÄßIGUNG FÜR ERDGAS IM VERKEHR", TELEFONISCHES GESPRÄCH VOM 5.11.1998, BUNDESVERBAND DER DEUTSCHEN GAS- UND WASSERWIRTSCHAFT. BONN, 1998

REIBNITZ, UTE V., „SZENARIEN – OPTIONEN FÜR DIE ZUKUNFT", HAMBURG, NEW YORK, MACGRAW HILL VERLAG, 1987.

REIBNITZ, UTE V., „SZENARIEN ALS GRUNDLAGE STRATEGSICHER PLANUNG", HARVARD MANAGER 1/83, S. 71 – 77, 1983.

REIBNITZ, UTE V., „SZENARIO-TECHNIK – INSTRUMENT FÜR DIE UNTERNEHMERISCHE UND PERSÖNLICHE ERFOLGSPLANUNG", 2. AUFLAGE, GABLER VERLAG, 1992.

RHENAG, „EMISSIONEN IM BENZIN- UND ERDGASBETRIEB FÜR VERSCHIEDENE FAHRZEUGE" RHENAG, KÖLN, 9.2.1996.

RODT. S. ET AL., „PASSENGER CARS 2000", UMWELTBUNDESAMT TEXTE 61/95, BERLIN, AUGUST 1995.

ROTHENBERG, M., „KAT MACHT AUS DIESEL-LKW SAUBERMANN", VDI-NACHRICHTEN, S. 24, NR. 4, DÜSSELDORF, 24. JANUAR 1997.

RUHRGAS AG, „ERDGASRESERVEN -ZUGANG ZU WEITREICHENDEN ERDGASVORKOMMEN", <URL: HTTP://WWW.RUHRGAS.DE>, ESSEN, OKTOBER 1999.

RUHRGAS AG, „GRUNDZÜGE DER ERDGASWIRTSCHAFT", ESSEN, NOVEMBER 1995.

RUHRGAS, „RUHRGAS MACHT ERDGAS ZU KRAFTSTOFF - GANZ NEU: MONOVALENT MIT ERDGAS BETRIEBENES SERIEN-FAHRZEUG", BESTNR. 130214, 6/94, RUHRGAS AG, ESSEN, 1994.

RUTH, MATTHIAS AND HANNON, BRUCE, „MODELLING DYNAMIC ECONOMIC SYSTEMS", SPRINGER, NEW YORK, 1997.

SCHAKET, S. R., „THE COMPLETE BOOK OF ELECTRIC VEHICLES", DOMUS BOOKS, CHIKAGO, 1979.

SCHIFFER, HANS-WILHELM, „DEUTSCHER ENERGIEMARKT'95", ENERGIEWIRTSCHAFTLICHE TAGESFRAGEN 46. JG., HEFT 3, 1996.

SCHIFFER, HANS-WILHELM, „WIDERSPRÜCHLICHER EINSTIEG IN DIE ÖKOLOGISCHE STEUERREFORM", S. 18, WIRTSCHAFTSWELT ENERGIE, AUSGABE: DEZEMBER 1998.

SCHMIDT, DIETER, „STRATEGISCHES MANAGEMENT KOMPLEXER SYSTEME – DIE POTENTIALE COMPUTERGESTÜTZTER SIMULATIONSMODELLE ALS INSTRUMENTE EINES GANZHEITLICHEN MANAGEMENTS – DARGESTELLT AM BEISPIEL DER PLANUNG UND DER GESTALTUNG KOMPLEXER INSTANDHALTUNGSSYSTEME", SCHRIFTEN ZUR UNTERNEHMENSPLANUNG, BAND 22, VERLAG PETER LANG, FRANKFURT A. M., 1992.

SCHNAARS, STEVEN P., „HOW TO DEVELOP AND USE SCENARIOS", LONG RANGE PLANNING, VOL. 20, NO. 1, PP. 105 TO 114, GREAT BRITAIN, 1987.

SCHWARZE, J., UND WECKERLE, J., „PROGNOSEVERFAHREN IMVERGLEICH – ANWENDUNGSERFAHRUNGNE UND ANWENDUNGSPROBLEME VERSCHIEDENER PROGNOSVERFAHREN", HRSG. SIEHE VERFASSER, BRAUNSCHWEIG, 1982.

SCHWEIMER, G.W. UND SCHUCKERT, M., „SACHBILANZ EINES GOLF", IM JAHRBUCH 1997 FAHRZEUG- UND VERKEHRSTECHNIKVDI FVT, VDI VERLAG GMBH, 1997.

Literaturverzeichnis

SHELL, „KRAFTSTOFFPREISE IN DEUTSCHLAND – JAHRESSTATISTIKEN", Deutsche Shell AG, <URL: http://www.deutsche-shell.de/>, Hamburg, Januar 1999.

SHELL, „MOTORISIERUNG - FRAUEN GEBEN GAS", DEUTSCHE SHELL AG, HAMBURG, SEPTEMBER 1997.

SHELL, „DIESELSHELL PLUS - DER NEUE SCHWEFELARME SHELL DIESELKRAFTSTOFF", DEUTSCHE SHELL AG, HAMBURG, 1996.

SHELL, „GIPFEL DER MOTORISIERUNG IN SICHT", AKTUELLE WIRTSCHAFTSANALYSEN, HEFT 9/1995. DEUTSCHE SHELL AG, HAMBURG, 1995.

SIGNER, M., „ERFAHRUNGEN UND PERSPEKTIVEN ZUM EINSATZ VON GASMOTOREN",UBA ARBEITSGESPRÄCH GASBETRIEBENDE NUTZFAHRZEUGE IN BALLUNGSRÄUMEN VOM 6.SEPT. 1995, IVECO MOTORENFORSCHUNG AG, ARBON, SCHWEIZ, 1995.

SKUDELNY, H.-CHR., "UNTERSUCHUNGEN AN DREHSTROMANTRIEBEN FÜR ELEKTROSPEICHERFAHRZEUGEN", WISSENSCHAFTLICHE VERÖFFENTLICHUNG DES INSTITUTS FÜR STROMRICHTERTECHNIK UND ELEKTRISCHE ANTRIEBE, RWTH AACHEN, 1993.

SOUTHERN CALIFORNIA EDISON COMPANY, SYSTEM PLANNING AND RESEARCH, „PLANNING FOR UNCERTAINTY: A CASE STUDY", TECHNOLOGICAL FORECASTING AND SOCIAL CHANGE, VOL. 33, S. 119 – 148, 1988.

SPÄTH, HELMUT, „CLUSTER-FORMATION UND –ANALYSE", THEORIE, FORTRAN-PROGRAMME, BEISPIELE", OLDENBOURG VERLAG, MÜNCHEN, WIEN, 1983.

SPERLING, D., „THE CASE FOR ELECTRIC VEHICLES", SIENTIFIC AMERICAN, S. 36-41, NEW YORK, NOVEMBER 1996.

STANFORD RESEARCH INSTITUTE, CENTER FOR STUDY OF SOCIAL POLICY, „HANDBOOK OF FORECASTING TECHNIQUES", PREPARED FOR INSTITUTE FOR WATER RESOURCES, U.S. ARMY CORPS OF ENGINEERS, FORT BELVOIR, VIRGINIA. SPRINGFIELD: NATIONAL TECHNICAL INFORMATION SERVICE, U.S. DEPARTMENT OF COMMERCE, POLICY RESEARCH REPORT 10, SRI PROJECT URU-3738, 1975.

SULZER BURCKHARDT, „ ARBEITSGESPRÄCH: GASBETRIEBENE NUTZFAHRZEUGE IN BALLUNGSRÄUMEN", UTECH BERLIN, 6.SEPTEMBER 1995.

SULZER BURCKHARDT, ANGEBOT EINER ERDGASTANKSTELLE AN DIE STADTWERKE BREMEN AG, 1996.

SUZUKI, T. AND ISHII, K., „ELECTRIC VEHICLE AIR CONDITIONING", AUTOMOTIVE ENGINEERING, PP 113 – 117, SEPTEMBER 1996.

SWB, „TANKSTELLENPREISE VON ERDGAS", TELEFONISCHE UMFRAGE DER ABTEILUNG UNTERNEHMENSENTWICKLUNG DER SWB AG, BREMEN, SEPTEMBER 1998.

SZEREMET, M. AND HERRING, J., „SIX MANUFACTURERS TO OFFER NATURAL-GAS-POWERED TRUCKS IN 1996", ALTERNATIVE FUELS IN TRUCKING, VOLUME 4, NR. 4, S. 1-2. WASHINGTON, 1996.

TABATA, M. ET AL., „NO_X-EMISSION CONTROL IN DIESEL EXHAUST OVER ALUMINA CATALYST", 27TH ISATA-CONFERENCE, AACHEN 31 OKTOBER - 4 NOVEMBER 1994.

TAMME, R., LEFDAL, P. M., „NEUE RESSOURCENSCHONENDE H_2-HERSTELLUNGSVERFAHREN - KOHLENWASSERSTOFFSPALTUNG UND REFORMING PROZESSE" , VDI-BERICHTE NR. 1201, VDI-VERLAG GMBH, DÜSSELDORF, 1995.

TORREY, D.A. AND LANG, J.H., „OPTIMAL-EFFICIENCVY EXITATION OF VARIABLE-RELUCTANCE MOTOR DRIVES", IEEE PROCEEDINGS, JAN. 1991.

TOYOTA, „ENVIRONMENTAL PROGRAMS AND ACTIVITIES", TOYOTA MOTOR CORPORATION, TOKIO, 1994.

TOYOTA, „PRIUS – THE SUPER MODEL OF EFFICIENCY", <URL: HTTP://www.toyota.com/afv/prius/intro_prius.htmL >, 1999.

TROGE, A., „VERGLEICH ERDGAS UND CITY - DIESEL MIT DER GEPLANTEN EURO-III ABGASNORM; EINSATZ DES CRT-SYSTEMS", BUNDESMINISTERIUM FÜR UMWELT, NATURSCHUTZ UND REAKTORSICHERHEIT, BONN, 1995.

Literaturverzeichnis

TÜV RHEINLAND, "WASSERSTOFF - ANTRIEB IN DER ERPROBUNG", VERLAG TÜV RHEINLAND GMBH, KÖLN, 1989.

TÜV, "ERDGAS FAHRZEUGE - NEUE TECHNOLOGIEN IN DER PRAXIS", TÜV BAYERN SACHSEN, MÜNCHEN, 1995.

UFOP, "BIODIESEL-TANKSTELLEN IN DEUTSCHLAND", UNION ZUR FÖRDERUNG VON OEL- UND PROTEINPFLANZEN E.V., BONN, AUGUST 1996 A.

UFOP, "FREIGABE VON BIODIESEL", UNION ZUR FÖRDERUNG VON OEL- UND PROTEINPFLANZEN E.V., BONN, STAND APRIL 1996 B.

UFOP, "VERWENDUNG VON GLYCERIN AUS DER RME-PRODUKTION", PERSÖNLICHE GESPRÄCHSNOTIZ MIT DER UNION ZUR FÖRDERUNG VON OEL- UND PROTEINPFLANZEN E.V AUF DER IAA NUTZFAHRZEUGE, HANNOVER, 1996.

UFOP, "MARKTSITUATION FÜR BIODIESEL IN DEUTSCHLAND", <URL: HTTP://www.ufop.de>, 1999.

UHDE GMBH, "ERDGAS-VERFLÜSSIGUNG, WASSERSTOFF- UND METHANOLPRODUKTION", PERSÖNLICHE MITTEILUNG, DORTMUND, 29.07.1996.

UHDE GMBH, "HYDROGEN FROM LIGHT HYDROCARBONS", DORTMUND, 1994.

UHDE GMBH, "METHANOL FROM NATURAL GAS", DORTMUND, 1994.

UMWELT BRIEFE, "AUTO DER ZUKUNFT PER GESETZ", UMWELT, KOMUNALE ÖKOLOGISCHE BRIEFE, S. 6, NR. 15, 1998.

UMWELT, "CO$_2$-REDUKTIONEN BEI PKW ALS BEITRAG ZUM GLOBALEN KLIMASCHUTZ", UMWELT, NR. 9, 1996.

UMWELT, "UMWELTBEWUBTSEIN IN DEUTSCHLAND", UMWELT, EINE INFORMATION DES BUNDESUMWELTMINISTERIUMS, S. 327/328, NR. 7-8, 1998.

UMWELTATLAS, "OZON", DIGITALER UMWELTATLAS HAMBURG", <URL: HTTP://WWW.HAMBURG.DE/BEHOERDEN/UMWELTBEHOERDE/DUAWWW/DEA8/2192_24E.HTM>, HAMBURG, 1998.

UMWELTBUNDESAMT, "PASSENGER CARS 2000",UBA-TEXTE 61/95, BERLIN, AUGUST 1995.

VARTA, "ELEKTRO-AUTOS - STAND UND PERSPEKTIVEN", VARTA BATTERIE AG, HANNOVER, 1994.

VDI NACHRICHTEN, "3-L-AUTO-FAHREN MACHT SPAß", VDI NACHRICHTEN, 9.10.98

VDI NACHRICHTEN, "AUTOMOBILBAU WILL PREISWERTES MAGNESIUM", VDI NACHRICHTEN, 27.6.97.

VDI NACHRICHTEN, "EU-KOMMISSION SETZT NEUE GRENZWERTE FÜR PKW-ABGASE", VDI NACHRICHTEN, 19.7.96.

VDI-RICHTLINIE 4600 (ENTWURF), "KUMULIERTER ENERGIEAUFWAND, BEGRIFFE, DEFINITION, BERECHNUNGSMETHODEN", BEUTH VERLAG, BERLIN, 1995.

VELLGUTH, G., "METHYLESTER VON RAPSÖL ALS KRAFTSTOFF FÜR SCHLEPPER IM PRAXISEINSATZ", GRUNDLAGEN DER LANDTECHNIK, BD. 35, NR. 5, S. 137-141, 1984.

VKBL, "AUTOS WERDEN LEISER UND SAUBERER", VERKEHRSBLATT, S. 487, HEFT 17, BONN, 1996.

VKBL, "SCHADSTOFFARME ANTRIEBE FÜR NUTZFAHRZEUGE: HYBRIDTECHNIK FÜR ABGASFREIEN BETRIEB IN INNENSTÄDTEN - GASTURBINENANTRIEB MIT ÄTHANOL", VERKEHRSBLATT, S. 27, HEFT 1, BONN, 1997.

V.L. "DAIMLER-BENZ WILL ARBEIT AN ELEKTROBATTERIE FORTSETZEN", FAZ, AUSGABE VOM 9.7.1996.

VOLVO, "ECT - ENVIRONMENTAL CONCEPT TRUCK", VOLVO TRUCK CORPORATION, SCHWEDEN, 1996.

VTI-C, "MÖGLICHKEITEN UND RANDBEDINGUNGEN ZUR UMWELTVERTRÄGLICHEN GESTALTUNG STÄDTISCHER GÜTER-, WIRTSCHAFTS- UND DIENSTLEISTUNGSVERKEHRE - ABSCHLUSSBERICHT ZUR PROJEKTPHASE II", VERKEHR-TECHNOLOGIE-INNOVATION-CONSULT, MÜNCHEN, OKTOBER 1995.

VW, "DER UMWELTBERICHT VON VOLKSWAGEN", WOLFSBURG, NOVEMBER 1995.

Literaturverzeichnis

WACK, PIERRE, „SZENARIEN: UNBEKANNTE GEWÄSSER VORAUS", HARVARD MANAGER, 2/86, S. 60 –77, 1986.

WALDMANN, H., SEIDEL, G.(ARAL AG), „KRAFT- UND SCHMIERSTOFFE", WALTER DE GRUYTER VERLAG, 1979.

WARTHMANN, W. „BATTERIE ZUR AUSWAHL", MOBILE, NR. 2, S.12-17, VSE (VERBAND SCHWEIZERISCHER ELEKTRIZITÄTSWERKE), 1995.

WEBER, DR. KARL, „WIRTSCHAFTPROGNOSTIK", S.1, VERLAG FRANZ VAHLEN, MÜNCHEN, 1990.

WEBER, ROLF-ECKART UND MÜßIG, SIEGFRIED, „WASSERSTOFF ALS KÜNFTIGER ENERGIETRÄGER - DARGESTELLT AM EURO-QUBEC-PROJEKT- ", GWF GAS ERDGAS (GAS- UND WASSERFACH), BD. 133, NR. 10/11, S. 497-504, 1992.

WEC (WORLD ENERGY COUNCIL), „ENVIRONMENTAL EFFECTS ARISING FROM ELECTRICITY SUPPLY AND UTILIZATION AND RESULTING COSTS TO THE UTILITY", WEC REPORT, LONDON, 1988.

WEIDMANN, K., „ANWENDUNG VON RAPSÖL IN FAHRZEUG-DIESELMOTOREN", ATZ AUTOMOBILTECHNISCHE ZEITSCHRIFT 97, NR. 5, S. 288-292, 1995.

WEIDMANN, K., „RAPSÖL-METHYLESTER IM DIESELMOTOR", MTZ MOTORTECHNISCHE ZEITSCHRIFT 50, NR. 2, S. 69-73, 1989.

WEIDMANN, K.; HEINRICH, H., „EINSATZ VON KRAFTSTOFFEN AUS NACHWACHSENDENROHSTOFFEN IM VW/AUDI DIESELMOTOR", VDI-BERICHTE NR. 1020, VDI-VERLAG, DÜSSELDORF, 1992.

WENDT, PLZAK; „WASSERSTOFFERZEUGUNG", VDI-LEXIKON ENERGIETECHNIK, VDI-VERLAG GMBH, DÜSSELDORF, 1994.

WESSENDORF, RICHARD, „GLYCERINDERIVATE ALS KRAFTSTOFFKOMPONENTEN", ERDÖL UND KOHLE - ERDGAS -, BD. 48, HEFT 3, S.138-143, 1995.

WID/MG, „UBA SIEHT RAPSÖL NICHT ALS ERSATZ FÜR DIESELKRAFTSTOFF", VDI-NACHRICHTEN, NR.13, 31. MÄRZ 1995.

WIESENBERG, R., "EMWIFA-HANDBUCH VERSION 1.2, EMISSIONEN UND WIRTSCHAFTLICHKEIT VON FAHRZEUGEN", SWB AG, BREMEN, 1997.

WIESENER, K., „METALL-LUFT-BATTERIE - AUSSICHTSREICHE ENERGIETRÄGER FÜR DIE ELEKTROTRAKTION?", TAGUNGSBAND ALTERNATIV MOBIL'95, KARLSRUHE, JANUAR 1995.

WILDE, DR. KLAUS D., „LANGFRISTIGE MARKPOTENTIALPROGNSEN IN DER STRATEGISCHEN PLANUNG", S. 33, BETRIEBSWIRTSCHAFTLICHE SCHRIFTEN ZUR UNTERNEHMENSFÜHRUNG, BAND 28: UNTERNEHMENSPLANUNG, VERLAG DR. PETER MANNHOLD, DÜSSELDORF, 1981.

WILSON, IAN H., „SCENARIOS", IN „HANDBOOK OF FUTURES RESEARCH", PP. 22 – 47, JIB FOWLES (Ed.), Greenwood Press, Westport, CT, 1978.

WINTER, CARL-JOCHEN UND NITSCH, JOACHIM, „WASSERSTOFF ALS ENERGIETRÄGER", 2. ÜBERARBEITETE AUFLAGE, SPRINGER-VERLAG, BERLIN, 1989.

WURSTER, R., „H2-STADTBUS-PROJEKT ALS BEISPIELE FÜR DIVERSE EU-PROJEKTE", VDI BERICHTE NR. 1201, VDI VERLAG, DÜSSELDORF, 1995.

ZIMMERMANN, G., „ZWEITAKTER LEBT ALS SELBSTZÜNDER SAUBERER", VDI-NACHRICHTEN, S. 22 NR. 10, DÜSSELDORF, 7. MÄRZ 1997

Anhang A Ergebnisse der Wirtschaftlichkeitsanalyse

Im Folgenden sind für die einzelnen Fahrzeugklassen die Ergebnisse aus den Berechnungen mit EMWIFA 1.2 wiedergegeben.

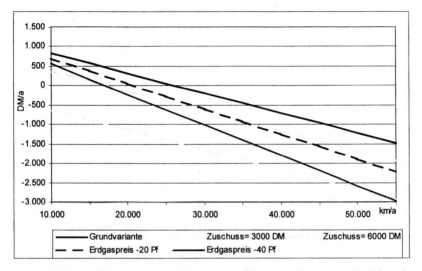

Abb. A.1 Wirtschaftliche Vorteile von Erdgas- gegenüber Benzinfahrzeugen in der Klasse der Lieferfahrzeuge

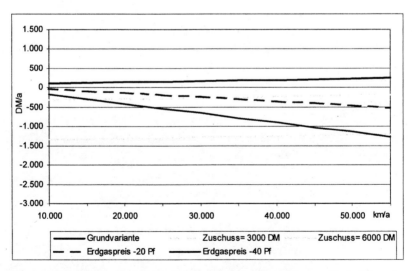

Abb. A.2 Wirtschaftliche Vorteile von Erdgas- gegenüber Dieselfahrzeugen in der Klasse der Lieferfahrzeuge

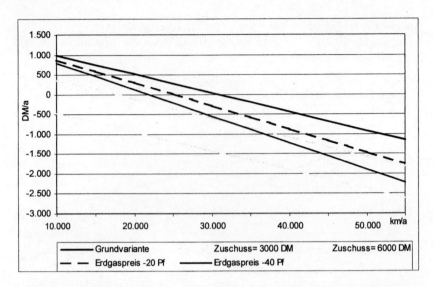

Abb. A.3 Wirtschaftliche Vorteile von Erdgas- gegenüber Benzinfahrzeugen in der Klasse der Stadt-Pkw

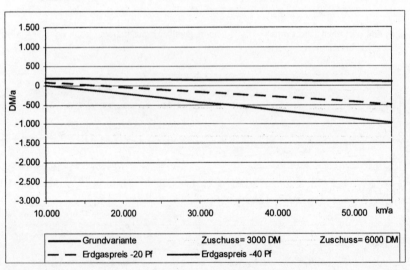

Abb. A.4 Wirtschaftliche Vorteile von Erdgas- gegenüber Dieselfahrzeugen in der Klasse der Stadt-Pkw

Anhang A

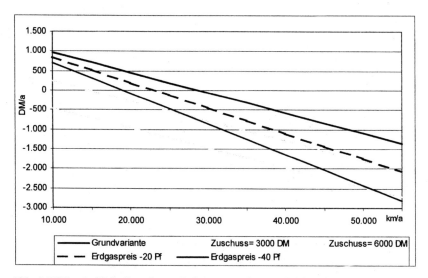

Abb. A.5 Wirtschaftliche Vorteile von Erdgas- gegenüber Benzinfahrzeugen in der Klasse der Groß-Pkw

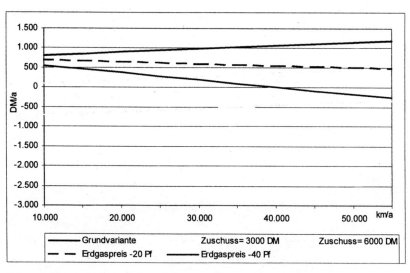

Abb. A.6 Wirtschaftliche Vorteile von Erdgas- gegenüber Dieselfahrzeugen in der Klasse der Groß-Pkw

Anhang A

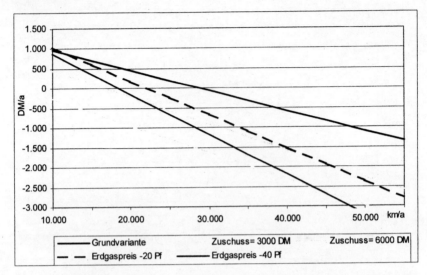

Abb. A.7 Wirtschaftliche Vorteile von Erdgas- gegenüber Benzinfahrzeugen in der Klasse der Transporter

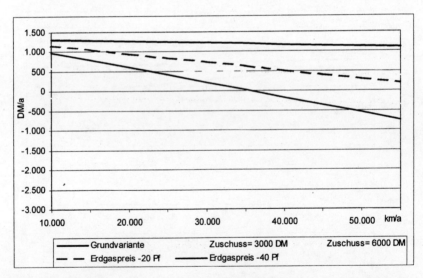

Abb. A.8 Wirtschaftliche Vorteile von Erdgas- gegenüber Dieselfahrzeugen in der Klasse der Transporter

Anhang A

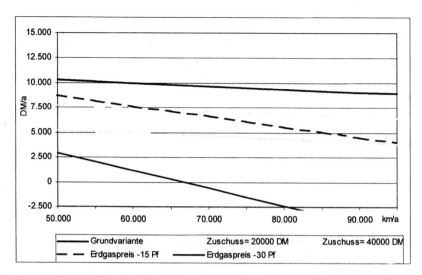

Abb. A.9 Wirtschaftliche Vorteile von Erdgas- gegenüber Dieselfahrzeugen in der Klasse der Stadtbusse

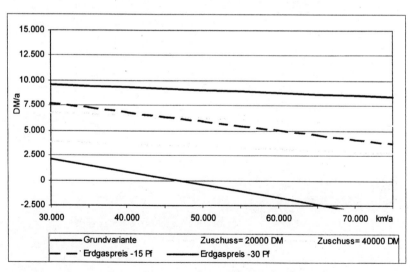

Abb. A.10 Wirtschaftliche Vorteile von Erdgas- gegenüber Dieselfahrzeugen in der Klasse der Stadt-LkW/Müllfahrzeuge

Anhang B Umfrage über die Marktchancen von Erdgasfahrzeugen

Wiedergabe des Umfragetextes:
Zur Verbesserung der Infrastruktur für umweltfreundliche Erdgasfahrzeuge planen wir den Bau weiterer Erdgastankstellen in Bremen. Um zu erfahren, ob Sie an Erdgasfahrzeugen interessiert sind, möchten wir Ihnen gerne mit diesem Fragebogen ein paar Fragen zu Ihrem Fuhrpark stellen. Für die Beantwortung der Fragen benötigen Sie in der Regel nicht mehr als 10 Min.

1. Wieviele Diesel- und Benzinfahrzeuge befinden sich insgesamt in dem Fuhrpark Ihres Unternehmens?
   (Bitte Anzahl eintragen)

   Pkw ☐

   Transporter bis 3,5 t ☐

   leichte Nutzfahrzeuge bis 7,5 t ☐

   Lkw über 7,5 t ☐

2. Wie schätzen Sie die durchschnittliche tägliche Fahrleistung Ihrer Fahrzeuge ungefähr ein?

	< 100 km	100 - 200 km	200 - 250 km	> 250 km
Pkw	☐	☐	☐	☐
Transporter bis 3,5 t	☐	☐	☐	☐
leichte Nutzfahrzeuge bis 7,5 t	☐	☐	☐	☐
Lkw über 7,5 t	☐	☐	☐	☐

3. Wie lang ist die Nutzungszeit Ihrer Fahrzeuge?

	< 3 Jahre	3 - 6 Jahre	7 - 9 Jahre	> 9 Jahre
Pkw	☐	☐	☐	☐
Transporter bis 3,5 t	☐	☐	☐	☐
leichte Nutzfahrzeuge bis 7,5 t	☐	☐	☐	☐
Lkw über 7,5 t	☐	☐	☐	☐

4. Wie nutzen Sie Ihre Fahrzeuge überwiegend (Mehrere Antworten möglich)?

	Pkw	Transporter	leichte Nfz	Lkw
Fahrzeuge werden **privat** genutzt	☐	☐	☐	☐
Fahrzeuge werden für den **Güterverkehr** genutzt	☐	☐	☐	☐
Fahrzeuge werden für den **Personentransport** genutzt	☐	☐	☐	☐
Fahrzeuge werden als **Kundendienstfahrzeuge** genutzt	☐	☐	☐	☐
Fahrzeuge werden für **Kurier/Lieferservice** genutzt	☐	☐	☐	☐

5. Wo betanken Sie Ihre Fahrzeuge?

   ☐ Betriebstankstelle   ☐ öffentliche Tankstelle   ☐ sowohl als auch

6. Rechnen Sie die Betankungsvorgänge mit einer Tankkarte ab?   ☐ ja   ☐ nein

7. Welche Fahrzeugmarken fahren Sie vorzugsweise? _____

Anhang B

8. In welchen Gebieten fahren Ihre Fahrzeuge?
   - ☐ überwiegend Stadtgebiet
   - ☐ Stadtgebiet und näheres Umland
   - ☐ weitere Strecken ____ km: _____
   - ☐ feste Routen nach: _____

9. Welche Kriterien sind für Ihr Unternehmen beim Kauf der Fahrzeuge wichtig? Kreuzen Sie bitte in jeder Zeile nur ein Feld an.

	unwichtig 1	2	3	4	sehr wichtig 5
a. Kaufpreis	☐	☐	☐	☐	☐
b. Betriebskosten	☐	☐	☐	☐	☐
c. Instandhaltungskosten	☐	☐	☐	☐	☐
d. Kraftstoffkosten	☐	☐	☐	☐	☐
e. Markenname	☐	☐	☐	☐	☐
f. Händlerservice	☐	☐	☐	☐	☐
g. Garantievereinbarungen	☐	☐	☐	☐	☐
h. Fahrzeugausstattung	☐	☐	☐	☐	☐
i. Zuverlässigkeit	☐	☐	☐	☐	☐
j. Zuladungsmöglichkeiten	☐	☐	☐	☐	☐
k. Reichweite	☐	☐	☐	☐	☐
l. moderne Technik	☐	☐	☐	☐	☐
m. Umweltfreundlichkeit	☐	☐	☐	☐	☐
n. Wiederverkaufswert	☐	☐	☐	☐	☐

10. Welcher ist der wichtigste Faktor Ihrer Kaufentscheidung? Bitte geben Sie einen Buchstaben von Frage 9 (a. bis n.) an.

    Pkw   Transporter bis 3,5 t   leichte Nutzfahrzeuge bis 7,5 t   Lkw über 7,5 t
    [____]   [____]   [____]   [____]

11. Sehen Sie in dem Einsatz von Erdgasfahrzeugen für sich einen Imagegewinn?   ☐ ja   ☐ nein

12. Würden Sie Mehrkosten für den Einsatz von Erdgasfahrzeugen akzeptieren?   ☐ ja, bis ___ %   ☐ nein

13. Eine Erdgasbetankungsanlage benötigt etwa eine Fläche von 70 m². Hätten Sie diesen Platz auf Ihrem Betriebshof zur Verfügung?   ☐ ja   ☐ nein

14. Sind Sie an weiteren Informationen über Erdgasfahrzeuge interessiert?   ☐ ja   ☐ nein

15. Möchten Sie ein Erdgasfahrzeug einmal für mehrere Tage probefahren?   ☐ ja   ☐ nein

16. Sehen Sie sich als Pionier bei der Einführung neuer Techniken und Konzepte?   ☐ ja   ☐ nein

Für Ihre Bemühungen möchten wir uns noch einmal herzlich bei Ihnen bedanken. Bitte schicken Sie den Fragebogen mit dem beigelegten freien Rückumschlag oder per Fax bis spätestens **Mittwoch, den 24.12.1997**, an uns zurück. Als „kleines Dankeschön" erhalten Sie dann von uns eine Telefonkarte. Ihre Antworten werden selbstverständlich anonym behandelt. Falls Sie an den Ergebnissen der Umfrage interessiert sind oder weitere Informationen wünschen, geben Sie hier bitte Ihre Anschrift an:

Firma: _____

Ansprechpartner: _____ (GF / Fuhrparkleiter)

Straße/ Hausnr.: _____

PLZ/Ort: _____

Telefon: _____ Telefax: _____

Anhang C CRIMP-Analyse - Zeitliche Entwicklung der Einflussgrößen

		Einheit	1998	1999	2000	2001	2002	2003	2004	2005	2006	2007
1A Entwicklungssprung bei CNG-Fahrzeugen	A-priori		0,75	0,80	0,85	0,90	0,95	1,00	1,00	1,00	1,00	1,00
	Average		0,75	0,80	0,85	0,90	0,95	1,00	1,00	1,00	0,99	0,99
	Abweichung		0%	0%	0%	0%	0%	0%	0%	0%	-1%	-1%
2A Wirtschaftliche Vorteile von CNG-Fahrzeugen	A-priori		0,85	0,90	0,95	1,00	1,05	1,10	1,10	1,10	1,10	1,10
	Average		0,85	0,90	0,95	1,00	1,05	1,10	1,10	1,10	1,10	1,10
	Abweichung		0%	0%	0%	0%	0%	0%	0%	0%	0%	0%
3A Förderung von CNG und Infrastruktur	A-priori		0,00	-0,10	0,00	0,20	0,40	0,40	0,10	0,10	0,10	0,10
	Average		0,00	-0,10	0,00	0,20	0,40	0,40	0,10	0,10	0,10	0,10
	Abweichung		0%	0%	0%	0%	0%	0%	0%	0%	0%	0%
4A Schnelle Erhöhung der Angebots-/Modellvielfalt	A-priori		0,00	0,10	0,20	0,30	0,45	0,60	0,70	0,80	0,80	0,80
	Average		0,00	0,10	0,19	0,29	0,45	0,59	0,69	0,80	0,79	0,79
	Abweichung		0%	0%	-5%	-3%	0%	-2%	-1%	0%	-1%	-1%
5A Schnelle Zunahme der Bekanntheit	A-priori		0,10	0,20	0,30	0,40	0,50	0,60	0,65	0,70	0,75	0,75
	Average		0,10	0,20	0,30	0,40	0,48	0,59	0,64	0,69	0,74	0,74
	Abweichung		0%	0%	0%	0%	-4%	-2%	-2%	-1%	-1%	-1%
6A Vergleichbare Preise für CNG-Fahrzeuge	A-priori		0,20	0,18	0,16	0,14	0,13	0,12	0,11	0,10	0,10	0,10
	Average		0,20	0,18	0,16	0,14	0,13	0,12	0,11	0,10	0,10	0,10
	Abweichung		0%	0%	0%	0%	0%	0%	0%	0%	0%	0%
7A Gasverbände sehen neues Geschäftsfeld	A-priori		0,00	0,30	0,50	0,60	0,60	0,60	0,60	0,60	0,60	0,60
	Average		0,00	0,30	0,50	0,59	0,59	0,60	0,60	0,59	0,60	0,59
	Abweichung		0,00	0,00	0,00	-0,02	-0,02	0,00	0,00	-0,02	0,00	-0,02
8 Zuschuß SWB	A-priori	TDM/a	30,00	30,00	30,00	30,00	0,00	0,00	0,00	0,00	0,00	0,00
	Average	TDM/a	30,00	30,00	30,00	30,00	0,00	0,00	0,00	0,00	0,00	0,00
	Abweichung		0%	0%	0%	0%	0%	0%	0%	0%	0%	0%
9B Niedriger Einführungspreis für Erdgas	A-priori		0,00	-0,25	-0,25	-0,25	-0,25	-0,25	-0,10	-0,10	-0,10	-0,10
	Average		0,00	-0,25	-0,25	-0,25	-0,25	-0,25	-0,10	-0,10	-0,10	-0,10
	Abweichung		0%	0%	0%	0%	0%	0%	0%	0%	0%	0%
11 Umsetzung der Ökosteuer	A-priori		0,00	0,99	0,99	0,99	0,99	0,99	0,99	0,99	0,99	1,00
	Average		0,00	0,99	0,99	0,99	0,99	0,99	0,99	0,99	0,99	1,00
	Abweichung		0%	0%	0%	0%	0%	0%	0%	0%	0%	0%
12A Signifikante Nutzervorteile	A-priori		-0,20	-0,10	0,00	0,10	0,15	0,20	0,20	0,20	0,20	0,20
	Average		-0,20	-0,10	0,00	0,10	0,15	0,20	0,20	0,19	0,19	0,19
	Abweichung		0%	0%	0%	0%	0%	0%	0%	-5%	-5%	-5%
13A Sparsame Erdgasfahrzeuge	A-priori		0,00	0,05	0,10	0,15	0,20	0,25	0,25	0,25	0,25	0,25
	Average		0,00	0,05	0,10	0,15	0,20	0,25	0,25	0,25	0,25	0,25
	Abweichung		0,00	0,00	0,00	0,00	0,00	0,00	0,00	0,00	0,00	0,00
14B Langsame Entwicklung neuer Antriebstechnologien	A-priori		0,50	0,60	0,70	0,75	0,80	0,85	0,90	0,95	1,00	1,00
	Average		0,50	0,60	0,70	0,76	0,80	0,86	0,91	0,96	1,01	1,01
	Abweichung		0%	0%	0%	1%	1%	1%	1%	1%	1%	1%
15A Hohe Preissteigerung für Diesel	A-priori	Pf/l	114,40	125,80	137,30	148,70	154,40	160,10	165,90	171,60	177,30	183,00
	Average		114,38	125,85	137,63	148,50	154,35	159,79	165,74	171,55	177,21	182,99
	Abweichung		0%	0%	0%	0%	0%	0%	0%	0%	0%	0%
16.1 Abgasgrenzwerte für Kfz: EURO 3	A-priori		0,00	0,00	0,99	0,99	0,99	0,99	0,99	0,99	0,99	0,99
	Average		0,00	0,00	0,99	0,99	0,99	0,99	0,99	0,99	0,99	0,99
	Abweichung		0%	0%	0%	0%	0%	0%	0%	0%	0%	0%
16.2 Abgasgrenzwerte für Kfz: EURO 4	A-priori		0,00	0,00	0,00	0,00	0,00	0,00	0,00	0,90	0,90	0,90
	Average		0,00	0,00	0,00	0,00	0,00	0,00	0,00	0,90	0,89	0,89
	Abweichung		0%	0%	0%	0%	0%	0%	0%	0%	-1%	-1%
17A Zufriedene Kunden	A-priori		0,30	0,35	0,40	0,45	0,55	0,65	0,75	0,78	0,79	0,80
	Average		0,30	0,35	0,40	0,44	0,54	0,64	0,74	0,76	0,78	0,78
	Abweichung		0%	0%	0%	-2%	-2%	-2%	-1%	-3%	-1%	-3%
18 Tankstellenbau SWB	A-priori	Stück	1,00	2,00	3,00	3,00	3,00	3,00	3,00	3,00	4,00	5,00
	Average	Stück	1,00	2,00	3,03	3,04	3,04	3,06	3,07	3,06	4,18	5,08
	Abweichung		0%	0%	1%	1%	1%	2%	2%	2%	4%	2%
19A Flächendeckender Ausbau der Infrastruktur	A-priori	Stück	90	134	198	282	386	510	653	816	999	1202
	Average	Stück	90	134	198	282	386	510	652	815	997	1197
	Abweichung		0%	0%	0%	0%	0%	0%	0%	0%	0%	0%
20 Immissionsgrenzwerte für Luftschadstoffe	A-priori		0,01	0,01	0,15	0,15	0,15	0,15	0,15	0,15	0,15	0,15
	Average		0,01	0,01	0,15	0,15	0,15	0,15	0,16	0,15	0,15	0,16
	Abweichung		0%	0%	0%	0%	0%	0%	7%	0%	0%	7%
21A Zunahme des	A-priori		0,00	0,01	0,02	0,03	0,04	0,05	0,06	0,07	0,08	0,09
	Average		0,00	0,01	0,02	0,03	0,04	0,05	0,06	0,07	0,08	0,09
	Abweichung		0%	0%	0%	0%	0%	0%	0%	0%	0%	0%
22A Verdoppelte Zahlungsbereitschaft Verkehrsaufkommens	A-priori		0,00	-0,10	-0,20	-0,10	0,10	0,30	0,50	0,70	0,90	1,00
	Average		0,00	-0,10	-0,20	-0,10	0,10	0,30	0,50	0,70	0,90	1,00
	Abweichung		0%	0%	0%	0%	0%	0%	0%	0%	0%	0%
23A Verdichtung des Händler/Wartungsnetzes	A-priori		0,05	0,10	0,15	0,20	0,30	0,40	0,40	0,40	0,40	0,40
	Average		0,05	0,10	0,15	0,19	0,29	0,40	0,39	0,39	0,39	0,39
	Abweichung		0%	0%	0%	-5%	-3%	0%	-3%	-3%	-3%	-3%
24 Mineralölsteuerermäßigung für Erdgas	A-priori		0,00	0,00	0,99	0,99	0,99	0,99	0,99	0,99	0,99	1,00
	Average		0,00	0,00	0,99	0,99	0,99	0,99	0,99	0,99	0,99	1,00
	Abweichung		0%	0%	0%	0%	0%	0%	0%	0%	0%	0%
Anzahl der CNG-Fahrzeuge	**A-priori**	**Stück**		24	67	152	281	452	667	924	1606	1962
	Average	**Stück**		24	67	152	281	451	664	922	1218	1564	1961
	Abweichung			0%	0%	0%	0%	0%	0%	0%	0%	0%	0%

Tab. C.1 Zeitliche Entwicklung der Einflussgrößen im Szenario „Beste Chancen für CNG"

Anhang C

		Einheit	1998	1999	2000	2001	2002	2003	2004	2005	2006	2007
1A Entwicklungssprung bei CNG-Fahrzeugen	A-priori		0,75	0,80	0,85	0,90	0,95	1,00	1,00	1,00	1,00	1,00
	Average		0,75	0,80	0,85	0,90	0,95	1,01	1,01	1,00	1,00	1,00
	Abweichung		0%	0%	0%	0%	0%	1%	1%	0%	0%	0%
2B Wirtschaftlichkeit wie bei Benzinfahrzeugen	A-priori		0,85	0,86	0,87	0,88	0,89	0,90	0,91	0,92	0,93	0,94
	Average		0,85	0,86	0,87	0,88	0,89	0,90	0,91	0,92	0,93	0,94
	Abweichung		0%	0%	0%	0%	0%	0%	0%	0%	0%	0%
3B Rückgang der Fördermittel	A-priori		0,00	-0,10	-0,15	-0,20	-0,25	-0,30	-0,40	-0,50	-0,60	-0,70
	Average		0,00	-0,10	-0,15	-0,20	-0,25	-0,30	-0,40	-0,50	-0,60	-0,70
	Abweichung		0%	0%	0%	0%	0%	0%	0%	0%	0%	0%
4A Schnelle Erhöhung der Angebots/Modellvielfalt	A-priori		0,00	0,10	0,20	0,30	0,45	0,60	0,70	0,80	0,80	0,80
	Average		0,00	0,10	0,20	0,30	0,45	0,60	0,71	0,81	0,81	0,81
	Abweichung		0%	0%	0%	0%	0%	0%	1%	1%	1%	1%
5A Schnelle Zunahme der Bekanntheit	A-priori		0,10	0,20	0,30	0,40	0,50	0,60	0,65	0,70	0,75	0,75
	Average		0,10	0,20	0,30	0,40	0,51	0,61	0,66	0,71	0,76	0,76
	Abweichung		0%	0%	0%	0%	2%	2%	2%	1%	1%	1%
6A Vergleichbare Preise für CNG-Fahrzeuge	A-priori		0,20	0,18	0,16	0,14	0,13	0,12	0,11	0,10	0,10	0,10
	Average		0,20	0,18	0,16	0,14	0,13	0,12	0,11	0,10	0,10	0,10
	Abweichung		0%	0%	0%	0%	0%	0%	0%	0%	0%	0%
7A Gasverbände sehen neues Geschäftsfeld	A-priori		0,00	0,30	0,50	0,60	0,60	0,60	0,60	0,60	0,60	0,60
	Average		0,00	0,30	0,50	0,60	0,61	0,60	0,61	0,60	0,60	0,61
	Abweichung		0%	0%	0%	0%	2%	0%	2%	0%	0%	2%
8 Zuschuß SWB	A-priori	TDM/a	30,00	30,00	30,00	30,00	0,00	0,00	0,00	0,00	0,00	0,00
	Average	TDM/a	30,00	30,00	30,00	30,00	0,00	0,00	0,00	0,00	0,00	0,00
	Abweichung		0%	0%	0%	0%	0%	0%	0%	0%	0%	0%
9A Preisorientierung am Diesel	A-priori		0,00	0,00	-0,10	-0,10	-0,10	-0,10	-0,10	-0,10	-0,10	-0,10
	Average		0,00	0,00	-0,10	-0,10	-0,10	-0,10	-0,10	-0,10	-0,10	-0,10
	Abweichung		0%	0%	0%	0%	0%	0%	0%	0%	0%	0%
11 Umsetzung der Ökosteuer	A-priori		0,00	0,99	0,99	0,99	0,99	0,99	0,99	0,99	0,99	0,99
	Average		0,00	0,99	0,99	0,99	0,99	0,99	0,99	0,99	0,99	0,99
	Abweichung		0%	0%	0%	0%	0%	0%	0%	0%	0%	0%
12A Signifikante Nutzervorteile	A-priori		-0,20	-0,10	0,00	0,10	0,15	0,20	0,20	0,20	0,20	0,20
	Average		-0,20	-0,10	0,00	0,10	0,15	0,20	0,21	0,20	0,21	0,20
	Abweichung		0%	0%	0%	0%	0%	0%	5%	0%	5%	0%
13A Sparsame Erdgasfahrzeuge	A-priori		0,00	0,05	0,10	0,15	0,20	0,25	0,25	0,25	0,25	0,25
	Average		0,00	0,05	0,10	0,15	0,20	0,25	0,25	0,25	0,25	0,25
	Abweichung		0%	0%	0%	0%	0%	0%	0%	0%	0%	0%
14B Langsame Entwicklung neuer Antriebstechnologien	A-priori		0,50	0,60	0,70	0,75	0,80	0,85	0,90	0,95	1,00	1,00
	Average		0,50	0,60	0,70	0,75	0,80	0,85	0,90	0,94	1,00	0,99
	Abweichung		0%	0%	0%	0%	0%	0%	0%	-1%	0%	-1%
15B Moderate Preissteigerung für Diesel	A-priori	Pf/l	114,40	119,00	123,50	128,10	132,70	137,30	141,80	146,40	151,00	155,60
	Average		114,43	119,09	123,52	128,33	132,92	137,33	141,55	146,50	151,09	156,05
	Abweichung		0%	0%	0%	0%	0%	0%	0%	0%	0%	0%
16.1 Abgasgrenzwerte für Kfz: EURO 3	A-priori		0,00	0,00	0,99	0,99	0,99	0,99	0,99	0,99	0,99	0,99
	Average		0,00	0,00	0,99	0,99	0,99	0,99	0,99	0,99	0,99	0,99
	Abweichung		0%	0%	0%	0%	0%	0%	0%	0%	0%	0%
16.2 Abgasgrenzwerte für Kfz: EURO 4	A-priori		0,00	0,00	0,00	0,00	0,00	0,00	0,00	0,90	0,90	0,90
	Average		0,00	0,00	0,00	0,00	0,00	0,00	0,00	0,89	0,90	0,89
	Abweichung		0%	0%	0%	0%	0%	0%	0%	-1%	0%	-1%
17A Zufriedene Kunden	A-priori		0,30	0,35	0,40	0,45	0,55	0,65	0,75	0,78	0,79	0,80
	Average		0,30	0,35	0,40	0,45	0,56	0,66	0,75	0,79	0,80	0,81
	Abweichung		0%	0%	0%	0%	2%	2%	0%	1%	1%	1%
18 Tankstellenbau SWB	A-priori	Stück	1,00	2,00	2,00	3,00	3,00	3,00	3,00	3,00	3,00	3,00
	Average	Stück	1,00	2,00	2,00	3,05	3,04	3,05	3,08	3,04	3,09	3,19
	Abweichung		0%	0%	0%	2%	1%	2%	3%	1%	3%	6%
19A Flächendeckender Ausbau der Infrastruktur	A-priori	Stück	90	127	180	249	334	435	552	685	834	999
	Average	Stück	90	127	180	249	334	435	552	687	837	1003
	Abweichung		0%	0%	0%	0%	0%	0%	0%	0%	0%	0%
20 Immissionsgrenzwerte für Luftschadstoffe	A-priori		0,01	0,01	0,15	0,15	0,15	0,15	0,15	0,15	0,15	0,15
	Average		0,01	0,01	0,15	0,15	0,15	0,15	0,15	0,15	0,15	0,15
	Abweichung		0%	0%	0%	0%	0%	0%	0%	0%	0%	0%
21B Stagnation des Verkehrsaufkommens	A-priori		0,00	0,00	0,00	0,00	0,00	0,01	0,01	0,01	0,01	0,01
	Average		0,00	0,00	0,00	0,00	0,00	0,01	0,01	0,01	0,01	0,01
	Abweichung		0%	0%	0%	0%	0%	0%	0%	0%	0%	0%
22B Zahlungsbereitschaft bleibt niedrig	A-priori		0,00	0,00	-0,05	-0,10	-0,15	-0,20	-0,25	-0,30	-0,40	-0,50
	Average		0,00	0,00	-0,05	-0,10	-0,15	-0,20	-0,25	-0,30	-0,40	-0,50
	Abweichung		0%	0%	0%	0%	0%	0%	0%	0%	0%	0%
23A Verdichtung des Händler/Wartungsnetzes	A-priori		0,05	0,10	0,15	0,20	0,30	0,40	0,40	0,40	0,40	0,40
	Average		0,05	0,10	0,16	0,20	0,30	0,40	0,40	0,41	0,41	0,41
	Abweichung		0%	0%	7%	0%	0%	0%	0%	2%	2%	2%
24 Mineralölsteuerermässigung für Erdgas	A-priori		0,00	0,00	0,99	0,99	0,99	0,99	0,99	0,99	0,99	0,99
	Average		0,00	0,00	0,99	0,99	0,99	0,99	0,99	0,99	0,99	0,99
	Abweichung		0%	0%	0%	0%	0%	0%	0%	0%	0%	0%
Anzahl der CNG-Fahrzeuge	**A-priori**	**Stück**	**24**	**46**	**102**	**186**	**301**	**446**	**610**	**815**	**1046**	**1302**
	Average	**Stück**	**24**	**46**	**102**	**186**	**301**	**446**	**618**	**822**	**1087**	**1340**
	Abweichung		**0%**	**0%**	**0%**	**0%**	**0%**	**0%**	**0%**	**1%**	**2%**	**3%**

Tab. C.2 Zeitliche Entwicklung der Einflussgrößen im Szenario „Offener Markt für CNG"

Anhang C

		Einheit	1998	1999	2000	2001	2002	2003	2004	2005	2006	2007
1B Stagnation auf heutigem technischen Niveau	A-priori		0,75	0,79	0,82	0,84	0,85	0,86	0,87	0,88	0,89	0,90
	Average		0,75	0,79	0,82	0,84	0,85	0,87	0,87	0,89	0,89	0,90
	Abweichung		0%	0%	0%	0%	0%	1%	0%	1%	0%	0%
2B Wirtschaftlichkeit wie bei Benzinfahrzeugen	A-priori		0,85	0,86	0,87	0,88	0,89	0,90	0,91	0,92	0,93	0,94
	Average		0,85	0,87	0,87	0,88	0,89	0,90	0,91	0,92	0,93	0,94
	Abweichung		0%	1%	0%	0%	0%	0%	0%	0%	0%	0%
3B Rückgang der Fördermittel	A-priori		0,00	-0,10	-0,15	-0,20	-0,25	-0,30	-0,40	-0,50	-0,60	-0,70
	Average		0,00	-0,10	-0,15	-0,20	-0,24	-0,30	-0,40	-0,50	-0,60	-0,70
	Abweichung		0%	0%	0%	0%	-4%	0%	0%	0%	0%	0%
4B Keine Modellvielfalt durch fehlende Serienproduktion	A-priori		0,00	0,02	0,04	0,06	0,08	0,10	0,12	0,14	0,16	0,18
	Average		0,00	0,02	0,04	0,06	0,08	0,10	0,12	0,14	0,16	0,18
	Abweichung		0%	0%	0%	0%	0%	0%	0%	0%	0%	0%
5B Nur regionale Bekanntheit	A-priori		0,10	0,15	0,20	0,20	0,20	0,20	0,20	0,20	0,20	0,20
	Average		0,10	0,15	0,20	0,20	0,20	0,21	0,21	0,21	0,21	0,21
	Abweichung		0%	0%	0%	0%	0%	5%	5%	5%	5%	5%
6B Anschaffungspreis von Umrüstfahrzeugen bleibt hoch	A-priori		0,20	0,20	0,19	0,18	0,17	0,17	0,16	0,16	0,15	0,15
	Average		0,20	0,20	0,19	0,18	0,17	0,17	0,16	0,16	0,15	0,15
	Abweichung		0%	0%	0%	0%	0%	0%	0%	0%	0%	0%
7B Gasverbände verharren in Wartestellung	A-priori		0,00	0,00	0,00	0,00	0,00	0,00	0,00	0,00	0,00	0,00
	Average		0,00	0,00	0,00	0,00	0,01	0,00	0,00	0,01	0,01	0,00
	Abweichung		0%	0%	0%	0%	0%	0%	0%	0%	0%	0%
8 Zuschuß SWB	A-priori	TDM/a	30,00	30,00	30,00	30,00	0,00	0,00	0,00	0,00	0,00	0,00
	Average	TDM/a	30,00	30,00	30,00	30,00	0,00	0,00	0,00	0,00	0,00	0,00
	Abweichung		0%	0%	0%	0%	0%	0%	0%	0%	0%	0%
9A Preisorientierung am Diesel	A-priori		0,00	0,00	-0,10	-0,10	-0,10	-0,10	-0,10	-0,10	-0,10	-0,10
	Average		0,00	0,00	-0,10	-0,10	-0,10	-0,10	-0,10	-0,10	-0,10	-0,10
	Abweichung		0,00%	0,00%	0,00%	0,00%	0,00%	0,00%	0,00%	0,00%	0,00%	0,00%
11 Umsetzung der Ökosteuer	A-priori		0,00	0,99	0,99	0,99	0,99	0,99	0,99	0,99	0,99	0,99
	Average		0,00	0,99	0,99	0,99	0,99	0,99	0,99	0,99	0,99	0,99
	Abweichung		0%	0%	0%	0%	0%	0%	0%	0%	0%	0%
12B Kein Vorhandensein von Nutzervorteilen	A-priori		-0,20	-0,15	-0,10	-0,10	-0,10	-0,10	-0,10	-0,10	-0,10	-0,10
	Average		-0,20	-0,15	-0,10	-0,10	-0,10	-0,10	-0,10	-0,10	-0,10	-0,10
	Abweichung		0%	0%	0%	0%	0%	0%	0%	0%	0%	0%
13B Verbrauchsminderung bei Erdgasfahrzeugen gering	A-priori		0,00	0,05	0,10	0,13	0,14	0,15	0,15	0,15	0,15	0,15
	Average		0,01	0,05	0,10	0,13	0,14	0,15	0,15	0,15	0,15	0,15
	Abweichung		0%	0%	0%	0%	0%	0%	0%	0%	0%	0%
14B Langsame Entwicklung neuer Antriebstechnologien	A-priori		0,50	0,60	0,70	0,75	0,80	0,85	0,90	0,95	1,00	1,00
	Average		0,50	0,60	0,70	0,75	0,79	0,85	0,89	0,95	0,99	1,00
	Abweichung		0%	0%	0%	0%	-1%	0%	-1%	0%	-1%	0%
15B Moderate Preissteigerung für Diesel	A-priori	Pf/l	114,40	119,00	123,50	128,10	132,70	137,30	141,80	146,40	151,00	155,60
	Average		114,39	118,99	123,57	128,18	133,07	137,54	141,95	146,38	150,97	155,41
	Abweichung		0%	0%	0%	0%	0%	0%	0%	0%	0%	0%
16.1 Abgasgrenzwerte für Kfz: EURO 3	A-priori		0,00	0,00	0,99	0,99	0,99	0,99	0,99	0,99	0,99	0,99
	Average		0,00	0,00	0,99	0,99	0,99	0,99	0,99	0,99	0,99	0,99
	Abweichung		0%	0%	0%	0%	0%	0%	0%	0%	0%	0%
16.2 Abgasgrenzwerte für Kfz: EURO 4	A-priori		0,00	0,00	0,00	0,00	0,00	0,00	0,00	0,90	0,90	0,90
	Average		0,00	0,00	0,00	0,00	0,00	0,00	0,00	0,90	0,90	0,89
	Abweichung		0%	0%	0%	0%	0%	0%	0%	0%	0%	-1%
17B Nur in wenigen Nutzersegmenten Kundenzufriedenheit	A-priori		0,30	0,32	0,34	0,36	0,38	0,39	0,40	0,40	0,40	0,40
	Average		0,30	0,32	0,34	0,37	0,39	0,40	0,41	0,41	0,41	0,41
	Abweichung		0%	0%	0%	3%	3%	3%	2%	2%	2%	2%
18 Tankstellenbau SWB	A-priori	Stück	1,00	2,00	2,00	3,00	3,00	3,00	3,00	3,00	3,00	3,00
	Average	Stück	1,00	2,00	2,00	3,05	3,02	3,07	3,10	3,06	3,04	3,11
	Abweichung		0%	0%	0%	2%	1%	2%	3%	2%	1%	4%
19B Punktueller Ausbau der Infrastruktur	A-priori	Stück	90	120	150	180	210	240	270	300	330	360
	Average	Stück	90	120	150	180	210	240	270	300	330	360
	Abweichung		0%	0%	0%	0%	0%	0%	0%	0%	0%	0%
20 Immissionsgrenzwerte für Luftschadstoffe	A-priori		0,01	0,01	0,15	0,15	0,15	0,15	0,15	0,15	0,15	0,15
	Average		0,01	0,01	0,15	0,15	0,15	0,15	0,15	0,15	0,15	0,15
	Abweichung		0%	0%	0%	0%	0%	0%	0%	0%	0%	0%
21B Stagnation des Verkehrsaufkommens	A-priori		0,00	0,00	0,00	0,00	0,00	0,01	0,01	0,01	0,01	0,01
	Average		0,00	0,00	0,00	0,00	0,00	0,01	0,01	0,01	0,01	0,01
	Abweichung		0%	0%	0%	0%	0%	0%	0%	0%	0%	0%
22B Zahlungsbereitschaft bleibt niedrig	A-priori		0,00	0,00	-0,05	-0,10	-0,15	-0,20	-0,25	-0,30	-0,40	-0,50
	Average		0,00	0,00	-0,05	-0,10	-0,15	-0,20	-0,25	-0,30	-0,40	-0,50
	Abweichung		0%	0%	0%	0%	0%	0%	0%	0%	0%	0%
23B Kein Ausbau des Händler-/Wartungsnetzes	A-priori		0,05	0,10	0,13	0,15	0,15	0,15	0,15	0,15	0,15	0,15
	Average		0,05	0,10	0,13	0,16	0,16	0,16	0,16	0,16	0,15	0,16
	Abweichung		0%	0%	0%	7%	7%	7%	7%	7%	0%	7%
24 Mineralölsteuerermässigung für Erdgas	A-priori		0,00	0,00	0,99	0,99	0,99	0,99	0,99	0,99	0,99	0,99
	Average		0,00	0,00	0,99	0,99	0,99	0,99	0,99	0,99	0,99	0,99
	Abweichung		0%	0%	0%	0%	0%	0%	0%	0%	0%	0%
Anzahl der CNG-Fahrzeuge	A-priori	Stück	24	29	58	120	200	296	411	543	696	868
	Average	Stück	24	29	60	125	200	297	413	545	705	882
	Abweichung		0%	0%	0%	0%	0%	0%	0%	0%	1%	2%

Tab. C.3 Zeitliche Entwicklung der Einflussgrößen im Szenario „Starker Wettbewerb gegenüber CNG"

Abbildungsverzeichnis

Abb. 2.1 GFI-II-CNG-Umrüstsystem 9
Abb. 2.2 Bi-Fuel System Volvo S 80 11
Abb. 2.3 Schnellbetankungsanlagen für komprimiertes Erdgas [BGW, 1999] 14
Abb. 2.4 Preisspiegel von Erdgas als Kraftstoff, Stand 9/98 [SWB, 1998] 15
Abb. 2.5 Katalysatorwirkung in Abhängigkeit von der Luftzahl [Bosch, 1995] 17
Abb. 2.6 Übertragene Nutzenergie moderner Elektrofahrzeuge 30
Abb. 2.7 Das Zink/Luft-Energiesystem [DP, 1995] 31
Abb. 2.8 Aufbau- und Funktionsschema der PEM-Brennstoffzelle [nach DaimlerBenz] 33
Abb. 2.9 Arbeitsschema eines Brennstoffzellenfahrzeugs im Wasserstoff- oder Methanolbetrieb 34
Abb. 2.10 Ausführungen von Hybridfahrzeugen [Kalberlah, 1994] 37
Abb. 2.11 Vereinfachtes Schema einer Prozesskette 39
Abb. 2.12 Gewinnbare Welterdölreserven 43
Abb. 2.13 Erdgasvorräte der Welt 46
Abb. 2.14 Langsam- und Schnellbetankungseinrichtung für CNG [ASUE, 1994] 48
Abb. 2.15 Spezifische Arbeitsaufnahme von Erdgaskompressoren in Abhängigkeit vom Saugdruck 49
Abb. 2.16 Verflüssigung nach MCR-Verfahren 51
Abb. 2.17 Verfahren der Wasserstoffherstellung in der Bundesrepublik (1984) [Winter; 1989] 55
Abb. 2.18 Wasserstoffverflüssigung mit dem Claude-Verfahren [Messer Griesheim, 1989] 57
Abb. 2.19 Prinzipskizze der Methanolsynthese aus Erdgas [Uhde, 1994] 59
Abb. 2.20 Pkw- Zunahme seit 1960 [Bundeszentrale für Politische Bildung, 1997] 74
Abb. 2.21 Entwicklung der Fahrleistung für Pkw in der Bundesrepublik Deutschland 75
Abb. 2.22 Lkw-Zunahme seit 1960 [KBA, 1996] 76
Abb. 2.23 Neuer europäischer Fahrzyklus MVEG [Mercedes Benz, 1995] 77
Abb. 2.24 Ablaufschema einer konzertierten Markterschließungsaktion nach Vorstellungen des BGW 80

Abb. 3.1 Entwicklung des Erdgasabsatzes in Bremen [nach swb AG] 97
Abb. 3.2 Neue Wettbewerbsherausforderungen an EVU [nach swb AG] 97
Abb. 3.3 Neue Geschäftsfelder aus Sicht eines EVU [nach swb AG] 100
Abb. 3.4 Prozentualer Anteil des Straßenverkehrs an Schadstoffemissionen in Deutschland für das Jahr 1997 101
Abb. 3.5 Geographische Verteilung der potentiellen ABC-Kunden 101
Abb. 3.6 Ermitteltes Gestaltungsfeld "Erdgas im Verkehr" 102

Abb. 4.1 Darstellung der Zukunft mittels des Szenariotrichters in Anlehnung an Gausemeier 107
Abb. 4.2 Klassifizierung der Methoden der Szenario-Erstellung [Meyer-Schönherr, 1992] 110

Abb. 5.1 Die acht Schritte der Szenario-Technik in Anlehnung an Geschka und von Reibnitz 114
Abb. 5.2 Unternehmen und ihre Umwelt [nach Gausemeier, 1996] 116
Abb. 5.3 Vernetzungsmatrix zur Ermittlung der Schlüsselfaktoren 117
Abb. 5.4 Erweitertes System-Grid [Gausemeier, 1997] 118
Abb. 5.5 Konsistenzmatrix 120
Abb. 5.6 Dreistufiger Szenario-Transfer nach Gausemeier 122
Abb. 5.7 Verwendeter Zeithorizont und Zeitschritte (scenes) 125
Abb. 5.8 Netzwerk von Trends, Events und Actions als Graphik und Cross-Impact-Matrix [Duin, 1995] 125
Abb. 5.9 R-Space Transformation von Trends 127
Abb. 5.10 R-Space Transformation von Ereigniswahrscheinlichkeiten 129
Abb. 5.11 Kostenintensitätsfunktion 130
Abb. 5.12 Superposition von Trends mittels NOISE 133

Abb. 6.1 Zuordnung der Szenariophasen zu den Kapiteln der vorliegenden Arbeit 137

Abbildungsverzeichnis

Abb. 6.2 Einflussbereiche im Geschäftsfeld "Erdgas im Verkehr" 138
Abb. 6.3 Verteilung der Einflussfaktoren auf die einzelnen Einflussbereiche 139
Abb. 6.4 Einflussfaktoren und qualifizierte Schlüsselfaktoren im erweiterten Systemgrid 141
Abb. 6.5 Konsistenzmatrix für das Geschäftsfeld „Erdgas im Verkehr" 155
Abb. 6.6 Reduktion und Auswahl der Projektionsbündel 156
Abb. 6.7 Exogen vorgegebene Entwicklung der Fahrzeugzahlen in Bremen 167
Abb. 6.8 Cross-Impact Matrix für das Geschäftsfeld „Erdgas im Verkehr" 169
Abb. 6.9 Sensitivitätsanalyse: Cash-Flow in Abhängigkeit von der swb-Marge im Szenario „Beste Chancen für CNG" 174
Abb. 6.10 Sensitivitätsanalyse: Cash-Flow in Abhängigkeit von der swb-Marge im Szenario „Offener Markt für CNG" 177
Abb. 6.11 Sensitivitätsanalyse: Cash-Flow in Abhängigkeit von der swb-Marge im Szenario „Starker Wettbewerb gegenüber CNG" 180
Abb. 6.12 Störereignisanalyse: Auswirkungen auf die Fahrzeugzahlen im Sze. "Beste Chancen für CNG" 181
Abb. 6.13 Störereignisanalyse: Auswirkungen auf die Fahrzeugzahlen im Szenario "Offener Markt für CNG" 182
Abb. 6.14 Störereignisanalyse: Auswirkungen auf die Fahrzeugzahlen im Szenario "Starker Wettbewerb gegenüber CNG" 182
Abb. 6.15 Störereignisanalyse: Auswirkungen auf den Cash-Flow im Szenario "Beste Chancen für CNG" 183
Abb. 6.16 Störereignisanalyse: Auswirkungen auf den Cash-Flow im Szenario "Offener Markt für CNG" 184
Abb. 6.17 Störereignisanalyse: Auswirkungen auf den Cash-Flow im Szenario "Starker Wettbewerb gegenüber CNG" 184

Abb. A.1 Wirtschaftliche Vorteile von Erdgas- gegenüber Benzinfahrzeugen in der Klasse der Lieferfahrzeuge 209
Abb. A.2 Wirtschaftliche Vorteile von Erdgas- gegenüber Dieselfahrzeugen in der Klasse der Lieferfahrzeuge 209
Abb. A.3 Wirtschaftliche Vorteile von Erdgas- gegenüber Benzinfahrzeugen in der Klasse der Stadt-Pkw 210
Abb. A.4 Wirtschaftliche Vorteile von Erdgas- gegenüber Dieselfahrzeugen in der Klasse der Stadt-Pkw 210
Abb. A.5 Wirtschaftliche Vorteile von Erdgas- gegenüber Benzinfahrzeugen in der Klasse der Groß-Pkw 211
Abb. A.6 Wirtschaftliche Vorteile von Erdgas- gegenüber Dieselfahrzeugen in der Klasse der Groß-Pkw 211
Abb. A.7 Wirtschaftliche Vorteile von Erdgas- gegenüber Benzinfahrzeugen in der Klasse der Transporter ... 212
Abb. A.8 Wirtschaftliche Vorteile von Erdgas- gegenüber Dieselfahrzeugen in der Klasse der Transporter 212
Abb. A.9 Wirtschaftliche Vorteile von Erdgas- gegenüber Dieselfahrzeugen in der Klasse der Stadtbusse 213
Abb. A.10 Wirtschaftliche Vorteile von Erdgas- gegenüber Dieselfahrzeugen in der Klasse der Stadt-Lkw/Müllfahrzeuge 213

Tabellenverzeichnis

Tab. 2.1 Stoffdaten der Kraftstoffe 7
Tab. 2.2 Angebot an Erdgasmotoren in Deutschland, Stand: 5/99 12
Tab. 2.3 Theoretische Energiedichte einiger Batterien [Kiehme, 1994] 30
Tab. 2.4 Anzahl der in Deutschland zugelassenen elektrischen Straßenfahrzeuge [KBA, 1996] 35
Tab. 2.5 Direktes Treibhauspotential einiger treibhausrelevanter Gase [ENQUETE-KOMISSION, 1995] 40
Tab. 2.6 Energieverbrauch zur Herstellung von Mineralölprodukten in deutschen Raffinerien 45
Tab. 2.7 Erdgasaufkommen in Deutschland 1994 [Ruhrgas, 1995] 47
Tab. 2.8 Energieverbrauchswerte und Wirkungsgrade der Synthese von 1 t Methanol aus Erdgas 60
Tab. 2.9 Bundesdeutscher Strommix für 1995 60
Tab. 2.10 Bundesdeutscher Strommix für 2005 [prognos, 1996]. 61
Tab. 2.11 Mittlere Übertragungsverluste des Stromtransportes je 100 km 61
Tab. 2.12 Ergebnisse der Emissionsrechnugen für vorgelagerte Prozessketten der Betrachtung „heutige Antriebe" 64
Tab. 2.13 Ergebnisse der Emissionsrechnugen für vorgelagerte Prozessketten der Betrachtung „zukünftige Antriebe" 64
Tab. 2.14 Fahrzeugdaten heutiger VW GOLF, Teil I 66
Tab. 2.15 Fahrzeugdaten heutiger VW GOLF, Teil II 66
Tab. 2.16 Emissionen und Energieverbrauch heutiger VW Golf 67
Tab. 2.17 Komponentenwirkungsgrade zukünftiger Elektroantriebe 70
Tab. 2.18 Fahrzeugdaten möglicher zukünftiger VW GOLF, Teil I 70
Tab. 2.19 Fahrzeugdaten möglicher zukünftiger VW GOLF, Teil II 71
Tab. 2.20 Emissionen und Energieverbrauch möglicher zukünftiger VW GOLF 72
Tab. 2.21 Abgasgrenzwerte für Pkw 77
Tab. 2.22 Abgasgrenzwerte für Lkw 78
Tab. 2.23 Vorschläge zur Ökosteuer [Die Zeit, 1998] 83
Tab. 2.24 Systemparameter heute verfügbarer Fahrzeuge in Deutschland; Stand 1998 85
Tab. 2.25 Vor- und Nachteile der Antriebe bei den Nutzerinteressen 85
Tab. 2.26 Vor- und Nachteile der Antriebe bei den Umwelt- und gesellschaftlichen Interessen 87
Tab. 2.27 Vor- und Nachteile der Antriebe bei den Nutzerinteressen 88
Tab. 2.28 Vor- und Nachteile der Antriebe bei den Umwelt- und gesellschaftlichen Interessen 89

Tab. 3.1 Abgabepreise der Kraftstoffe 97
Tab. 3.2 Zusatzkosten von Stadt-Lkw und Bussen im Erdgasbetrieb bei Nutzung einer Betriebstankstelle im Vergleich zu Dieselfahrzeugen mit Betriebstankstelle [Höher, 1997] 97
Tab. 3.3 Rücklauf der Marktbefragung 100
Tab. 3.4 Gewichtung der relevanten Fragen 101
Tab. 3.5 Klassifizierung der ABC-Kunden 101
Tab. 3.6 Ergebnisse der ABC-Potentialklassifizierung 102

Tab. 5.1 Verwendete Bezeichnungen der Szenario-Technik 115

Tab. 6.1 Ermittelte Schlüsselfaktoren mit Hilfe des Dynamik-Index (DI) 140
Tab. 6.2 Erarbeitete Projektionen für das Geschäftsfeld „Erdgas im Verkehr" 142
Tab. 6.3 Entwicklungsstand von CNG-Fahrzeugen im Vergleich zu konventionellen Fahrzeugen (Basis: konventionelle Fahrzeuge = 100 %) 144
Tab. 6.4 Wirtschaftliche Vorteilhaftigkeit von CNG- gegenüber Dieselfahrzeugen (Dieselfahrzeuge = 100 %) 144
Tab. 6.5 Entwicklung der Fördermittel für „Erdgas im Verkehr" (Basis: Jahr 1998 = 100 %) 145
Tab. 6.6 Entwicklung der Angebot/Modellvielfalt an Erdgasfahrzeugen (Basis: Jahr 1998 = 100 %) 145
Tab. 6.7 Entwicklung der Bekanntheit von CNG-Fahrzeugen 146
Tab. 6.8 Mehrkosten für die Anschaffung von CNG (Basis: konventionellen Fahrzeuge = 0 %) 146

Tabellenverzeichnis

Tab. 6.9 Entwicklung der Lobbyarbeit der Gaswirtschaft (Basis: Jahr 1998 = 100 %) 147
Tab. 6.10 Fördermittel der swb AG für die Anschaffung von CNG-Fahrzeugen 147
Tab. 6.11 Tankstellenabgabepreis von CNG (Basis: Jahr 1998 = 0 %) 147
Tab. 6.12 Entwicklung der Nutzervorteilen bei CNG-Fahrzeugen (Basis: konventionellen Fahrzeuge = 0 %) . 148
Tab. 6.13 Entwicklung der Energieverbrauchsminderung bei CNG-Fahrzeugen (Basis: Jahr 1998 = 0 %) 149
Tab. 6.14 Entwicklung neuer Antriebstechnologien (Basis: serienmäßige Markteinführung = 100 %) 149
Tab. 6.15 Entwicklung der Dieselpreise 150
Tab. 6.16 Kundenzufriedenheit bei CNG-Fahrzeugen (100 % vollste Zufriedenheit) 151
Tab. 6.17 Anzahl der Tankstellen in Bremen 151
Tab. 6.18 Entwicklung der überregionale Tankstelleninfrastruktur 151
Tab. 6.19 Entwicklung des Straßenverkehrsaufkommens (Basis: Jahr 1998 = 0 %) 152
Tab. 6.20 Entwicklung der Zahlungsbereitschaft für den Umweltschutz (Basis: Jahr 1998 = 0 %) 153
Tab. 6.21 Anteil der CNG-Fahrzeuge im Angebot der Händler 153
Tab. 6.22 Auswirkung der Deskriptorausprägungen für den Absatz von Erdgas im Verkehr 157
Tab. 6.23 Ausprägungsliste für das Szenario „Besten Chancen für CNG" 158
Tab. 6.24 Ausprägungsliste für das Szenario „Offener Markt für CNG" 158
Tab. 6.25 Ausprägungsliste für das Szenario „Starker Wettbewerb gegenüber CNG" 159
Tab. 6.26 Entwicklung des Erdgasabsatzes und der Tankstellenzahl im Szenario „Beste Chancen für CNG" .. 172
Tab. 6.27 Ergebnisentwicklung für die swb AG im Szenario „Beste Chancen für CNG" 173
Tab. 6.28 Entwicklung des Erdgasabsatzes und der Tankstellenzahl im Szenario „Offener Markt für CNG"... 175
Tab. 6.29 Ergebnisentwicklung für die swb AG im Szenario „Offener Markt für CNG" 176
Tab. 6.30 Entwicklung des Erdgasabsatzes und der Tankstellenzahl im Szenario „Starker Wettbewerb gegenüber CNG" 178
Tab. 6.31 Ergebnisentwicklung für die swb AG im Szenario „Starker Wettbewerb gegenüber CNG" 179

Tab. C.1 Zeitliche Entwicklung der Einflussgrößen im Szenario „Beste Chancen für CNG" 217
Tab. C.2 Zeitliche Entwicklung der Einflussgrößen im Szenario „Offener Markt für CNG" 218
Tab. C.3 Zeitliche Entwicklung der Einflussgrößen im Szenario „Starker Wettbewerb gegenüber CNG" 219

Abkürzungsverzeichnis

Einheiten

a	Jahr
°C	Grad Celsius
bar	bar
DM	Deutsche Mark
dB	Dezibel
GWh	Gigawattstunde
km	Kilometer
kW	Kilowatt
kWh	Kilowattstunde
l	Liter
m^3	Kubikmeter
MJ	Megajoule
mm	Millimeter
min	Minute
MW	Megawattstunde
Nm^3	Normkubikmeter
ppm	parts per million
s	Sekunde
d	Tag
TDM	Tausend Deutsche Mark
t	Tonne
ppm	parts per million
Wh	Wattstunde

Abkürzungen

Abb.	Abbildung
Abs.	Absatz
AG	Aktiengesellschaft
bft	Bundesverband Freier Tankstellen
BGW	Bund der deutschen Gas- und Wasserwirtschaft
BImSchG	Bundesimmissionsschutzgesetz
CNG	Compressed Natural Gas
CO	Kohlenmonoxid
CO_2	Kohlendioxid
CRIMP	Causal Cross-Impact Analysis
CRT	Continously Regenerating Trap, (kombinierter Partikelfilter u. Oxidationskatalysator)
EDV	Elektronische Daten-Verarbeitung
ENGVA	European Natural Gas Vehicle Association
ESF	Elektrostraßenfahrzeug
EU	Europäische Union
EVU	Energieversorgungsunternehmen
EZEV	Equivalent Zero Emission Vehicle
Fa.	Firma

Abkürzungsverzeichnis

GEMIS	Gesamt-Emissions-Modell Integrierter Systeme
Gew.-%	Gewichtsprozente
GUS	Gemeinschaft unabhängiger Staaten
GVU	Gasversorgungsunternehmen
H_2O	Wasser
HC	Kohlenwasserstoff
HC	Kohlenwasserstoffe
H_o	Brennwert
H_u	Heizwert
IAV	Ingenieursgesellschaft Auto und Verkehr
IHK	Industrie- und Handelskammer
Kfz	Kraftfahrzeug
Lkw	Lastkraftwagen
LNG	Liquefied Natural Gas
LPG	Liquefied Petroleum Gas, Flüssiggas
MIK-Wert	maximale Immissionskonzentration
Mio.	Million
Mrd.	Milliarde
NEDC	New European Driving Cycle
NMHC	Nicht-Methan-Kohlenwasserstoffe
NMVOC	Non-Methan-Volatile-Organic-Carbons
NO	Stickstoffmonoxid
NO_2	Stickstoffdioxid
NO_x	Stickoxide
O_2	Sauerstoff
O_3	Ozon
ÖPNV	Öffentlicher Personennahverkehr
PE	Primärenergie
Pkw	Personenkraftwagen
RME	Rapsmethylester
ROZ	Research Oktanzahl
s. S.	siehe Seite
SO_2	Schwefeldioxid
swb AG	Stadtwerke Bremen AG
Tab.	Tabelle
TÜV	Technischer Überwachungsverein
UFOP	Union zur Förderung von Oel- und Proteinpflanzen e.V.
ULEV	Ultra Low Emission Vehicle, amerikanische Abgasnorm
Vol.-%	Volumenprozente

Aus unserem Verlagsprogramm:

Technik

Bernd Seidel
Das Phänomen der selbsterregten Schwingungen in der Technik
Hamburg 1996   /   250 Seiten   /   ISBN 3-86064-078-X

Frank Rabe
Schnelle Bilddatenkompression für Raumfahrtanwendungen
Hamburg 1995   /   204 Seiten   /   ISBN 3-86064-358-4

Gerald Spiegel
Bestimmung möglicher Fabrikationsfehler aus dem Schaltungslayout
Hamburg 1995   /   168 Seiten   /   ISBN 3-86064-350-9

Sang-Chul Park
Technopolises in Japan
Hamburg 1994   /   210 Seiten   /   ISBN 3-86064-162-X

Lothar Tremmel
Untersuchungen zu optimalen Symbolen in graphischen Darstellungen
Hamburg 1992   /   135 Seiten   /   ISBN 3-86064-011-9

Ulrich Alertz
Vom Schiffbauhandwerk zur Schiffbautechnik
Die Entwicklung neuer Entwurfs- und Konstruktionsmethoden im italienischen Galeerenbau (1400-1700)
Hamburg 1991   /   300 Seiten   /   ISBN 3-925630-56-2

Verlag Dr. Kovač ¨ Postfach 50 08 47 ¨ 22708 Hamburg   ¨   Fax: 040 - 39 88 80-55